全新修订

U0246190

"十二五"职业教育国家规划教材
经全国职业教育教材审定委员会审定
21世纪高职高专建筑设计专业技能型规划教材

建筑装饰施工技术
（第2版）

主　　编　王　军
副主编　董远林　刘　健　王馨民　王　旭
参　　编　郭立杰　柳晓林　高　昭　齐　靓

北京大学出版社
PEKING UNIVERSITY PRESS

内 容 简 介

本书全面系统地介绍了建筑装饰施工过程中的各项施工工艺,主要内容包括建筑装饰工程技术概述、吊顶工程施工技术、墙面工程施工技术、地面工程施工技术、轻质隔墙工程施工技术、门窗工程施工技术、幕墙工程施工技术和机具介绍。

本书在第1版的基础上,依据国家最新的建筑装饰工程施工及验收规范,结合当前的新技术、新材料、新工艺进行了全面修订。书中配有丰富的实物和现场图片,增加了以实际工程为案例的实训项目,使本书更具实用性、实践性和先进性,更加重视培养学生分析和解决问题以及实际动手的能力,增强其学习的主动性。

本书既可作为建筑装饰施工、建筑设计、室内设计等相关专业的教学用书,也可作为建筑装饰行业的培训教材以及从事该行业的技术人员的参考书。

图书在版编目(CIP)数据

建筑装饰施工技术/王军主编 . —2 版 . —北京:北京大学出版社,2014.7
(21 世纪高职高专建筑设计专业技能型规划教材)
ISBN 978-7-301-24482-1

Ⅰ.①建… Ⅱ.①王… Ⅲ.①建筑装饰—工程施工—高等职业教育—教材 Ⅳ.①TU767

中国版本图书馆 CIP 数据核字(2014)第 150928 号

书　　　名:	建筑装饰施工技术(第 2 版)
著作责任者:	王　军　主编
策 划 编 辑:	赖　青　杨星璐
责 任 编 辑:	姜晓楠
标 准 书 号:	ISBN 978-7-301-24482-1/TU・0410
出 版 发 行:	北京大学出版社
地　　　址:	北京市海淀区成府路 205 号　100871
网　　　址:	http://www.pup.cn　新浪官方微博:@北京大学出版社
电 子 邮 箱:	编辑部 pup6@pup.cn　总编室 zpup@pup.cn
电　　　话:	邮购部 010-62752015　发行部 010-62750672　编辑部 010-62750667
印 刷 者:	北京虎彩文化传播有限公司
经 销 者:	新华书店
	787 毫米×1092 毫米　16 开本　18.25 印张　425 千字
	2009 年 7 月第 1 版　2014 年 7 月第 2 版
	2023 年 12 月修订　2024 年 1 月第 13 次印刷(总第 20 次印刷)
定　　　价:	44.00 元

第2版 前言

本书是在"21世纪全国高职高专土建系列技能型规划教材"中的《建筑装饰施工技术》一书的基础上修订而成的。本书第1版自2009年7月出版发行以来，广受读者好评，先后印刷7次，累计2万余册。在此期间，随着建筑装饰行业的发展，国家、行业及地方都相继出台了本行业新的标准和规范，因此，书中部分内容急需依据国家规范和行业标准进行更新。同时，新知识、新工艺、新技术、新材料的广泛应用，也应结合实际工程案例反映到书中来。从而使学生在具有必备的基础理论和专业知识的基础上，重点掌握从事专业领域实际工作的基本技能和高新技术，让学生就业时成为比较全面的应用型人才。

本书在保留第1版特色的基础上，以工学结合为编写思路，以培养高职高专教育应用型人才为目标进行了全面的修订，使本书更加符合职业能力培养目标的要求，主要体现在以下几方面。

（1）更加注重遵循施工过程的细节，从各分项工程的施工工艺、施工材料和所用机具的选择入手，按照先进性、针对性、规范性和实用性的原则，突出理论与实践相结合。重点介绍了材料性能、施工工艺和质量标准及检验方法，以及常用中、小型施工机具的类型等内容。

（2）全书新增了丰富的图片内容，通过图片形象的展示，使学生更加直观地了解装饰材料及施工工艺构造，避免了枯燥的文字叙述，增强了内容的生动性。

（3）每个项目编写了以实际工程为案例的实训内容，有针对性地培养学生具有分析问题、解决问题以及动手的能力，使学生的学习更具有主动性。

本书由邢台职业技术学院王军任主编，威海职业学院董远林、山东科技职业学院刘健、邢台职业技术学院王馨民和王旭任副主编，参加编写的人员还有河北融大装饰工程有限公司的郭立杰、安阳市中等职业技术学校的柳晓林、东泰华美建筑装饰公司的高昭、齐齐哈理工职业学院齐靓。具体编写分工：项目1由王旭编写，项目2由刘健和齐靓编写，项目3由王军编写，项目4由董远林编写，项目5、6由王馨民编写，项目7由王旭、郭立杰编写，各实训项目由柳晓林和高昭编写。

本书是在第1版的基础上进行修订的，在此对第1版的诸位编者表示衷心的感谢！同时，本书在编写过程中还参考了大量文献资料和实际施工资料，在此对这些文献和资料的作者们表示感谢！特别感谢河北融大装饰工程有限公司为本书的编写提供了许多宝贵的资料和建议。

由于编者水平有限，书中难免存在不足和疏漏之处，恳请有关专家、学者和广大读者给予批评指正。

编　者
2014 年 3 月

第 1 版　前言

　　本书是"21世纪全国高职高专土建系列技能型规划教材"之一，突出体现理性思维动手技术能力。理性思维动手技术能力是从事装饰施工必备的基本素养及应用能力。本书内容以新材料、新工艺、新技术的应用为重点，注重对学生能力的培养，使其成为具备综合性职业能力的人才。

　　本书详细叙述了建筑装饰各项工程施工工艺的一般规律和技术及装饰工程质量的验收标准。突出先进性、全面性、实用性和规范性相结合的原则，强调现代新技术的应用。这种工学结合的教材编写思路与高职教育培养应用型人才的目标一致，内容形式更具有可读性，同时也使学生的学习更具有主动性。

　　在编写上，本书具有以下特色。

　　(1) 内容具有前沿性。除了介绍成熟稳定的、在实践中广泛应用的技术和国家标准外，同时还介绍了部分新材料、新技术和新设备，并适当介绍科技发展的趋势，使学生能够适应未来技术发展的需要。

　　(2) 图文并茂。配有丰富的图片内容，通过图片形象的展示，让学生更加直观地了解装饰材料及施工工艺构造，避免了枯燥的文字叙述，增强了内容的生动性。

　　(3) 注重能力培养。基本技能贯穿教学的始终，以具体的工作过程为依托进行教材的整体设计，注重职业能力体系的完整性，学生经过学习和实践训练，能具备相应的动手能力和检验能力。本书除作为高等职业院校建筑装饰工程技术专业教学用书外，也可供其他层次的相关人员作为教学或自学用书。

　　本书内容可按照120～140学时安排，推荐学时分配：第1章2～4学时，第2章12～16学时，实训课时12学时左右，第3章14～18学时，实训课时16学时左右，第4章8～12学时，实训课时12学时，第5章6～8学时，实训课时8学时，第6章6～8学时，实训课时4学时，第7章8～10学时，实训课时12学时。

　　本书由邢台职业技术学院王军、马军辉任主编；湖南交通职业技术学院赵志文、丽水职业技术学院张吉祥、浙江广厦建设职业技术学院孙军任副主编；江西建设职业技术学院王雪艳，郑州轻院轻工职业学院姜素民，天津城市建设管理职业技术学院田慧，邢台职业技术学院李相臣、赵秋菊，威海职业学院董远林参编。具体编写分工如下：第1章由李相臣编写，第2章由马军辉和王雪艳编写，第3章由赵志文和田慧编写，第4章由王军编写，第5章由孙军和董远林编写，第6章由赵志文编写，第7章由张吉祥和姜素民编写，第8章由王雪艳和赵秋菊编写，全书由王军统稿。

　　限于时间仓促和经验不足，书中难免有不当和疏漏之处，恳请有关专家、学者和广大读者给予批评指正。

编　者

2009 年 5 月

目录
◣ CONTENTS ◢

项目 **1**

建筑装饰工程技术概述

学习目标

本项目从总体上论述建筑装饰工程的功能、类型、施工范围及发展趋势，也涉及有关国家法规、规范等知识领域。要求能主动地和有意识地记忆、区分、归纳知识点，将相关知识融会贯通，广见博识，灵活运用，具有完善的知识结构体系，具有继续学习的能力和适应职业变化的能力。真正掌握并能与工程实际相结合。

学习要求

能力目标	知识要点	相关知识	重点
能将所学知识融会贯通，灵活运用，具有继续学习的能力和适应职业变化的能力	建筑装饰的功能与分类； 建筑装饰工程施工的范围及特点； 建筑装饰施工技术现状及发展趋势	建筑装饰的功能； 建筑装饰的分类； 建筑装饰施工的范围； 建筑装饰施工的特点； 建筑装饰施工的原则； 国内外建筑装饰施工技术现状分析及发展趋势	

 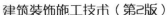

 任务概述

建筑装饰行业是我国的新兴行业，也是一个朝阳行业。它是指围绕建筑装饰工程，从事管理、设计、施工、饰材制造、商业营销等工作于一体的综合性行业。随着社会经济的迅速发展，人民生活水平的不断提高，建筑装饰的内容和装饰服务的对象范围越来越广，涉及的行业和学科领域也更为广泛。它涉及建筑学、社会学、民俗学、心理学、人体工程学、结构工程、建筑物理、建筑设备、建筑材料、建筑施工等学科领域，它同时又被划分为装饰、材料、水工、电气、弱电、暖通、空调、概预算诸工种，以及工种之间的协调与配合。研究其内在的施工技术规律，对于保证工程的质量，促进行业健康发展有着重要的意义。

建筑装饰工程是对现代建筑的完善和深化，是对建筑或建筑空间的再设计和再加工。换句话说，建筑是创造空间，而建筑装饰工程是对空间的再创造；而建筑装饰工程施工是按照装饰设计图样，通过正确的装饰构造、合理的材料安装、科学有序的工艺技术等施工手段将设计的方案和意图得以实现，是将设计师反映在图样上的成熟的设计构思转化为工程实践的创作过程，同时也是对设计质量的检验和完善的过程。因此，建筑装饰工程施工技术人员应该成为懂建筑、能施工、具有较高施工操作经验和组织管理能力的人才。

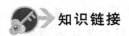 **知识链接**

建筑装饰行业各类岗位

（1）建造师。负责自合同签订至工程竣工验收全过程的项目管理工作，对工程项目的质量安全负全面领导责任，确定管理总目标和阶段目标。按照合同中的工期、质量要求，根据设计预算报价，制定总体控制成本及造价，并定期监督检查。编制施工方案、人员调配、用工计划、材料配套及入场计划和工程的形象进度，办理与工程有关签证，确保项目顺利竣工。严格执行装饰施工工艺规范及质量验收标准，发现问题及时整改、反馈，确保工程保质、保量按期竣工。负责协调处理好与甲方、乙方监督部门，与劳务作业层，与土建安装等方面的关系，保证工程项目的顺利实施。

（2）总监理工程师。负责工程项目的监理实施细则；负责工程项目工作的具体实施；组织、指导、检查和监督本专业监理员的工作；组织召开监理工作会议，签发项目监理部的文件、指令；负责对监理人员的工作质量、业务水平进行考核；审核签认单位工程的质量检验评定资料，审查承包人的竣工申请；组织监理人员对验收的工程项目进行质量检查，参与工程项目的竣工验收。

（3）专业监理员（质检员）。在监理工程师的指导下开展现场监理工作，对关键工序、重点部位实施现场跟踪监理，进行现场施工质量监督，保证施工工期，协助检验进场材料；对单元、工序间交接检查验收。

（4）项目设计员。设计是装修效果的关键，绘制图样做到内部结构反映清楚，节点明了，尺寸准确；深入施工现场监督施工人员是否按设计构思施工，图样变更要与甲方共同研究出变更图样说明；根据施工中的实际情况，弥补图样的不足，具体将设计与施工衔接为一体，协助项目经理绘制变更施工图、竣工图。

（5）装饰施工员。协助项目经理组织好工程项目施工，根据合同中的工期要求，安排好

各工种穿插施工工作。根据工程质量标准，把好质量关，严格按照施工规范施工，做好施工记录，及时对工期、质量存在的问题提出整改意见和具体办法。做好施工前的技术交底工作，并对施工过程中的各个环节进行指导监督。

（6）材料员。负责对该项目材料进场数量的验收，出场数量、品种的记录，要对数量负责；负责对该项目所进场的各种材料的产品合格证、质检报告的收集；负责对材料的保管工作，并要对各分项工程剩余材料按规格、品种进行清点记录，及时向技术负责人汇报数字，以便制订下一步材料计划。

（7）预算员。编制各工程的材料总计划，包括材料的规格、型号、材质；负责编制工程的施工图；预算、结算及工料分析，编审工程分包、劳务层的结算；编制每月工程进度预算及材料调差；在工程投标阶段，及时、准确做出预算，提供报价依据；掌握准确的市场价格和预算价格，及时调整预算、结算；参与投标文件、标书编制和合同评审，收集各工程项目的造价资料，为投标提供依据。

（8）安全员。严格执行国家的各项安全和消防条例及实施细则，贯彻公司的工程现场消防保卫管理规定和工程安全生产管理规定。在项目经理领导下，负责施工现场安全管理工作。

（9）工长。指项目施工中各个工种的组织者和负责人，按照工种的不同划分为电工工长、水暖工长、泥工工长、木工工长、贴面工长、油漆工长等。作为工长，除了清楚本工种的施工工艺外，也应了解相关工种的施工工艺，同时具备一定的识图能力和理解能力。

任务 1.1　建筑装饰工程的功能与分类

1.1.1　建筑装饰的功能

（1）保护建筑主体结构的牢固性，延长建筑的使用寿命。建筑的结构构件不仅要有足够的强度和刚度，而且还要有足够的耐久性。在使用过程中，建筑构件会受到自然界的各种因素的侵袭及有害气体的破坏，如钢材会氧化而使表面锈蚀，水泥制品会因大气的作用变得疏松，竹木也会受到微生物的侵蚀而腐朽；同时建筑构件也会受到外界不同使用荷载的撞击和摩擦。通过建筑装饰，在建筑构件表层形成保护层，使建筑结构构件免遭破坏，提高建筑的使用寿命。

（2）美化建筑空间，改善空间环境。建筑装饰可通过材料的质感、色彩、线条和不同的装饰手法及构造处理，来弥补与完善建筑空间的不足，从而使建筑空间更加完美，给人以直观的视觉美的享受，满足人们精神方面的需求。通过建筑装饰，还能增强建筑功能性方面的要求，如光学要求、声学要求、隔声要求等，改善空间环境，满足人们居住、工作、学习等方面的需求。

1.1.2　建筑装饰的分类

1.使用功能的不同分类

根据使用功能的不同，建筑装饰可分为保护装饰、功能装饰和饰面装饰。保护装饰能够使建筑构件免受自然因素和人为因素的破坏，提高建筑的耐久年限；功能装饰能够提高

建筑的使用功能，如保温、隔热、隔声、防火、防潮等要求，改善建筑空间环境；饰面装饰能美化建筑空间，使建筑获得理想的艺术价值和魅力。

2. 使用材料的不同分类

根据使用材料的不同，建筑装饰可分为水泥类、陶瓷类、石材类、玻璃类、塑料类、壁纸类、涂料类、木材类和金属类。

3. 施工方法的不同分类

根据施工方法的不同，建筑装饰又可分为抹、刷、涂、喷、滚、弹、铺、贴、裱、挂、钉等不同的构造做法。

4. 工程部位的不同分类

根据工程部位的不同，建筑装饰可分为内墙装饰、外墙装饰、顶棚装饰、地面装饰、隔墙装饰、门窗装饰等。

 知识链接

根据《建筑装饰装修工程质量验收规范》（*GB 50210—2001*）中的规定，建筑装饰装修工程常用术语如下。

（1）建筑装饰装修。为保护建筑物的主体结构，完善建筑物的使用功能和美化建筑物，采用装饰装修材料或饰物，对建筑物的内外表面及空间进行各种处理过程。

（2）基体。建筑物的主体结构和围护结构。

（3）基层。直接承受装饰装修施工的面层。

（4）细部。建筑装饰装修工程中局部采用的部件和饰物。

任务 1.2　建筑装饰工程施工的范围、特点及原则

1.2.1　建筑装饰工程施工的范围

建筑装饰施工的范围除了建筑物主体结构工程和设备工程之外，几乎涉及所有的建筑物。具体的施工范围包括如下几个方面。

1. 根据建筑的不同使用类型划分

建筑根据不同的使用类型划分为民用建筑、公共建筑、农业建筑、军事建筑几种类型，其中大部分的建筑装饰都集中在民用建筑上，如各类住宅、宾馆、饭店、影剧院、商场、娱乐休闲空间、办公空间等。随着国民经济的发展及工程技术水平的不断提高，建筑装饰工程正逐步渗透到各类建筑中。

2. 根据建筑装饰施工部位不同划分

建筑装饰施工部位是指人们的视觉和触觉等感觉器官能够注意和接触到的部位，它可以分为室外和室内两大类，室外装饰部位包括外墙面、门窗、屋顶、檐口、雨篷、入口、

台阶等；室内装饰部位包括内墙面、顶棚、楼地面、隔墙、隔断等。

3．根据建筑不同的功能需求划分

建筑装饰施工在完善建筑基本的使用功能的同时，也要满足不同的功能需求，如影剧院在满足基本的使用前提下，更要考虑视觉和声学方面的要求，满足人们在视听方面的功能需求。将不同的功能需求与装饰有机地结合起来，建筑装饰施工才能达到应有的目的。

4．建筑装饰施工的项目划分

根据国家颁发的《建筑装饰装修工程质量验收规范》（GB 50210—2001)中的规定，将建筑装饰施工项目划分为抹灰工程、涂料工程、裱糊与软包工程、饰面工程、吊顶工程、隔断工程、玻璃工程、门窗工程、细部工程等，基本涵盖了建筑装饰施工所涉及的项目。

1.2.2 建筑装饰工程施工的特点

1．建筑装饰工程施工的建筑性

对建筑的表面装饰和美化只是体现了建筑装饰的一般现象，其本质的要素是通过建筑装饰来完善建筑的使用功能，所以建筑装饰工程施工的特点首先体现在建筑性上，它是建筑工程有机的组合而不是单纯的艺术创作，与建筑有关的所有的建筑装饰工程的施工操作，不能只顾主观上的艺术表现，而忽视对建筑主体结构的保护。必须是以保护建筑结构主题安全适用为基本原则，通过科学合理的装饰构造、装饰造型等饰面以及具体的操作工艺达到工程目标。

我国的法律条文也有明确要求，根据《中华人民共和国建筑法》第四十九条规定：涉及建筑主体和承重结构变动的装饰工程，建设单位应当在施工前委托原设计单位或有相应资质条件的设计单位提出设计方案；没有设计方案，不得施工。这一条规定也充分体现了建筑装饰工程在施工时应侧重的本质特点。

2．建筑装饰工程施工的规范性

建筑装饰工程施工的一切工艺操作和工艺处理，都应严格遵循国家颁发的施工和验收规范，工程中涉及的材料及应用技术，也应符合国家及行业颁发的相关标准，不能只追求表面的装饰效果和艺术效果，而忽视装饰工程施工的规范性，任意地进行构造造型和饰面装饰处理，从而造成工程质量问题。国家相关部门也经过多次实验和论证，制定了各种操作规范和各项工程的验收规范，一切施工操作工艺和饰面装饰处理均满足国家的规范要求，这是保证质量的基本要求。国家统一制定的标准有《建筑装饰装修工程质量验收规范》（GB 50210—2001)，以及《建筑工程施工质量验收统一标准》（GB 50300—2013)，各行业也制定了工程质量验收等级验收标准，有力地保证了建筑装饰工程施工的严肃性和规范性。

对于建筑装饰工程的规范性，在具体的施工过程中应有专门的建筑监理部门进行施工监理；工程竣工以后也应通过质量监督部门及有关方面进行严格的验收，保证施工质量。

3．建筑装饰工程的严肃性

建筑装饰工程是一项十分复杂的生产活动，它是以装饰饰面为最终的表现效果，所以

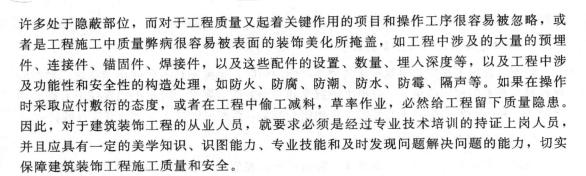

许多处于隐蔽部位，而对于工程质量又起着关键作用的项目和操作工序很容易被忽略，或者是工程施工中质量弊病很容易被表面的装饰美化所掩盖，如工程中涉及的大量的预埋件、连接件、锚固件、焊接件，以及这些配件的设置、数量、埋入深度等，以及工程中涉及功能性和安全性的构造处理，如防火、防腐、防潮、防水、防霉、隔声等。如果在操作时采取应付敷衍的态度，或者在工程中偷工减料，草率作业，必然给工程留下质量隐患。因此，对于建筑装饰工程的从业人员，就要求必须是经过专业技术培训的持证上岗人员，并且应具有一定的美学知识、识图能力、专业技能和及时发现问题解决问题的能力，切实保障建筑装饰工程施工质量和安全。

1.2.3 建筑装饰工程施工的原则

建筑装饰工程施工是实现建筑装饰设计的技术手段，安全可靠、切实可行的施工技术是保证优质工程质量的基础。建筑装饰工程，如果没有安全保障，建筑的其他功能将不存在，在施工当中，应考虑以下几个方面。

1. 安全可靠、坚固耐久

（1）结构安全。建筑装饰工程涉及很多构件，如主体结构构件、装饰骨架构件等，它们的强度、刚度和稳定性一旦出现问题，不仅影响装饰效果，而且会造成人员的伤亡。施工中不仅要求装饰构件自身的强度、刚度和稳定性，装饰构件与构件的连接、装饰构件与主体结构的连接都要保证安全。

（2）防火安全。由于在建筑装饰工程中的设计施工过程中材料使用不当，防火措施不力造成火灾时有发生，因此，要十分重视建筑装饰工程中的防火问题。为此，国家标准《建筑内部装修设计防火规范（2001修订版）》（GB 50222—1995），对建筑装饰工程中装饰材料的选用和防火措施等，作了详细规定。在选材中，应按照建筑物的房间性质、装饰部位及防火要求，合理选择装饰材料。

（3）环保安全。在建筑装饰工程施工中，应避免选择一些产生挥发性有毒气体或放射性物质的建筑装饰材料。如挥发有毒气体的油漆、涂料和化纤制品，以免对使用者造成身体的伤害。

📖 知识链接

（1）环保标准。中华人民共和国住房和城乡建设部（简称住建部）颁布了《民用建筑工程室内环境污染控制规范》（GB 50325—2010），中华人民共和国国家质量监督检验检疫总局颁布了室内装饰装修材料有害物质限量相关标准。

（2）室内装修污染物主要来源。甲醛主要来源于人造材料，胶粘剂和涂料；苯系物主要来源于油漆稀料，防水涂料，乳胶漆等；含有（TVOC）总挥发性有机化合物主要来源于油漆，乳胶漆等；（TDI）甲苯二异氰酸脂主要来源于聚氨酯涂料。

（3）环保标志。为充分解决装饰材料的有害气体释放问题，国家环境保护总局（原）制定了一套绿色环保产品的衡量标准，并对待合要求的产品颁发中国环境标志产品认证证书，并在产品上准予其使用"绿色环境标志"。目前，中国环境标志产品认证委员会的"绿色十环"标志才是真正的绿色认证。

2. 满足使用要求

由于人类活动的多样化，人们会根据使用要求建造不同类型的建筑空间，这也使建筑装饰工程具有了多样化。因此，对建筑进行装饰，应正确分析建筑物的功能要求，不同的部位要采用不同的装饰材料及相应的构造做法，以保证人们包括声学、光学、热工等方面的物理要求。例如，计算机房的地面为了便于管道布线，通常会做成可拆装的活动式地板，并且必须对地板进行防静电处理。

3. 施工方便、切实可行

设计中的一切构想最终要经过施工变为现实，建筑装饰工程施工必须做到工艺合理、施工方便，并综合考虑各种因素，选择既能满足设计意图，又能提高施工效率的装饰工艺及做法。

4. 经济合理

建筑装饰工程的费用在整个建筑装饰工程造价中占用很大比重。目前我国的民用建筑装饰工程费用占工程总造价的 30%～40%，标准较高的工程可达 60% 以上。不同的建筑物由于使用性质、使用对象及经济条件的不同，建筑装饰造价标准差异很大，即便是同一建筑，由于所用装饰材料、构造方案及施工方法的不同，其造价也相差甚远。合理把控造价是建筑装饰工程中应考虑的问题。首先，应根据装饰工程的标准、方案设计及使用者的经济实力等，选择合理的材料及构造工艺，把握装饰材料的档次和价格。一般来说，中低档价格的装饰材料普及率高，应用广泛；高档价格的材料可用于空间局部点缀。或者采用就地取材的方式以及恰当的构造工艺做法，也是降低施工成本的有效途径。其次，应根据建筑物的性质、装饰等级以及使用者的经济实力等条件综合考虑，确定合适的建筑装饰标准。装饰并不是花钱多和使用贵重材料，节约也不是单纯地降低标准，而是在相同的造价条件下，通过合理巧妙的构造工艺达到最佳的装饰效果。

任务 1.3　建筑装饰施工技术现状及发展趋势

中国建筑装饰行业是改革开放政策带来的并保持了 20 年高速持续发展的行业，是建筑业的延伸与发展，在国民经济发展中发挥了重要作用。我国建筑装饰行业规模之大、发展之快在建筑业发展史上是罕见的，从 20 世纪 70 年代末开始，几年间中国建筑装饰行业由几家企业发展到 20 万家企业，500 万人从业。行业的飞速发展引起社会各界广泛关注，装饰行业的发展变化，真实地反映国内经济的发展速度和人民生活质量与消费方向。

由于现代建筑装饰本身涉及学科的多元化和科技的边缘性，使装饰从建筑业中逐渐分离出来，形成一个相对专业的建筑装饰行业。装饰行业 20 年的发展不是原来水平上的重复，而是摆脱传统操作方法，不断更新施工工艺技术，研究新材料的过程。进入21 世纪，企业家的市场意识不断增强，根据国内市场的需求，他们走出国门寻找国外成熟而国内没有的工艺技术，并且经过改造后在国内达到领先水平，接近国际水平的新工艺技术。如：背栓系列、石材干挂技术、组合式单体幕墙技术、点式幕墙技术、金属

幕墙技术、微晶玻璃与陶瓷复合技术、木制品部品集成技术、石材地面整体研磨技术等。有人称，部品生产工厂化、施工现场装配化的出现，是装饰行业第三次革命。越来越多的工业产品直接在装饰工程上进行装配，金属材料装饰、玻璃制品的装饰、复合性材料的装饰、木制品部品集成装饰等技术的应用，带来了装饰工程施工本质的变化：产品精度高，工程质量好，施工工期短，无污染，时代感强。进入 21 世纪，我国将环保列为三大主题之一，自从国家颁布的有害物质排放限量标准出台之后，各种相关材料也得到快速改进和提高。

我国建筑装饰行业施工技术现在正处于先进施工方式与落后施工方式、新工艺技术与老工艺技术并存的过渡期，当前我国建筑装饰行业确有一些接近国际先进水平的施工技术和产品，这是我们行业的主导，是发展方向，但我国施工技术的总体水平与国际先进水平相比还有较大的差距，如企业管理上的差距，工艺技术上的差距，产品与材料、机具与测试仪器、仪表质量上的差距，施工队伍素质上的差距。建筑装饰行业施工技术发展趋势及国家要求施工技术发展的总方向是节能高效、绿色环保、以人为本；而业主对装饰施工的要求具体表现在五个方面，即保证装饰功能需要、工程施工质量好、工期越短越好、环保要求坚决保证和回报越快越好。市场、业主就是建筑装饰行业服务的对象。分析一下现状，行业中部分施工技术已基本实现工厂生产现场安装的要求，如幕墙技术、石材干挂技术，在施工中实现部品生产工厂化，施工现场装配化方面已经取得了成功的经验，现在，提出在全行业推行部品生产工厂化，施工现场装配化是有条件的，只不过发展的程度不同而已。

当前在建筑装饰工程施工技术方面，部品生产工厂化与现场施工装配化方面的经验是成熟的，已具备继续发展的条件，在今后若干年内建筑装饰行业的施工技术将向着部品生产工厂化、现场施工装配化这种全新的方式发展、推广，经过一两年的时间，我国建筑装饰行业的施工水平将大为改观。

知识链接

社会的不断进步，人民生活水平不断提升，对居住环境质量的要求也越来越高，住宅装饰产业已成为建筑装饰行业的重要组成部分。

住宅科技的发展，是伴随着世界性的现代化建筑运动而同步发展的。不同国家地区有各具特色的发展模式和发展经验，它对城市化与住宅的发展、居住水平与居民素质的提高，都发挥着极其重要的作用。国外住宅概况如图 1.1、图 1.2 所示。

图 1.1　国外住宅欣赏（一）

美国住宅建筑市场发育完善，住宅用构件和部品的标准化、系列化，及其专业化、商品化、社会化程度很高，几乎达到100%，各种施工机械、设备、仪器等租赁化非常发达，商品化程度度达到40%。美国住宅多建于郊区，以低层木结构为主，用户按照样本或自己满意的方案设计房屋，再按照住宅产品目录，到市场上采购所需的材料、构件、部品，委托承包商建造。其特点是采用标准化、系列化的构件部品，在现场进行机械化施工。

图1.2　国外住宅欣赏（二）

日本的住宅产业化始于20世纪60年代初期，当时住宅需求急剧增加，而建筑技术人员和熟练工人明显不足。为了使现场施工简化，提高产品质量和效率，日本对住宅实行部品化、批量化生产。20世纪70年代是日本住宅产业的成熟期。20世纪80年代中期，产业化方式生产的住宅占竣工住宅总数的15%～20%。20世纪90年代，又开始采用产业化方式形成住宅通用部件，各种新的工业化施工技术在日本被广泛采用。日本工业化住宅注重成套技术发展，如"珍珠岩混凝土集合型住宅"产品等。

此外，日本和美国均已形成专业化的模板工作，盒子卫生间与盒子厨房在欧洲、日本等已广泛应用。

当前世界发达国家已从工业化专用体系走向大规模通用体系，以标准化、系列化、通用化建筑构配件、建筑部品为中心，组织专业化、社会化生产和商品化供应，形成住宅产业现代化模式。

后文将通过施工实例，在各个工程中来具体说明在实际空间中吊顶、墙面、地面、隔墙、门窗、幕墙等工程的施工技术，详细讲解各工程的材料、机具、构造、节点细部处理以及质量通病和防治措施并对各工程进行质量验收，达到国家验收规范标准。

本项目小结

建筑装饰是一个古老而又新兴的行业。装饰的内容和装饰服务的对象越来越广泛，涉及的行业和学科领域也更广泛，研究其装饰施工技术的内在规律及相关知识，对于保证工程质量，促进行业健康发展有重要意义。

复习思考题

1. 简述建筑装饰工程的功能与分类。
2. 建筑装饰工程施工的范围包括哪些？
3. 简述建筑装饰工程施工的原则。
4. 结合实际的参观及认识，谈谈你对建筑装饰施工技术现状的了解及未来的发展趋势。

项目 2

吊顶工程施工技术

学习目标

通过本项目的教学及技能实训，了解各种吊顶形式及材料性能和特点，根据各工序的前后关系，编制吊顶施工工艺。合理指导施工程序，能用质量验收标准与检验方法对吊顶装饰工程进行质量验收，并具有独立分析问题和解决问题的能力。

学习要求

工程过程	能力目标	知识要点	相关知识	重点
施工准备	选用吊顶材料及机具的能力	吊顶材料 吊顶施工机具	吊顶材料规格、性能、技术指标 吊顶材料鉴别及运用 吊顶工程机具安全操作	
施工实施	吊顶工程的组织指导能力	吊顶工程施工工艺及操作要点	吊顶工程内部构造 吊顶工程施工工艺流程 吊顶工程施工操作规范性	●
施工完成	吊顶工程质量验收能力	吊顶工程质量验收标准	吊顶工程质量验收标准 吊顶工程质量检验方法	●

 任务概述

　　吊顶又名顶棚，是室内空间的顶界面，是位于建筑物楼屋盖下表面的装饰构件，是将单板以及明露的梁枋、斗拱、雀替、藻井等构建修饰的一个重要界面。它作为室内空间的一部分具有十分显要的位置，其使用功能和艺术形态越来越受到人们的重视。本项目将全面讲述各种吊顶材料及形式各异的顶棚构造做法，使学生了解各类吊顶材料的性能及特点，根据不同的设计效果和环境要求，选择合理的材料及施工方法。

任务 2.1　吊顶基础知识

　　吊顶的施工与材料的选择应从建筑功能、建筑声学、建筑照明、设备安装、管线敷设、维护检修、防火安全等多方面综合考虑。

 必备知识

2.1.1　吊顶的功能

1. 装饰美化室内空间

　　吊顶是室内装饰中一个重要的组成部分，不同形式的造型、丰富多变的光影、绚丽多姿的材质为整个室内空间增强了视觉感染力，使顶面处理富有个性，烘托了整个室内环境气氛。

　　吊顶选用不同造型及处理方法，会产生不同的空间感觉，有的可以延伸和扩大空间感，有的可以使人感到亲切、温暖，从而满足人们不同的生理和心理方面的需求。同样，也可通过吊顶来弥补原建筑结构的不足，如建筑的层高过高，会给人感觉房间比较空旷，可以用吊顶来降低高度；如果层高过低，会显得很压抑，也可以通过吊顶不同的处理方法，利用视觉的误差，使房间"变"高。

　　吊顶也能够丰富室内光源层次，产生多变的光影形式，达到良好的照明效果。有些建筑空间原照明线路单一，照明灯具简陋，无法创造理想的光照环境。通过吊顶的处理，能产生点光、线光、面光相互辉映的光照效果及丰富的光影形式，增添了空间的装饰性；吊顶也可以将许多管线隐藏起来，保证了整个顶棚的平整干净。在材质的选择上，可选用一些不同色彩、不同纹理质感的材料搭配，增添了室内的美化成分。

2. 改善室内环境，满足室内功能需求

　　吊顶处理不仅要考虑室内的装饰效果及艺术要求，也要综合考虑室内不同的使用功能需求、对吊顶处理的要求，如照明、保温、隔热、通风、吸声、防火等功能需求。在进行吊顶时，要结合实际需求综合考虑进去，例如：顶楼的住宅如无隔温层，夏季阳光直射屋顶，室内的温度会很高，可以通过吊顶作为一个隔温层，起到隔热降温的作用；冬天，又可成为一个保温层，使室内的热量不易通过屋顶流失。再比如影剧院的吊顶，不仅要考虑

美观，更要考虑声学、光学方面的需求，通过不同形式的吊顶造型，满足声音反射、吸收和混响方面的要求，从而达到良好的视听效果。

3. 安置设备管线

科技水平的进步，各种设备日益增多，空间的装饰要求也趋向多样化，相应的设备管线也增多，如通风管道、消防管道、空调管道、给排水管道、强电线路和弱电线路及其他特殊要求的线路管道。吊顶为这些设备管线的安装提供了良好的条件，并且将这些设备管线隐藏起来，从而保证了顶面的平整统一。

除此以外，吊顶也是分割空间的手段之一。通过吊顶，可以使原来层高相同的两个相连的空间变得高低不一，从而划分出两个不同的区域，增添了空间的层次感。如客厅与餐厅，通过吊顶分割，既使两部分分工明确，又使整体空间保持连贯、通透。

综上所述，吊顶装饰工程是技术需求比较复杂，施工难度较大的一项工程项目。在具体施工中应结合建筑空间的体量大小、装饰要求、经济条件、设备安装、技术要求及安全问题等方面进行综合考虑。

 知识链接

为达到良好的装饰效果，顶棚的装饰装修应满足以下要求。

（1）顶棚所用材料的燃烧性能和耐火极限，应满足防火规范要求。

（2）顶棚的内部构造应充分考虑对室内光、声、热等环境的改善，满足建筑物理要求。

（3）灯具、空调系统、消防系统、给排水系统等是顶棚的有机组成部分，有时要上人进行检修，故顶棚内部各构件的连接应保证安全、牢固、稳定，内部构造应正确合理。

2.1.2 吊顶的形式和种类

吊顶的形式和种类多种多样，按龙骨材料不同可分为木龙骨吊顶、轻钢龙骨吊顶和其他龙骨吊顶等；按饰面材料不同可分为抹灰顶棚、纸面石膏板顶棚、矿棉板顶棚、金属饰面顶棚、玻璃顶棚及软质悬吊式顶棚等；按其功能不同可分为发光顶棚、艺术装饰顶棚、吸声隔声顶棚等；按顶棚结构层的显露状况不同分为开敞式顶棚、封闭式顶棚；按顶棚受力大小不同分为上人顶棚和不上人顶棚；按安装方式不同可分为直接式顶棚、悬吊式顶棚、配套组装式顶棚等。总之，吊顶的形式和种类虽然按龙骨材料、饰面材料、显露状况以及顶棚受力大小等划分，但是它们最终都分别属于直接式或悬吊式吊顶结构施工形式。

1. 直接式顶棚

这类顶棚与悬吊式顶棚的区别是其面层与基层之间没有较大空间，不使用吊杆，在楼板结构基层上或直接在结构楼板底面铺设龙骨，安装饰面板，并进行抹灰、喷刷、裱糊等装饰处理形成顶棚饰面。这种方法简便、经济，且不影响室内原有的净高。但是，这种形式的顶棚处理不能满足对设备管线的敷设、艺术造型的表现等要求，如图2.1所示。

2. 悬吊式顶棚

悬吊式顶棚是目前广泛采用的吊顶形式，分为上人吊顶与不上人吊顶两种。它是指在楼

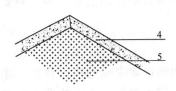

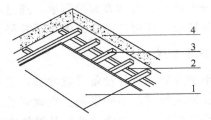

图 2.1 直接式顶棚示意图
1—石膏板 2—主龙骨 3—副龙骨 4—楼板 5—抹灰饰面

板结构层之下，通过设置吊筋形成的与楼板有一定垂直距离的顶棚。上人吊顶需要人员对顶面以上的设备进行安装或检修。因此，上人吊顶与不上人吊顶主要是对承载（主）龙骨而言，而不是对覆面（次）龙骨，按《建筑用轻钢龙骨》（GB/T 11981—2008）规定：上人龙骨承载800N，不上人龙骨承载500N，测定其残余变形量，且满足要求。次龙骨按承载300N的指标要求而测定。另外，上人吊顶应在顶棚留上人孔（检修孔）走道（马道）检修平台。不上人吊顶是指不需要上人的一般顶棚，顶棚为一个整体，不留上人孔，可留需要的检查孔。

悬吊式顶棚结合灯具、通风口、消防设施等进行整体设计，这种顶棚形式能够改善室内环境，为满足不同使用功能要求创造了较为宽松的前提条件。但是，这种顶棚施工工期长、造价高，且要求建筑空间有较大的层高。在进行具体顶棚装饰设计时，应结合空间的尺度大小、装饰要求、经济因素来综合考虑。一般来说，悬吊式顶棚的装饰效果较好，形式变化丰富，适用于中、高档次的建筑顶棚装饰。悬吊式顶棚由吊筋、龙骨、面板、饰面四部分组成，如图2.2所示（悬吊式顶棚上人吊顶是用不小于C60主龙骨，不上人吊顶用C50主龙骨）。

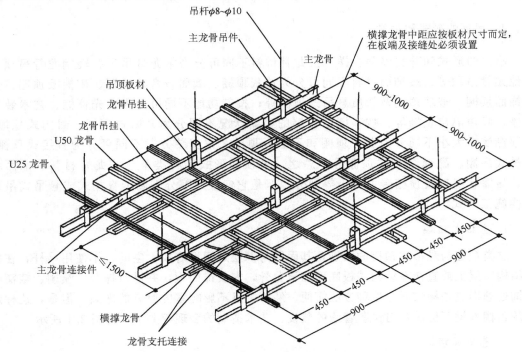

图 2.2 悬吊式顶棚示意图

2.1.3 吊顶材料的性能与应用

一般吊顶有吊杆(吊筋)、龙骨(骨架)、连接件和饰面板组成,如图 2.3 所示。

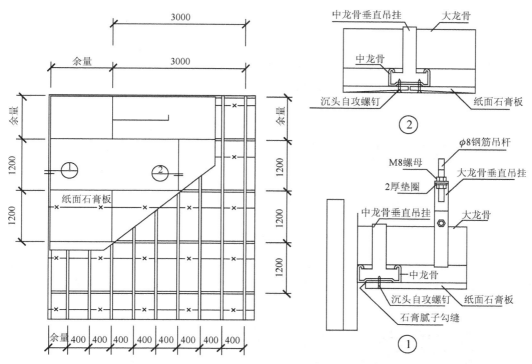

图 2.3 吊顶构造示意图

1. 吊顶吊杆

吊杆是承担龙骨和饰面材料全部荷载的承重受力构件,并将荷载传至承重结构上的杆件,同时也是控制吊顶高度和调平龙骨架的主要构件。吊杆的材料主要有金属和木质两种。如选用钢筋做吊杆,其直径应不小于$\phi6\sim\phi10$通丝镀锌吊杆,适用于轻钢龙骨;型钢吊杆一般用于整体刚度要求高或重型顶棚,具体规格尺寸要进过结构计算来确定;木骨架的吊杆一般可采用$30mm\times30mm$的方木,适用于木质龙骨吊顶,如图 2.4 所示。

(a) 通丝镀锌吊杆　　　　(b) 型钢吊杆　　　　(c) 木质吊杆

图 2.4 吊顶构造示意图

15

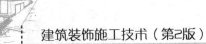

 建筑装饰施工技术（第2版）

吊杆的选用与吊顶的自重及吊顶所承受的灯具、风口等设备荷载的大小有关，看其抗拉强度是否满足安全的要求。根据国家规范，当吊杆长度大于1500mm时应设置反支撑。若采用标准图集，吊杆的规格及固定方法已经计算，只要按标准图集上所标注的规格尺寸，选用即可。

1) 吊杆与结构的固定

(1) 一般轻钢龙骨石膏板吊顶采用镀锌吊杆，吊杆与建筑物顶棚的固定用电锤打孔，将拉爆锚栓和成品通扣镀锌吊杆组合，直接固定于顶棚。采用这种成品吊杆，施工方法简单，施工速度快，且无需防锈漆涂刷，如图2.5所示。

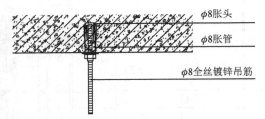

图 2.5　成品通扣镀锌吊杆

(2) 当吊装荷载大的顶棚时，经计算吊杆往往会采用型钢焊接做法，即用膨胀螺栓将钢板固定于钢筋混凝土楼板底面，再用角钢、扁铁或方管进行焊接并进行防锈处理，如图2.6所示。

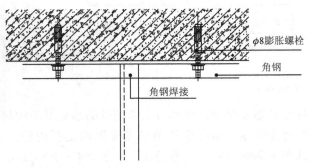

图 2.6　型钢吊杆

(3) 在钢结构吊顶施工中，人们常常把吊顶荷载和空调、消防管道等设备荷载用焊接或搭接等方法直接作用到网架的下弦杆上，这种做法与网架结构的受力特点不相符，且国家规范不允许在建筑钢制网架上直接进行焊接。因此，在钢网架下进行吊顶时，吊杆的固定应考虑顶棚受力点。当吊挂的荷载比较大时可利用弦球上预设工艺孔固定吊杆；对于有喷淋、空调通风、马道等比较复杂的吊顶，可制作方钢井字形布置的副桁架，然后通过副桁架分别与球形节点和吊顶龙骨相连接；当吊顶荷载不大且均匀分布时，可用$\phi 10 \sim \phi 12$的钢筋制作吊杆，上端采用抱箍方式与网架球节点连接，下端与吊顶主龙骨连接，如图2.7所示。

(4) 木龙骨吊杆与建筑结构的连接，可采用电锤打孔、塞入经防腐后的木楔，再用铁钉固定通长木龙骨，作为固定吊杆的节点。吊杆与通长沿顶木龙骨连接采用气钉或铁钉固定，如图2.8所示。

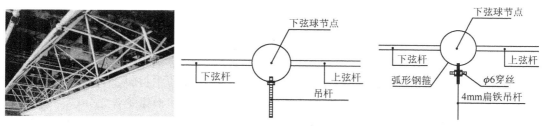

图2.7　网架吊杆固定

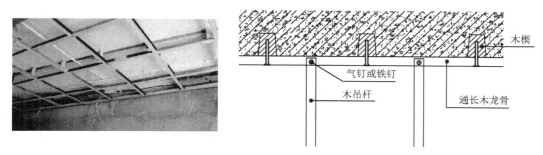

图2.8　木龙骨吊杆固定

2）吊杆与龙骨的连接

吊杆与龙骨的连接构造形式取决于顶棚的形式、龙骨的材料类型。当顶棚龙骨架采用木龙骨或木质板材（细木工板）做造型时，木吊杆可直接采用钉接；如用金属吊杆可预先制作木质吊挂件再钉接；当龙骨架为轻钢龙骨时，吊杆与龙骨的连接采用金属龙骨配套的吊挂件组装形式。另外，金属吊挂件的形式主要根据金属龙骨的断面来设计，不同的金属龙骨断面，需不同的吊挂件，安装方法也有所不同，如图2.9所示。

(a) 直接采用钉接　　　　(b) 金属吊杆与木骨架连接　　　　(c) 金属吊挂件组装

图2.9　吊杆与龙骨连接构造示意图

 知识链接

根据《建筑装饰装修工程质量验收规范》（GB 50210—2001），在吊顶龙骨吊杆大于1500mm时需要设置反向支撑。具体做法：用角铁或者主龙骨都可以，一端固定在楼板上，另一端固定在吊顶龙骨上。安装反支撑不应在同一直线上，应该为梅花形分布，间距大概在2m左右。

反支撑的作用主要是当室内产生负风压的时候，控制吊顶板面向上移动。如板面受到风荷载作用，板面会上下浮动，吊杆通常是用$\phi 6$、$\phi 8$或$\phi 10$的钢筋制作的，它可以控制板面向

下的移动，而不能控制板面向上的移动，这时候反支撑就可以撑住板面不让板面向上移动，从而达到控制板面变形的作用。

2. 吊顶龙骨

吊顶龙骨是指用轻钢或木质做成的骨架，用于天棚吊顶的主材料。它通过吊杆与楼板相接，用来固定饰面板。吊顶所用的龙骨有主龙骨、副龙骨和横撑龙骨之分。

主龙骨位于副龙骨之上，并为副龙骨的架设提供受力面，是承担副龙骨和饰面部分的荷载，并将荷载传至吊筋上的构件；副龙骨是安装基层板或面板的网络骨架，主要作用是分散吊顶承重受力面，并为饰面板的铺设提供受力面，也是承担饰面部分荷载的构件；横撑龙骨属于副龙骨的一种，在龙骨安装过程中进行加固的龙骨。

1）主龙骨的布置

主龙骨的布置应控制好刚度。顶棚的整体刚度与主龙骨和吊杆有关，要通过龙骨的材质、截面尺寸和吊杆的材质、间距来综合考虑。一般按房间的短向设置，直接与吊杆相连。主龙骨要满足强度及刚度要求，其截面大小以及相邻间距，由设计荷载和造型而定。当无设计要求时，主龙骨间距为 900～1200mm，具体尺寸可根据房间尺寸和其他要求而确定。当房间的顶棚跨度较大时，为保证顶棚的水平度，龙骨中部应适当起拱，可按房间的短边跨度的 0.3%～0.5%起拱。

2）副龙骨的布置

副龙骨与主龙骨垂直布置，并通过钉、扣件、吊件等连接件紧贴主龙骨安装。其截面大小和龙骨网格的大小由基层板或饰面板尺寸而定。为保证饰面板平整、稳定、牢固，常用网格尺寸为 300～600mm，实际应用时可将这些尺寸进行组合。

吊顶的龙骨布置亦应遵循以下原则：主龙骨的布置应与次龙骨及饰面板的短边方向相垂直为宜，主龙骨与次龙骨、次龙骨与横撑龙骨之间为垂直关系。实际工程中，顶棚的造型往往很复杂，垂直方向可能有多个高低层次，平面多呈矩形、曲线形或不规则形状等。因此，龙骨的布置应满足装饰造型的需要。

3. 吊顶饰面板

饰面板材也叫贴面板，是固定在龙骨架上的一种装饰面材。可在其上进行粘接、钉固、喷涂等饰面处理，当将基层和饰面设计为一体时，面板即为饰面板。

在吊顶工程中由于龙骨架不同，饰面板也有所不同。如木龙骨的贴面胶合板、轻钢龙骨上的纸面石膏板、烤漆龙骨上的矿棉吸声板等。但在实际工程中吊顶饰面板的材料还有铝塑板、铝扣板、玻璃、聚氯乙烯材料制成的软膜（柔性天花）等很多种，其主要作用是装饰室内空间，以及吸声、反射等功能。广泛应用于家庭及公共空间的面层装饰。

1）纸面石膏板

纸面石膏板是吊顶工程中最常用的一种基层衬板。根据性能要求不同可分为普通纸面石膏板、耐火纸面石膏板和耐水纸面石膏板等；按纸面石膏板的棱边形状又可分为矩形棱边、楔形棱边、圆角边等几种。它主要是以建筑石膏为原料；特点是质量轻、强度高、防火、隔热、吸声、变形小等性能，并且具有很好的可加工性，可锯、可钉、可刨等。常见尺寸为：3000mm×1200mm；厚 8.5mm、9.5mm，如图 2.10 所示。

2）澳松板

澳松板（学称定向结构刨花板）是一种进口的中密度板，是大芯板、欧松板、胶合板的升级换代产品。澳松板表面具有天然木材的强度和各种优点，同时又避免了天然木材的缺陷，具有极好的同质结构和独特的强度及稳定性。每张板的板面均经过高精度的砂光，确保一流的光洁度，可以弯曲成曲线状，适用于复杂的弧面异性顶。板子易于胶粘、定钉、螺钉、固定。尺寸一般为 1200mm × 2400mm，厚度有 3mm、5mm、9mm、12mm、18mm，如图 2.11 所示。

图 2.10　纸面石膏板

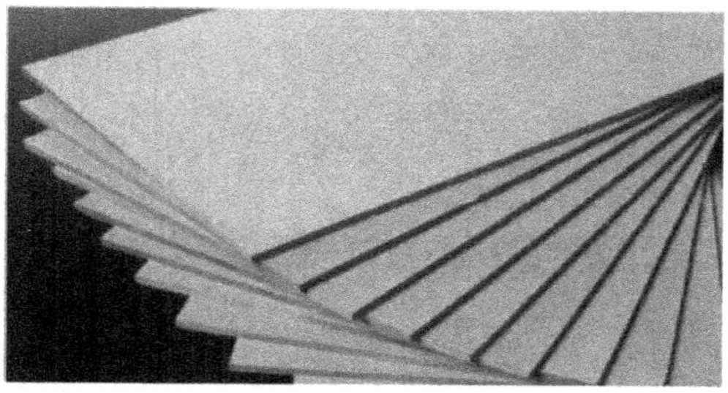

图 2.11　澳松板

3）木丝板

木丝板是用选定晾干木料刨成细长木丝，经化学浸渍稳定处理后，表面浸有水泥浆再加压成水泥木丝板，简称为木丝板。木丝板是纤维吸声材料中的一种硬质板，具有吸声、隔热、防潮、防火、防长菌、防虫害和防结露等特点。木丝板具有强度和刚度较高，吸声构造简单，安装方便、价格低廉等特点。主要用于电影院、剧院、录音室、演播室、广播室、电话室、会议室、报告厅、礼堂等建筑中。尺寸一般为 1220mm×2400mm、1220mm×600mm，厚度有 8mm、10mm、12mm，如图 2.12 所示。

4）矿棉吸声板

矿棉吸声板是以矿渣棉为主要原料，再经表面处理与其他材料复合，可控制纤维飞扬，是一种轻质吊顶装饰材料。它具有吸声、防火、隔热、质轻、美观大方，施工简便等优点，但其防水性能较差，受潮后强度降低，下坠。表面装饰效果丰富，有毛毛虫、满天星等多种图案。主要用于办公空间、计算机机房、商场、走廊等。尺寸一般为 1200mm×600mm、600mm×600mm、600mm×300mm，厚度有 10～12mm，如图 2.13 所示。

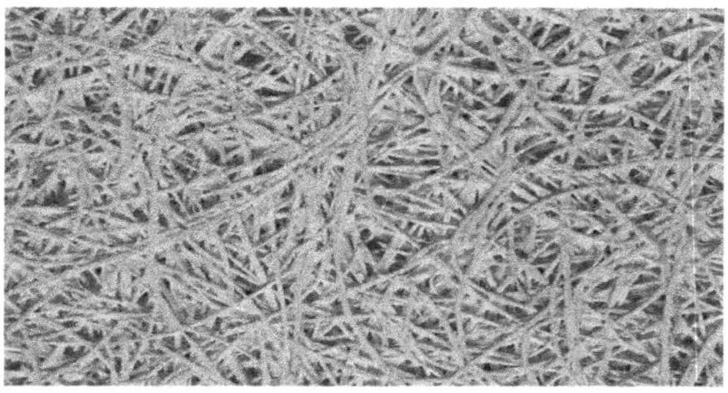

图 2.12　木丝板

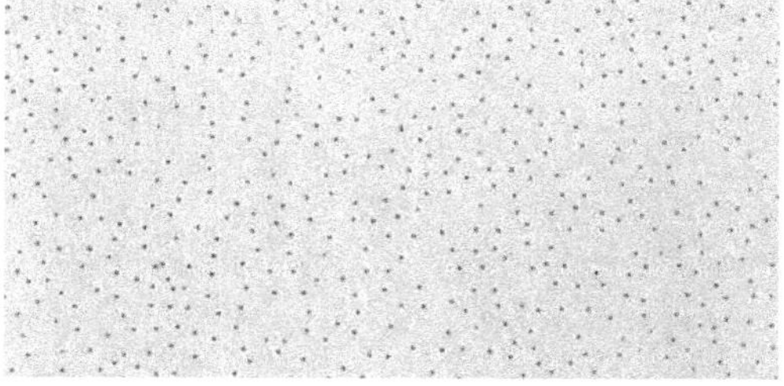

图 2.13　矿棉吸声板

5）金属穿孔吸声板

金属穿孔吸声板是利用各种不同穿孔率的金属板来达到降低噪声的目的。选用材料有

不锈钢板、铝单板、彩色镀锌钢板等。它具有强度高、耐高温、防火、防潮、组装方便等特点。适用于各类公共建筑的吊顶。尺寸一般为 1200mm×600mm、1000mm×500mm、600mm×600mm、500mm×500mm 和 300mm×4000mm，壁度有 0.8～2.5mm，同时可以根据要求异性加工，如图 2.14 所示。

6）铝塑复合板

铝塑复合板（铝塑板）是指由铝和塑料复合而成的一种板材，是铝板和塑料芯材在一定工艺条件下通过专用黏合剂粘结复合而成的板材。铝塑板有 3mm、4mm、5mm、6mm 等几种不同厚度的板片，其结构为表面外厚 0.08～0.5mm 高钢性铝箔，中间芯材为 2～4mm 厚之高强度聚乙烯芯材，具有阻燃性能（添加阻燃剂）。适用于各类公共建筑的干挂和粘贴吊顶，标准尺寸 1220mm×2440mm。同时可以根据要求定尺加工，如图 2.15 所示。

图 2.14　金属穿孔吸声板

图 2.15　铝塑复合板

7）铝单板

铝单板表面一般经过铬化等前处理后，再采用氟碳喷涂处理。氟碳涂层具有卓越抗腐蚀性和耐候性，能抗酸雨、烟雾和各种空气污染物，耐冷热性能好，能抵御强烈紫外线的照射，能长期保持不褪色、不粉化、使用寿命长。一般由面板、角码、加强筋几部分组成，安装简单方便。适用于各类公共建筑的干挂吊顶，尺寸采用定尺加工，如图 2.16 所示。

8）PVC 扣板

PVC 扣板吊顶材料是以聚氯乙烯树脂为基料，真空吸塑等工艺而制成。这种 PVC 扣板吊顶特别适用于厨房、卫生间的吊顶装饰；具有质量轻、防潮湿、隔热、保温、不易燃烧、不吸尘、易清洁、可涂饰、易安装、价格低等优点。尺寸一般为厚度 5mm、6mm、7mm、8mm、9mm、10mm、11mm、12mm 等；宽度 200mm、250mm、300mm 等；长度 3000mm、5800mm、5950mm 等，如图 2.17 所示。

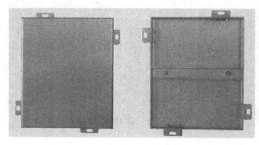

图 2.16　铝单板

图 2.17　PVC 扣板

9）金属格栅

金属格栅是以铝质或铁质为原材料加工的型材单元体，表面经喷涂或烤漆处理，其单体构件有直线型、曲线型、方块型、三角型、多边型、圆型等多种类型。格栅天花具有较强的立体感，层次感，使空间气氛活跃。并且冷气口、排风口、灯具可直接装在格栅上面，不影响整体效果，风性好。适用于各类公共建筑的吊顶空间如地铁站、快餐店、商场等。常规金属格栅（仰视见光面）标准为 10mm 或 15mm，高度有 20mm、40mm、60mm 和 80mm；格子尺寸分别有 50mm×50mm，75mm×75mm，100mm×100mm、125mm×125mm、150mm×150mm、200mm×200mm。间距越小价格越高，如图 2.18 所示。

10）聚氯乙烯柔性天花

聚氯乙烯柔性天花又称软膜天花。软膜采用特殊的聚氯乙烯材料制成，0.18mm 厚，其防火级别为 B1 级。它质地柔韧，色彩丰富，可随意张拉造型，彻底突破传统天花在造型、色彩、小块拼装等方面的局限性。同时，它又具有防火、防菌、防水、节能、环保、抗老化、安装方便等卓越特性，适用于曲廊、敞开式观景空间等各种场合。但软膜需要在实地测量天花尺寸后，通过一次或多次切割成型，并用高频焊接在工厂里制作完成。软膜尺寸的稳定性在−15～45℃，如图 2.19 所示。

图 2.18　金属格栅

图 2.19　聚氯乙烯柔性软膜

综上所述，吊顶各构件的布置尺寸可在如下范围内进行选择：吊筋为(900～1200)mm×(1200～1500)mm；主龙骨为 900～1200mm；副龙骨为(300～600)mm×(300～600)mm；饰面板因材质和规格不同，选择时按设计要求合理使用。

任务 2.2　木龙骨吊顶施工

吊顶的结构骨架全部或主要采用木质材料，称之为木龙骨吊顶。它是以小方木、多层胶合板或细木工板制成的卡档搁栅为顶棚吊顶骨架。

木质龙骨施工灵活，适应性强，但受空气中潮气影响较大，容易引起干缩湿涨变形，使饰面材料受损，防火性能不好。木龙骨吊顶适用于小空间和空间界面造型复杂多变的吊顶工程中。

木龙骨在家装吊顶中龙骨规格一般为 20mm×30mm、30mm×40mm 或 40mm×40mm；在工装中由于面积大、悬吊高、造型复杂等原因，龙骨规格一般大于 40mm×40mm，同时木龙骨应为烘干的松木或杉木，黄花松不得使用，容易开裂。但在工装中常

会直接用多层胶合板或细木工板做龙骨，既起到了龙骨架作用，又满足了设计造型要求，如图2.20所示。

图2.20　细木工板做龙骨形式

 特别提示

在安装木龙骨之前，对于工程中所用的木龙骨、多层胶合板或细木工板，要进行筛选并进行防火处理，一般将防火涂料涂刷或喷于木材表面，如图2.21所示。涂刷防火涂料的龙骨与未涂刷防火涂料的龙骨外观有明显不同，如图2.22所示。也可以将木材放在防火槽内浸渍，防火涂料的种类有硅酸盐涂料、可塞银（酪素）涂料、掺有防火剂的油质、氯乙烯涂料和其他材料。

图2.21　涂刷防火涂料示意图

图2.22　涂刷防火涂料和未涂刷防火涂料的龙骨对比

2.2.1　木质龙骨吊顶材料及机具

1. 材料要求

（1）木料：木材骨架料应为烘干，无扭曲的红白松树种、多层胶合板或细木工板。

（2）其他材料：圆钉，气钉，胶粘剂，木材防腐剂和防火涂料。

2. 主要机具

（1）电动机具：小电锯、小台刨、手电钻。

（2）手动工具：木刨、线刨、锯、斧、锤、螺钉旋具、摇钻、水平尺、吊线坠等。

2.2.2　木质龙骨吊顶施工准备

（1）顶棚上部的电气布线、空调管道、消防管道、供水管道等均以安装就位，并基本调试完毕。

（2）直接接触土建结构的木龙骨，应预先刷防腐剂。

（3）吊顶房间需做完墙面及地面的湿作业和屋面防水等工程。

（4）根据图样制定施工方案。

2.2.3　木质龙骨吊顶工艺流程

木龙骨吊顶施工方法较多，但结构上却大同小异，都需要解决稳固和平整这两大问题。而吊顶稳固的关键在于吊点的稳固、吊杆的强度、连接方式的正确。在施工中，必须紧紧抓住这个问题进行工艺操作。

木质龙骨吊顶施工工艺流程：放线→龙骨拼装→安装吊点、吊筋→固定沿墙龙骨→龙骨吊装固定→饰面板安装。

1. 放线

放线是技术性较高的工作，是吊顶施工中的要点。放线的内容主要包括吊顶标高线、造型位置线、吊点布置线、大中型灯位线等。放线的作用：一方面使施工有了基准线，便于下一道工序确定施工位置；另一方面能够检查吊顶以上部位的管道对标高位置的影响。

（1）确定标高线。室内吊顶装饰施工中的标高，可以以装饰好的楼地面上表面标高为基准，依此基准线为起点，根据设计要求在墙（柱）面上量出吊顶的垂直高度，作为吊顶的底标高；也可使用红外线水准仪或充水胶管测出室内水平线，水平线的标高值一般为500mm，以此基准线作为确定吊顶标高的参考依据。

（2）确定造型位置线。对于规则的建筑空间，应根据设计要求，先以一个墙面为基准量出吊顶造型位置距离，并按该距离在顶面画出平行于墙面的直线，再从另外三个墙面，用同样的方法画出直线，便可以得到造型位置外框线。如顶棚有高低叠级造型，则应在墙面一一弹出叠级处高、低不同标高点。

（3）确定吊点位置。吊点间距一般为900～1200mm，灯位处、承载部位、龙骨与龙骨相接处及叠级吊顶的叠级处均应增设吊点。

2. 龙骨拼装

吊顶的龙骨架在吊装前，应在楼（地）面上进行拼装，拼装的面积一般控制在10m²以内，否则不便吊装。拼装时，先拼装大片的龙骨骨架，再拼装小片的局部骨架，拼装的方法常采用咬口（半榫扣接）拼装法，具体做法：在龙骨上开出凹槽，槽深、槽宽以及槽与槽之间的距离应符合有关规定。然后，将凹槽与凹槽进行咬口拼装，凹槽处应涂胶并用钉子固定。底面刨光、刮平、截面厚度应一致，如图2.23所示。

3. 安装吊点、吊筋

见2.1.3节。

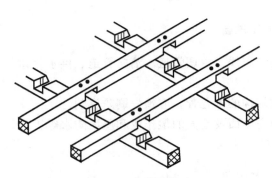

图 2.23　龙骨拼装示意图

4. 固定沿墙龙骨

沿吊顶标高线固定沿墙龙骨，一般是用冲击钻在标高线以上 10mm 处墙面打孔，孔径 12mm，孔距 400～600mm，孔内塞入木楔，将沿墙龙骨钉固在墙内木楔上，沿墙木龙骨固定后，其底边与其他次龙骨底边标高一致。

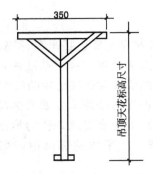

图 2.24　吊顶高度临时定位杆

5. 龙骨吊装固定

龙骨吊装一般先从一个墙角开始，将拼装好的木龙骨架托起至标高位，对于高度低于 3.2m 的吊顶骨架，可在高度定位杆上作临时支撑，如图 2.24 所示。高度超过 3.2m 时，可用铁丝在吊点作临时固定。根据吊顶标高拉出纵横方向的水平基准线，作为骨架底平面的基准，将龙骨架向下稍做移位使骨架与基准线平齐，待整片龙骨架调平调正后，再与边龙骨钉接。

龙骨架分片吊装在同一平面后，还要进行分片连接形成整体，其方法：将端头对正，用短方木或铁件进行连接加固，短方木可钉于龙骨架对接处的侧面或顶面，如图 2.25 所示。如顶棚采用的是叠级吊顶，龙骨骨架一般是从最高平面吊装，其高低面的衔接及收口，常用做法可采用斜向连接、弧向连接、垂直连接等，如图 2.26 所示。

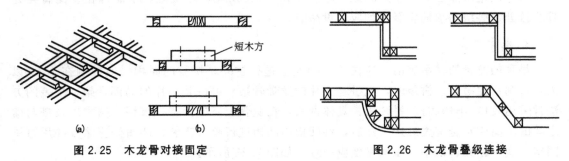

图 2.25　木龙骨对接固定　　　　　　　图 2.26　木龙骨叠级连接

各个分片连接加固后，应对龙骨架调平并起拱，在整个吊顶面下拉出十字交叉的标高线，来检查并调整吊顶平整度，对于吊顶面下凹部分，需调整吊杆杆件将龙骨骨架收紧拉起；对于吊顶骨架底面向上拱起的部分，需将吊杆吊件放松下移或另设杆件向下顶，直到

吊顶骨架底面整体平整，将误差控制在规定的范围内。在公共空间，吊顶一般要起拱，起拱高度一般按房间短跨方向 0.3%～0.5% 起拱。

6. 饰面板安装

1）钉接

用钉子将饰面板固定在木龙骨上，饰面板类型不同，钉子应有所区别，如选用纸面石膏板与木龙骨固定应采用木螺钉，钉距控制在 100～150mm，钉帽应略钉入板面一部分，但应不使纸面破坏为宜；选用胶合板、澳松板应采用气钉，将饰面板固定于木龙骨上，钉距为 80～150mm，并局部用木螺钉加固。

2）粘接

粘接即用各种胶粘剂将基层板粘接于龙骨上，如矿棉吸声板可用 1∶1 水泥石膏粉加入适量 107 胶或强力胶进行粘接。也可采用粘、钉结合的方法，固定则更为牢固。

 **特别提示**

从安全角度考虑，木龙骨防火性能比较差，而且容易变形开裂，所以空间顶棚造型不复杂，可采用轻钢龙骨吊顶或轻钢龙骨与木龙骨配合吊顶。

2.2.4 木龙骨吊顶节点处理

1. 饰面板接缝节点处理

饰面板块拼接时，常见的接缝形式有对缝、凹缝和盖缝等几种，如图 2.27 所示。

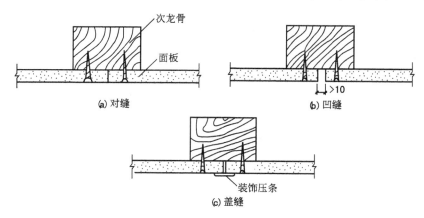

图 2.27 饰面板接缝形式示意图

2. 转折角缝节点处理

1）阴角节点

阴角是指两面相交内凹部分，其处理方法通常是用木角线钉压在角位上，如图 2.28 所示。固定时用直钉枪，在木线条的凹部位置打入直钉。

2）阳角节点

阳角是指两相交面外凸的角位，其处理方法也是用木角线钉压在角位上，将整个角位

包住，如图 2.29 所示。

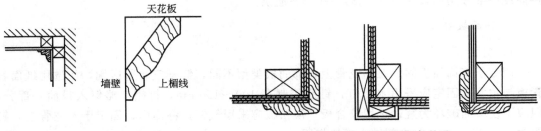

图 2.28　吊顶面阴角处理　　　　　图 2.29　吊顶面阳角处理

3）过渡节点

过渡节点是指两个落差高度较小的面接触处或平面上，两种不同材料的对接处。其处理方法通常用木线条或金属线条固定在过渡节点上。木线条可直接钉在吊顶面上，不锈钢等金属条则用粘贴法固定，如图 2.30 所示。

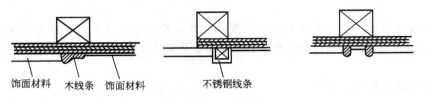

图 2.30　吊顶面过渡处理

3. 木吊顶与设备之间节点处理

（1）吊顶与灯光盘节点。灯光盘在吊顶上安装后，其灯光片或灯光格栅与吊顶之间的接触处需作处理。其方法通常用木线条进行固定，如图 2.31 所示。

（2）吊顶与检修孔节点处理，通常是在检修孔盖板四周钉木线条，或在检修孔内侧钉角铝，如图 2.32 所示。

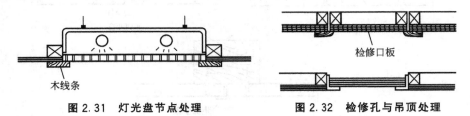

图 2.31　灯光盘节点处理　　　　　图 2.32　检修孔与吊顶处理

任务 2.3　轻钢龙骨吊顶施工

轻钢龙骨吊顶是在现阶段建筑装饰工程中普遍使用的一种吊顶形式，它具有装饰性好、自重轻、强度高、防火及耐腐蚀性能好、安装方便的特点，广泛应用在公共及住宅空间。轻钢龙骨吊顶由轻钢龙骨和纸面石膏板两部分组成，在纸面石膏板面层可进行其他饰面装饰，如涂刷、粘贴等。

轻钢龙骨吊顶采用镀锌钢板。经剪裁、冷弯、滚轧、冲压而成的薄壁型钢，厚度为

0.5~1.5mm，由主龙骨、次龙骨、横撑小龙骨、吊件、接插件和挂插件组成，分为38系列、50系列、60系列，具体规格尺寸见表2-1、图2.33所示。38系列的龙骨一般适用于吊点间距为900~1200mm的不上人吊顶；50系列的龙骨适用于吊点间距为900~1200mm的不上人吊顶；60系列的龙骨可用于吊点间距1500mm的上人吊顶。不同系列龙骨的选用要符合实际的设计需求。

表2-1　U、C、L型吊顶轻钢龙骨

名　　称	图　形	规格尺寸/mm					
		D38		D50		D60	
		A	B	A	B	A	B
U型龙骨（承载龙骨即主龙骨）	A	38		50		60	
C型龙骨（覆面龙骨即副龙骨）	A	38		50		60	
L型龙骨（边龙骨）	A						

注：1. 承载龙骨、覆面龙骨的尺寸B，无明确规定。

2. 边龙骨的尺寸A、尺寸B，均无明确规定。

3. 不同规格尺寸的承载龙骨、覆面龙骨、边龙骨，可以根据需要配合使用。

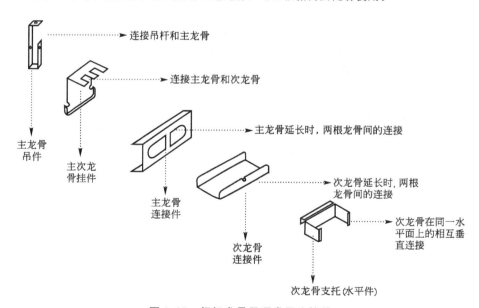

图2.33　轻钢龙骨吊顶常用连接件

2.3.1 轻钢龙骨吊顶材料及机具

1. 材料要求

（1）轻钢龙骨及配件按设计荷载要求选择。

（2）按设计要求选用各种饰面板，其材料品种、规格、质量应符合设计要求。

（3）零配件：吊杆、膨胀螺栓、铆钉、自攻螺钉。

2. 主要机具

（1）电动机具：电锯、无齿锯、手电钻、冲击电锤、电焊机、自攻螺钉钻、手提圆盘锯、手提线锯机。

（2）手动工具：拉铆枪、钳子、螺钉旋具、扳子、钢尺、钢水平尺、线坠。

2.3.2 轻钢龙骨吊顶施工准备

（1）吊顶内的通风、水电、消防管道等均已安装就位，并基本调试完毕。

（2）各种材料及工具齐备。

（3）墙顶需找补的槽、孔、洞等湿作业完成。

（4）根据图样制定施工方案。

2.3.3 轻钢龙骨吊顶工艺流程

轻钢龙骨施工工艺流程：弹线定位→吊杆制作安装→主龙骨安装及校正→次龙骨安装→安装饰面板→嵌缝。轻钢龙骨吊顶的组合，如图 2.34 所示。

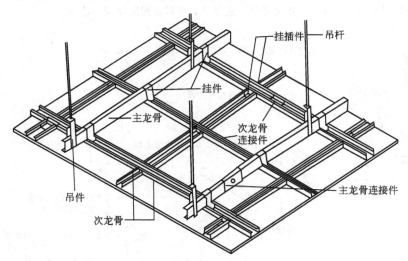

图 2.34　轻钢龙骨吊顶的组合图

1. 弹线定位

采用红外线水平仪或水平管，根据吊顶设计标高，在四周墙壁或柱壁上弹线，其水平

允许偏差不得大于 5mm。如顶棚有叠级造型者，其叠级标高应全部标出并根据造型线和设计要求确定吊点的位置并弹于顶板上，按每平方米一个均匀布置。

2．吊杆制作安装

见 2.1.3 节。

3．主龙骨安装及校正

首先配装好吊杆上的螺母和吊挂件，按设计主龙骨走向，将主龙骨穿于吊挂件上并拧好螺母。待全部主龙骨安装就位后，拉线进行调直调平定位校正。龙骨校正平直后，将吊筋上的螺母调平拧紧。龙骨中间部分按具体设计起拱（一般起拱高度不得小于房间短向跨度的 0.3%）。主龙骨间距不应超过 1200mm，建议采用 900mm。

4．副龙骨安装

主龙骨安装完毕即可安装副龙骨。按设计规定的副龙骨间距，将副龙骨通过吊挂件吊挂在主龙骨上并与主龙骨扣牢，不得有松动及歪曲不直之处。设计无要求时，一般间距为龙骨中心到龙骨中心 400mm，在潮湿环境下以 300mm 为宜。

5．安装饰面板（纸面石膏板）

龙骨安装完毕后应检查龙骨平整，牢固，配件安装是否正确，主副龙骨是否顺直，并在顶棚内各种安装（空调、消防、通信、照明）等隐蔽工程完毕后才可进行石膏板安装。

纸面石膏板在具体布置时原则上长边方向应与主龙骨平行，从顶棚的一端向另一端开始错缝安装，逐块排列，余量放在最后安装。或从顶棚中心向周围铺设。铺设时首先要根据龙骨间距在石膏板面上弹出龙骨中心线，以便固定石膏板时使用，固定石膏板的高强自攻螺钉间距为 150～170mm，固定时应从石膏板中部开始向两侧展开，自攻螺栓距纸面石膏板板边应控制在 10～15mm 的距离，短边控制在 15～20mm，钉头应略低于板面沉入板内 1～2mm，但不得损坏纸面。钉头应做防锈处理，并用石膏腻子腻平。

纸面石膏板安装时还应注意留 3mm 左右的板缝（短边留 4～6mm 板缝），四周墙边留 10mm 左右缝隙以防伸缩变形。

6．嵌缝

纸面石膏板安装完毕质量经检查或修理合格后，进行板缝的嵌填处理。嵌缝材料包括接缝带和嵌缝腻子。一般施工做法如下。

（1）施工前先进行板缝的表面处理，除去浮尘、疏松物及各种不利于粘结的物质。然后用泥刀将调和好的嵌缝腻子抹在楔形边缘接缝处。确定接缝带的位置，再用泥刀将接缝带在其上端粘牢。

（2）用泥刀挤出多余的嵌缝腻子，使接缝带牢牢地与石膏板粘牢，将接缝带的中心线与板缝对齐。用泥刀将嵌缝腻子薄薄地涂抹在接缝带表面，将接缝带完全涂满。用批刀刮掉多余的嵌缝腻子。凝固后如需要可用细砂纸将其打磨平整。

（3）用泥刀抹上薄薄的第二层嵌缝腻子，两边分别宽出第一层约 50mm，干燥后再用细砂纸打磨平整。

（4）在阴角的两边均匀地抹上嵌缝腻子。对折接缝纸带后贴到阴角内，使其紧紧地

嵌入嵌缝腻子。同平面接缝一样也用泥刀挤出多余的嵌缝腻子，凝固后用细砂纸将其打磨平整，打磨时不得将护纸磨破。

 **特别提示**

（1）温度变化对纸面石膏板的线膨胀系数影响不大，但空气湿度变化则对纸面石膏板的线性膨胀和收缩产生较大影响，所以大面积的纸面石膏板吊顶，应注意设置膨胀缝。

（2）吊顶施工时龙骨接长的接头应错位安装，相邻三排龙骨的接头不应接在同一直线上；吊筋、膨胀螺栓应进行防锈处理。

（3）吊杆距主龙骨端部不得大于 300mm，当大于 300mm 时应增加吊杆，并且当吊杆与设备相遇时，应调整并增设吊杆，不得与设备共用吊杆。

（4）吊杆长度限度一般情况下 $\phi 6$ 吊杆不大于 1200mm，$\phi 8$ 吊杆不大于 1500mm。若吊顶设计标高距原结构顶面高度超过吊杆限度时，会产生吊杆不稳，不垂直现象，造成吊顶龙骨不平直，影响整个吊顶安装质量。

（5）纸面石膏板拼装时要注意应错位安装（错开半板左右）。防止出现通缝，影响吊顶的牢固性。

（6）顶棚内的灯槽、斜撑、剪刀撑等，应按具体设计施工。轻型灯具可吊装在主龙骨或附加龙骨上，重型灯具或电扇则不得与吊顶龙骨连接，而应另设吊钩吊装。

知识链接

轻钢龙骨除常见的 U 型、C 型以外，还有一种直卡式轻钢龙骨：直卡式轻钢龙骨的主骨与主骨，主骨与副骨，副骨与副骨，以及横支撑与副骨均直接卡扣连接，克服了传统龙骨用小件捆绑，连接松散的缺陷，具有安装简便、平整度高、无须主龙骨及覆面龙骨吊件、断头可接、节省材料、减少工时、龙骨骨架稳定性好的特点。龙骨饰面板可吊硬质大板、塑胶板、钉轻质吸声板，综合性能优于 U 型龙骨系列，如图 2.35 所示。

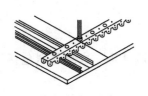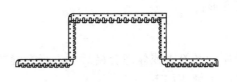

图 2.35 直卡式新型轻钢龙骨吊顶

任务2.4 活动面板吊顶施工

活动面板吊顶简称活动式吊顶，指罩面板搁放在龙骨下翼边缘上，能"活动"的将罩面板拿下放上的顶棚，是配套组装式吊顶的一种。其型材表面经过处理质量轻，光泽美观，有较强的抗腐蚀、耐酸碱能力，防火性好，安装简单，适用于公共建筑大厅、楼道、会议室以及办公室、机房等空间的吊顶装修，如图 2.36 所示。

图 2.36　活动式吊顶

　　活动面板吊顶配套的纵横龙骨又称覆面龙骨，常见的型号：T 型，起组装吊顶龙骨骨架及搭装（或嵌装）吊顶板的作用；L 型，与四周墙壁相接和搭装（或嵌装）吊顶板的作用，如图 2.37～图 2.41 所示。

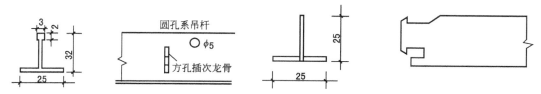

图 2.37　平面 T 型主龙骨断面及立面　　　　图 2.38　平面 T 型次龙骨断面及立面

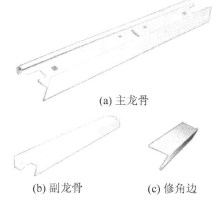

(a) 主龙骨

(b) 副龙骨　　　(c) 修角边

图 2.39　平面 T 型吊顶龙骨

图 2.40　凹槽 T 型主、次龙骨　　　　图 2.41　凹槽 T 型主、次龙骨组合图

2.4.1　活动面板吊顶材料及机具

1. 材料要求

（1）龙骨：T、L型烤漆轻钢或铝合金龙骨，罩面板。

（2）其他材料主要包括龙骨连接件、固定材料（膨胀螺栓）和吊杆（钢筋或镀锌铁丝等）及吊件。

2. 主要机具

（1）电动机具：无齿锯、冲击电锤。

（2）手动工具：钳子、扳子、钢锯、钢尺、钢水平尺、线坠。

2.4.2　活动面板吊顶施工准备

见木龙骨、轻钢龙骨吊顶施工准备。

2.4.3　活动面板吊顶工艺流程

活动面板吊顶的施工工艺比较简单，其施工操作顺序：放线定位→固定悬吊件→安装边龙骨→安装主、次龙骨并调平龙骨→安装饰面板。

单独由 T 型（或 L 型）龙骨装配的吊顶，只能是无附加荷载的装饰性单层轻型吊顶，它适用于室内大面积平面顶棚的装饰，如图 2.42 所示。当必须满足吊顶的一定承载能力时，则需要与轻钢 U 型、C 型承载龙骨相配合，即成为双层吊顶构造，如图 2.43 所示。

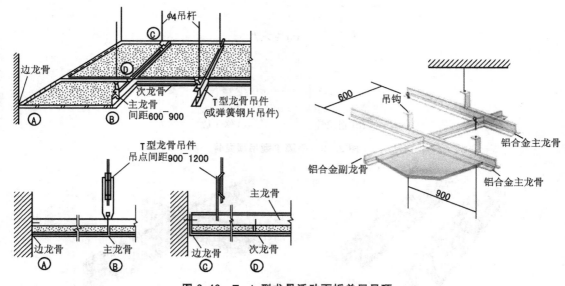

图 2.42　T、L 型龙骨活动面板单层吊顶

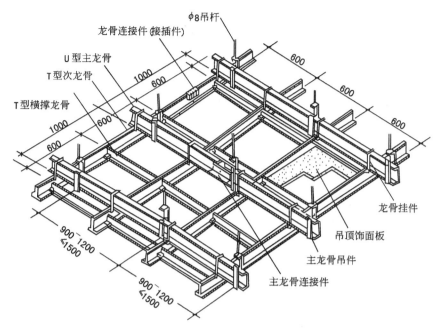

图2.43 T、L型龙骨活动面板双层吊顶

活动面板龙骨吊顶的具体施工工艺如下。

1. 放线定位

根据设计图样，结合具体情况，利用墙面水平基准线将设计标高线弹到四周墙面或柱面上，同时将龙骨及吊点位置弹到楼板底面上。吊顶龙骨间距和吊杆间距，一般都控制在1000~1200mm。

2. 固定悬吊件

活动面板龙骨的吊件，可通过镀锌铁丝绑牢膨胀螺钉吊点。镀锌铁丝不能太细，如使用双股，可用18号铁丝，如果用单股，使用不宜小于14号的铁丝，这种方式适于不上人的活动式装配吊顶，较为简单。

活动面板龙骨的吊件也可直接固定在轻钢龙骨主龙骨上，这种方法适用于满足吊顶的一定承载能力时的双层吊顶构造，如图2.43所示。

3. 安装边龙骨

在预先弹好的标高线上将L型边龙骨或其他封口材料固定在墙面或柱面上，封口材料的底面与标高线重合。L型边龙骨常用的规格为25mm×25mm，色彩应同龙骨一致。L型边龙骨固定时，一般常用高强水泥钉，钉的间距一般不宜大于500mm。

4. 安装主、次龙骨并调平龙骨

活动面板龙骨安装时，应根据已确定的主龙骨（大龙骨）位置及确定的标高线，将各条主龙骨吊起后，在稍高于标高线的位置上临时固定，如果吊顶面积较大，可分成几个部分吊装。然后在主龙骨之间安装次（中）龙骨，也就是横撑龙骨。次龙骨（中、小龙骨）

应紧贴主龙骨安装就位。龙骨就位后，再满拉纵横控制标高线（十字中心线），从一端开始，一边安装，一边调整，全部安装完毕后，最后再精调一遍，直到龙骨调平、调直为止。

5. 安装饰面板

饰面板可分为明装和半明半隐（简称半隐）2种形式。明装即纵横 T 型龙骨，骨架均外露，饰面板只需搁置在 T 型两翼上；半明半隐即饰面板，安装后外露部分骨架。两者安装方法简单，施工速度较快，维修比较方便，如图 2.44 所示。

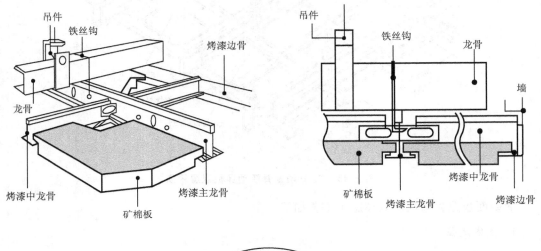

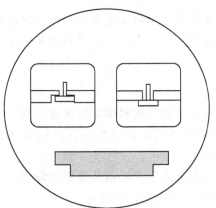

图 2.44 T、L 型龙骨活动面板安装方法

 **特别提示**

1. 龙骨分格定位

根据饰面板的尺寸进行龙骨分格的布置。为了安装方便，龙骨中心线的间距尺寸一般大于饰面板尺寸 $2mm$。在进行龙骨分格布置时，尽量保证龙骨分格的均匀性和完整性，以保证吊顶有规整的装饰效果。由于室内的吊顶面积一般都不可能按龙骨分格尺寸正好等分，所以吊顶上会出现与标准分格尺寸不等的分格，也称收边分格。

收边分格一般有两种处理方法：一种是把标准分格设置在吊顶中部，而分格收边在吊顶四周；另一种是将标准分格布置在人流活动量大或较显眼的部位，而把收边分格置于不被人注意的次要位置。

2. 主龙骨的接长

主龙骨的接长，一般选用连接件进行接长，主龙骨方孔相连。主龙骨接长完成后，应全面校正主、次龙骨的位置及水平度，需要接长的主龙骨，连接件应错位安装。

任务 2.5 其他吊顶形式

2.5.1 金属装饰板吊顶

金属装饰板吊顶是采用轻质金属板和配套专业的龙骨体系组合而成。主要的特点是质轻，安装方便，施工速度快，色泽美观，质感独特；同时，在顶棚上可加一些功能性的材料，如吸声材料、隔热材料，增强其实用功能，是一种新颖的顶棚装饰形式；一般适用于候车大厅、地铁站、图书馆、展览厅等公共空间，以及居住空间的厨房、卫生间等处。

1. 吊顶材料

金属吊顶的龙骨是采用铝合金或不锈钢等材料制成的配套龙骨系列。当顶棚为不上人顶棚时，龙骨即是承重构件，也兼具卡具作用，此时，只有主龙骨，不设次龙骨；当吊顶为上人顶棚时，应加一层轻钢龙骨作为承重构件，此时，固定条板的龙骨成为次龙骨。龙骨的形式和连接方式随金属饰面板的形式不同而不同。

吊顶的面层材料金属装饰板是采用铝板、铝合金板、不锈钢板、钛金板为基板，经加工处理形成的装饰板。具有质轻、强度高、耐高温、耐腐蚀、防火、防潮等特点，广泛应用于装饰工程中；金属板的类型很多，按板材形状可分为条形板和方形板，如图 2.45 所示。金属板的表面又可做抛光、亚光、浮雕、烤漆或喷砂等处理，也可做打孔或不打孔的表面处理。板材的形式不同，其构造处理也有所不同。上述各型号的金属板，采用铝合金材质使用较为普遍。

(a) 金属铝方板　　　　　　　　　　　　(b) 金属铝条板

图 2.45　金属装饰板

 知识链接

金属天花吊顶源自欧美国家。十年前，铝天花被视为高档产品，国内鲜有人使用，现在随着工艺的改良和技术的改造，铝天花在价格上开始趋于合理化，使用也已普及。

铝天花的表面可进行不同的处理，得到不同的装饰效果。铝扣板的表面处理主要有喷涂、滚涂、覆膜和拉丝。随着科技的发展，新的表面处理工艺不断涌现。

（1）喷涂。在铝板表面喷涂彩色涂料后经烘干而成。好的喷涂板颜色分布均匀，差的板子从侧面看会看到颜色呈波纹状分布。喷漆多为亚光，折边有直角和斜角两种。喷涂板一定要经烘干，这样漆膜才牢固，仅喷漆处理的铝制天花板，正反两面的颜色是一致的，而经过烤漆处理的则正反不同色。

（2）滚涂。铝板表面进行脱脂和化学处理后，滚涂优质涂料，干燥固化而成。滚涂板表漆膜的平整度要高于喷涂板，色泽上分珠光与亚光，市面上常见的多为珠光。

（3）覆膜。以彩涂铝板为基材，选用高光膜或幻彩膜，板面涂覆专业黏合剂后复合而成。覆膜板光泽鲜艳，可挑选花色品种多，防水、防火，具有优良的耐久性和抗污能力，防紫外线性能优越。膜分进口膜与国产膜，进口膜的耐久性、光泽度要好于国产膜。铝扣板的厚度应约为 0.6mm。

（4）拉丝。是一种新推出的表面处理工艺，是以铝板为基材，采用进口金刚石布轮表面拉纹，经压型、滚涂等多种化学处理而成。表面色泽光亮、均匀，时尚感强，给人美感。

2. 金属铝方板吊顶安装

金属铝方板吊顶易于与表面设置的灯具、风口、喇叭等协调一致，使整个吊顶表面组成有机整体，金属方板吊顶安装方式有搁置式和嵌入式两种，如图2.46所示。

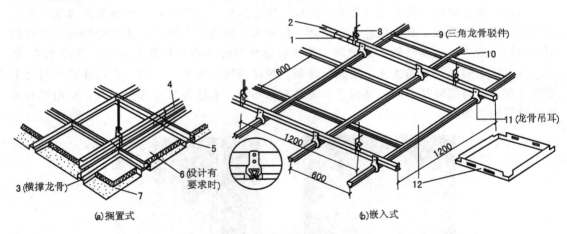

图2.46 方板吊顶安装示意图

1、9—连接件；2—UC型主龙骨；3—T型小龙骨；4—U型承载龙骨；
5—T型次龙骨；6—吸声保温材料；7—明装金属方板；8—吊杆；
10—SR6三角龙骨；11—挂件；12—金属方板

金属铝方板吊顶施工流程：基层弹线→安装吊杆→安装主龙骨→安装边龙骨→安装

次龙骨→安装铝合金方板→饰面清理。

首先根据楼层标高水平线，按照设计标高，沿墙四周弹出顶棚标高水平线，并在顶面上弹出吊点及龙骨位置。在弹好顶棚标高水平线及龙骨位置线后，确定吊杆下端头的标高，安装预先加工好的吊杆，吊杆间距控制在1200mm内。安装主龙骨，主龙骨一般选用轻钢龙骨，间距控制在1200mm内。主龙骨安装完毕，按吊顶净高要求在墙四周用水泥钉固定25mm×25mm边龙骨，水泥钉间距不大于300mm。根据铝扣板的规格尺寸，安装与板配套的次龙骨，次龙骨通过吊挂件吊挂在主龙骨上。龙骨吊装完毕后，安装金属板，安装时，从房间一个方向按照弹好的板块布置线依次安装。铝扣板轻拿轻放，必须顺着翻边部位顺序将方板两边轻压，卡进龙骨后再推紧。当金属方板与窗帘盒及风口连接时，其细部构造如图2.47所示。铝扣板安装完后，需用布把板面全部擦拭干净，不得有污物及手印等。

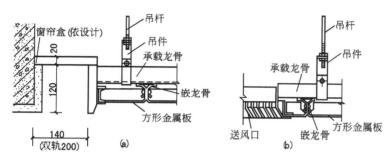

图2.47　金属方板与窗帘盒及风口连接形式

3. 金属铝条板吊顶安装

金属条扣板吊顶其龙骨连接件与饰面材料板都是配套使用的，可以直接采用厂家配套生产的龙骨和吊杆配件即可，见表2-2。

金属铝条扣板吊顶根据条板和条板之间连接处的板缝处理形式不同，可分为开敞式扣板吊顶和封闭式扣板吊顶。条板式吊顶龙骨一般可直接吊挂，也可增加主龙骨，主龙骨间距不大于1200mm，金属条板与龙骨的连接方式有嵌卡方式和螺钉方式。当金属条板板厚为0.8mm以下、板宽在100mm以下时，可采用嵌卡方式与龙骨连接，对于板厚超过1mm、板宽超过100mm的板材，多用螺钉固定。金属条扣板在安装前应全面复查龙骨标高线和龙骨布置的弹线位置，检查龙骨是否调平调直。在调平的基础上，才能安装条板，以保证板面平整。

条形板安装应从一个方向依次安装，根据龙骨及条板的形式不同，条板的安装方法不同。开敞式吊顶在安装时，只需将条形卡边式金属板的板边直接按顺序利用板的弹性卡入特别的带夹齿状的龙骨卡口内，调平调直即可，不需其他连接件，此种吊顶形式有板缝，故称开敞式吊顶。吊顶的板缝有利用顶棚的通风，可以不封闭，也可根据设计要求加配套的嵌条予以封闭；封闭式吊顶安装时，也是将金属扣边条形板安装在带夹齿的龙骨卡口内，利用板的弹性相互卡紧，此板有平伸的板翼，正好可将板的拼缝封闭，故又称封闭式吊顶。像这种金属条板与龙骨的连接方式称为嵌卡式，另一种连接方式是螺钉固定式，是采用C型、U型龙骨，用自攻螺钉将第一块板的扣边固定在龙骨上，再将下一块板的扣边

压入已固定好的上一块板的扣槽内，从房间的一边开始，按顺序相互连接即可，连接方式如图2.48所示。

金属铝条板在板条接长时，要控制好切割的角度；同时对切口部位用搓刀修平，将毛边整理好，然后切割15～20mm金属条板直接卡在板条接长处。为避免在板条接长部位出现接缝过于明显的问题，条板切割时，除了控制好切割的角度，同时要对切口部位用锉刀修平，将毛边及不妥处修整好，然后再用相同颜色的胶粘剂将接口部位进行密合。

表2-2　条形金属板及配件

条板类型	Ⅰ型	Ⅱ型	Ⅲ型	备 注
条板形式 （厚0.5mm）	10.5 85	15 85	85	（1）Ⅰ型和Ⅲ型条形金属板吊顶为敞开式（敞缝式）吊顶，当加装嵌条后也可成为封闭式（闭缝式）吊顶；
配套嵌条 （厚0.325mm）	12.5或8 15		12.5 15	
配件名称	形式	用途		
条龙骨	18 25 53	用于组装成吊顶龙骨骨架，用于嵌装条形金属吊顶板		（2）Ⅱ型金属条板由于其板边的延伸而成为吊顶的缝隙盖板，故只可组装为闭缝式（封闭式）吊顶
吊挂件		用于与吊杆及龙骨的连接		

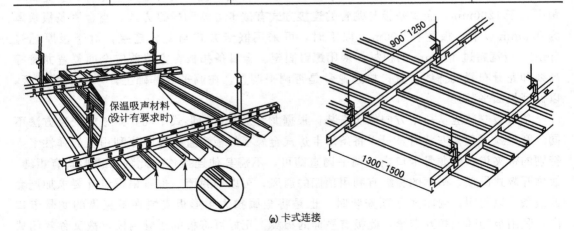

(a) 卡式连接

图2.48　金属铝条板安装示意图

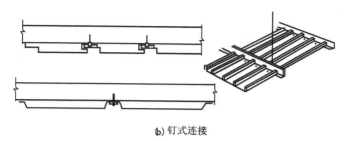

(b) 钉式连接

图 2.48 金属铝条板安装示意图(续)

2.5.2 金属单体组合开敞式吊顶

金属单体组合开敞式吊顶是运用立体构成艺术效果，通过单体构件及单体构件的组合进行吊顶装饰。透过吊顶可以看到吊顶顶面以上的建筑结构和设备，从而收到既遮又透的独特效果，是一种比较新颖的顶棚装饰形式，如图 2.49 所示。金属单体组合开敞式吊顶不需单独设置龙骨，金属单件既是装饰构件，又是承重构件。金属单体构件材质一般有铝合金、镀锌钢板、彩色钢板等；类型有直线型、曲线型、方块型、三角型、多边型、圆型等多种，其中以铝合金单体构件较为常用，如图 2.50 所示。

图 2.49 金属格栅装饰吊顶

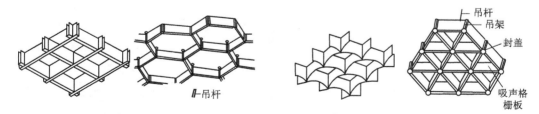

图 2.50 铝合金格栅单体构件形式

1. 铝合金格栅吊顶施工工艺

在吊顶施工前，吊顶以上部分的电气布线、空调管道、消防管道等均已安装就位，并基本调试完毕；对于单体及多体开敞式吊顶而言，吊顶以上部分常进行刷黑漆处理，或者按设计要求的色彩进行涂刷处理。

首先以墙面基础水准线（水准线距地面一般为 500mm）为准，弹出吊顶标高线、吊点布局线、分片布置线等。主龙骨可从吊顶中心向两边分，最大间距为 1000mm，吊杆的固定点间距可控制在 900～1000mm。吊杆采用 $\phi6～\phi8$mm 的通丝镀锌吊杆。如遇到梁和管道固定点大于设计和规程要求，应增加吊杆的固定点。单体构件之间的连接拼装，可使用托架或专用十字连接件连接，如图 2.51 所示。单体构件也可采用插接、挂接或榫接的方法，如图 2.52 所示。

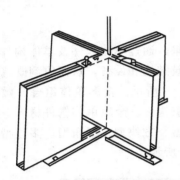

图 2.51 铝合金格栅十字连接件

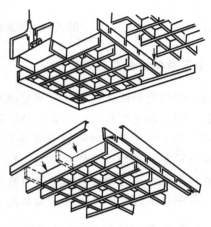

图 2.52 铝合金格栅吊顶拼装示意图

铝合金单元体的安装，一般有两种方法，一种是将组装后的格栅单元体直接用吊杆与结构体连接固定，不另设骨架支撑。此种方法使用吊杆较多，施工速度慢。另一种是将数个单元体先固定在骨架上，并相互连接形成一个局部整体，再整个吊起，将骨架与结构基体连接，这种方法使用吊杆较少，施工速度较快。安装时，使用专门卡具先将数个单元连成整体，再用通长钢管将其与吊杆连接，如图 2.53 所示。或用带卡口的吊管及插管，将多个单元体担住，连成整体，用吊杆将吊管固定于结构基体下，如图 2.54 所示。无论采用哪种安装方式，均应及时与墙柱面连接。

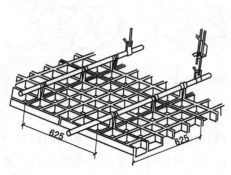

图 2.53 使用卡具和通长钢管安装示意图

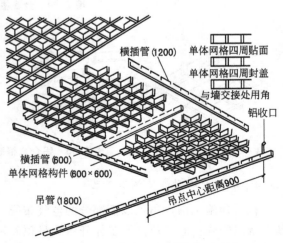

图 2.54 不用卡具的吊顶安装示意图

2. 金属挂片装饰吊顶

挂片天花又称垂帘天花，是一种装饰性天幕型吊顶，其效果比格栅更具有立体感和通透感，并可调节空间视觉高度，同时还可以使进入房间的自然光和灯光柔和均匀。垂帘天花由垂帘挂片及专用龙骨组成，拆装灵活、方便。产品规格有 100mm、125mm、250mm 和 200mm 等不同高度，以 100mm、150mm、200mm 间距固定于龙骨之间。这种吊顶类型适用于轻轨、地铁、购物中心等大型公共场所。其结构美观大方、线条明快，并可根据不同环境，使用相应规格的挂片天花，作多种变化的图形组合，安装方便，施工快捷，如图 2.55 所示。

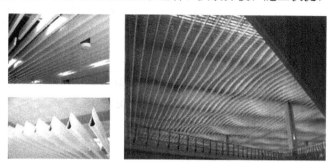

图 2.55　铝合金条形挂片天花

金属挂片拼装方式较为简单，只需将金属挂片按设计要求先裁切成规定长度，然后卡入特制的挂片龙骨卡口内即可，如图 2.56 所示。金属挂片装饰吊顶因挂片类型不同，出现了不同的吊顶形式及相应的安装方式，如图 2.57 所示。

XJ-E型挂片

图 2.56　金属挂片拼装示意图

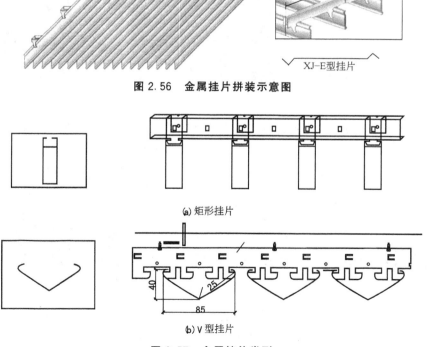

(a) 矩形挂片

(b) V型挂片

图 2.57　金属挂片类型

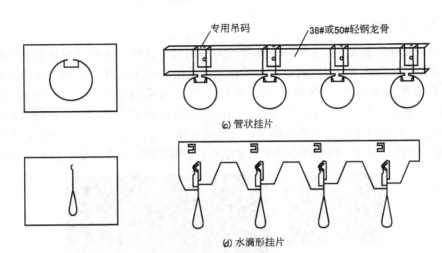

(c) 管状挂片

(d) 水滴形挂片

图 2.57　金属挂片类型(续)

2.5.3　软膜吊顶

软膜天花又称柔性天花、拉膜天花与拉蓬天花等。产于法国，是一种高档的绿色环保型装饰材料。柔性软膜天花——以其柔美、亮丽，又不失气派，予人于无限的想象空间之中；通过光影的变幻，营造出温馨、和谐的氛围。

(1) 双面光膜。双面都反光，有无可比拟的反光效果，增加了环境光照度。吊顶软膜也能够根据实际需求在质地、颜色等方面定制，如图 2.58 所示。

图 2.58　吊顶双面光膜

(2) 喷绘透光软膜。透光膜还具有能在上面喷绘任何图案，如蓝天白云、地图、企业商标等，喷绘膜颜色鲜艳，不褪色，可广泛应用于各种场所，如图 2.59 所示。

图 2.59　喷绘透光软膜

(3) 软膜规格板。规格板是软膜安装方法的改进，很好地解决了软膜不方便拆卸和维修的缺陷问题。规格板可以轻松安装及拆卸的特性，更利于其推广使用；为装饰性很强的

软膜天花注入了独特的特性,如图 2.60 所示。

图 2.60　软膜规格板

 知识链接

柔性软膜天花特点如下。

(1) 美观性。柔性软膜天花的透光膜可以有机地同各种灯光系统结合,展现完美的室内装饰效果,可轻易完成大面积造型,而这是传统天花所不能做到的。它能给予设计师一个充分、广阔的创意空间;再有就是柔性软膜天花能为设计师提供更丰富的色彩选择。

(2) 实用性。柔性软膜天花是经过特殊处理的聚氯乙烯材质,在防水和排水功能上比传统天花更优异。并经过防霉处理,尤其适合医院、学校、游泳池、婴儿房、卫生间等场所的使用。同时通过相关测试证明柔性软膜天花对中、低频音有良好的吸声效果,冲孔面对高频音有良好的吸声效果,非常适合音乐厅、会议室、学校的应用。这也是传统天花所不具备的。

(3) 节能性。柔性软膜天花是用聚氯乙烯材料做成,拥有卓越的绝缘功能,能大量减低室内温度的流失。同时表面凹凸纹的创新设计能增强灯光的折射,以达到节能效果且安全环保。

(4) 防火性。柔性软膜天花的防火标准为 B1 级,适合用于商场、图书馆、公共娱乐场所等。

(5) 方便安装。各种建筑结构,可直接安装在墙壁、木方、钢结构、石膏间墙和木间墙上。龙骨只需用螺钉按一定距离均匀固定即可,安装十分方便。在整个安装过程中,不会有溶剂挥发、不落尘、不对本空间内的其他结构产生影响,甚至可以在正常的生产和生活过程中进行安装。

(6) 美妙效果。透光膜能有机地同各种灯光系统(如荧光灯、霓虹灯)结合,展现完美的室内装饰效果,同时摒除了玻璃或有机玻璃笨重、危险、小块拼装的缺点,已逐渐成为新的装饰亮点。

软膜天花的施工工艺主要有两种:PVC 角码安装方式和扣边条安装方式(F 码)。软膜天花进场前保证场地通电,场地无建筑垃圾。所有灯光、灯具的安装须做好灯架,布置好线路并保证全部灯具线路通电明亮,安装软膜前如发现有灯具不亮要及时调整更换。暗藏灯内部应涂白,以达到更好的效果。空调、消防管道等必须预先布置安装,调试好无问题。风口、喷淋头、烟感器等安装完毕。

1. PVC 角码安装方式(PVC 龙骨)

在需要安装软膜的地方把 PVC 角码的支撑物固定好(支撑物可以是木方、铝合金、不

锈钢或其他）。然后把 PVC 龙骨角码用马钉或射钉固定在支撑物上，再用专用插刀把软膜固定在 PVC 龙骨角码上，如图 2.61 所示。

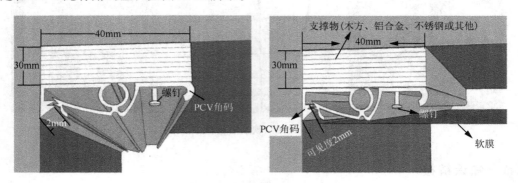

图 2.61　PVC 角码安装方式

2. 扣边条安装方式（F 码）

首先根据图样设计要求，在需要安装软膜天花的水平高度位置四周围固定一圈 40mm×40mm 支撑龙骨（可以是木方或方钢管）。当所有需要木方条固定好之后，然后在支撑龙骨的底面固定安装软膜天花的扣边条（F 码）龙骨，如图 2.62 所示。

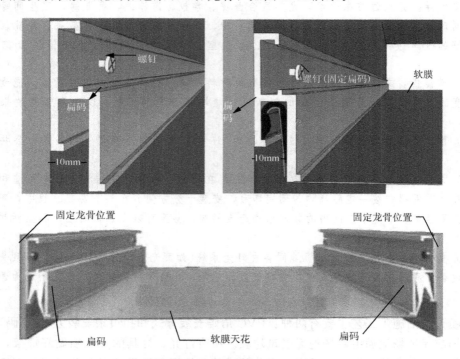

图 2.62　扣边条安装方式（F 码）

当所有的安装软膜天花的龙骨固定好以后，再安装软膜。先把软膜打开用专用的加热风炮充分加热均匀，然后用专用的插刀把软膜张紧插到铝合金龙骨上，最后把四周多出的软膜修剪完整即可。安装完毕后，用干净毛巾把软膜天花清洁干净。

任务2.6 吊顶工程质量验收标准

质量验收是指对建筑装饰工程产品，按照国家标准，使用检测方法，对规定的验收项目，进行质量检测和质量等级评定等工作。

检测方法有观察、触摸、听声等方式，常用检测工具有钢尺、卷尺、塞尺、靠尺或靠板、托线板、直角卡尺以及水平尺等。

根据国家标准《建筑装饰装修工程质量验收规范》（GB 50210—2001）中的有关规定，吊顶工程应按明龙骨吊顶和暗龙骨吊顶等分项工程进行验收。

2.6.1 一般规定

（1）本任务适用于暗龙骨吊顶、明龙骨吊顶等分项工程的质量验收。

（2）吊顶工程验收时应检查下列文件和记录。

① 吊顶工程的施工图、设计说明及其他设计文件。

② 材料的产品合格证书、性能检测报告、进场验收记录和复验报告。

③ 隐蔽工程验收记录。

④ 施工记录。

（3）吊顶工程应对人造木板的甲醛含量进行复验。

（4）吊顶工程应对下列隐蔽工程项目进行验收。

① 吊顶内管道、设备的安装及水管试压。

② 木龙骨防火、防腐处理。

③ 预埋件或拉结筋。

④ 吊杆安装。

⑤ 龙骨安装。

⑥ 填充材料的设置。

（5）各分项工程的检验批应按下列规定划分。

同一品种的吊顶工程每50间（大面积房间和走廊按吊顶面积30m²为一间）应划分为一个检验批，不足50间也应划分为一个检验批。

（6）检查数量应符合下列规定：每个检验批应至少抽查10%，并不得少于3间；不足三间时应全数检查。

（7）安装龙骨前，应按设计要求对房间的净高、洞口标高和吊顶内管道、设备及其支架的标高进行交接检验。

（8）吊顶工程的木吊杆、木龙骨和木饰面板必须进行防火管理，并应符合有关设计防火规范的规定。

（9）吊顶工程中的预埋件、钢筋吊杆和型钢吊杆应进行防锈处理。

（10）安装饰面板前应完成吊顶内管道和设备的调试及验收。

（11）吊杆距主龙骨端部不得大于300mm，当大于300mm时，应增加吊杆。当吊杆长度大于1.5m时，应设置反支撑。当吊杆与设备相遇时，应调整并增设吊杆。

（12）重型灯具、电扇及其他重型设备严禁安装在吊顶工程的龙骨上。

2.6.2 暗龙骨吊顶工程

本任务适用于以轻钢龙骨、铝合金龙骨、木龙骨等为骨架，以石膏板、金属板、矿棉板、木板、塑料板或格栅等为饰面材料的暗龙骨吊顶工程的质量验收，见表 2-3。

表 2-3　暗龙骨吊顶工程验收质量要求和检验方法

项目	项次	质量要求	检验方法
主控项目	1	吊顶标高、尺寸、起拱和造型应符合设计要求	观察；尺量检查
	2	饰面材料的材质、品种、规格、图案和颜色应符合设计要求	观察；检验产品合格证书、性能检测报告、进场验收记录和复验报告
	3	暗龙骨吊顶工程的吊杆、龙骨和饰面材料的安装必须牢固	观察；手扳检查；检查隐蔽工程的验收记录和施工记录
	4	吊杆、龙骨的材质、规格、安装间距及连接方式应符合设计要求。金属吊杆、龙骨应经过表面防腐处理；木吊杆、龙骨应进行防腐、防火处理	观察；尺量检查；检查产品合格证书、性能检测报告、进场验收和记录和隐蔽工程验收记录
	5	石膏板的连缝应按其施工工艺标准进行板缝防裂处理。安装双层石膏板时，面层板与基层的接缝应错开，并不得在同一根龙骨上接缝	观察
一般项目	6	饰面材料表面应洁净、色泽一致，不得有翘曲、裂缝及缺损。压条应平直、宽窄一致	观察；尺量检查
	7	饰面板上的灯具、烟感器、喷淋头、风口箅子等设备的位置应合理、美观，与饰面板的交接应吻合、严密	观察
	8	金属吊杆、龙骨的接缝应均匀一致，角缝应吻合，表面应平整，无翘曲、锤印。木质吊杆、龙骨应顺直，无劈裂、变形	检查隐蔽工程验收记录和施工记录
	9	吊顶内填充吸声材料的品种和铺设厚度应符合设计要求，并应有防散落措施	检查隐蔽工程验收记录和施工记录
	10	暗龙骨吊顶工程安装的允许偏差和检验方法，见表 2-4	—

表 2-4　暗龙骨吊顶工程安装的允许偏差和检验方法

项次	检验项目	允许偏差/mm				检验方法
		石膏板	金属板	矿棉板	木板、塑料板玻璃板	
1	表面平整度	3	2	2	2	用2m靠尺进行检查
2	接缝直线度	3	1.5	3	3	拉5m线，不足5m拉通线，用钢直尺进行检查
3	接缝高低差	1	1	1.5	1	用钢直尺和塞尺进行检查

2.6.3 明龙骨吊顶工程

本节适用于以轻钢龙骨、铝合金龙骨、木龙骨为骨架，以石膏板、金属板、矿棉板、塑料板或格栅等为饰面材料的明龙骨吊顶工程的质量验收，见表2-5。

表2-5　明龙骨吊顶工程验收质量要求和检验方法

项目	项次	质量要求	检验方法
主控项目	1	饰面材料的材质、品种、规格、图案和颜色应符合设计要求。当饰面材料为玻璃板时，应使用安全玻璃或采取可靠的安全措施	观察；检验产品合格证书、性能检测报告和进场验收记录
	2	饰面材料的安装应稳固严密。饰面材料与龙骨的搭接宽度应大于龙骨受力面宽度的2/3	观察；手板检查；尺量检查
	3	吊杆、龙骨的材质、规格、安装间距及连接方式应符合设计要求。金属吊杆、龙骨应经过表面防腐处理；木龙骨应进行防腐、防火处理	观察；尺量检查；检查产品合格证书、进场验收记录和隐蔽工程验收记录
	4	明龙骨吊顶工程的吊顶和龙骨安装必须牢固	手扳检查；检查隐蔽工程验收记录和施工记录
一般项目	5	饰面材料表面应洁净、色泽一致，不得有翘曲、裂缝及缺损。饰面板与明龙骨的搭接应平整、吻合，压条应平直、宽窄一致	观察；尺量检查
	6	饰面板上的灯具、烟感器、喷淋头、风口篦子等设备的位置应合理、美观，与饰面板的交接应吻合、严密	观察
	7	金属龙骨的接缝应与平整、吻合、颜色一致，不得有划伤、擦伤等表面缺陷。木质龙骨应平整、顺直，无劈裂	观察
	8	吊顶内填充吸声材料的品种和铺设厚度应符合设计要求，并应有防散落措施	检查隐蔽工程验收记录和施工记录
	9	明龙骨吊顶工程安装的允许偏差和检验方法，见表2-6	—

表2-6　明龙骨吊顶工程安装的允许偏差和检验方法

项次	检验项目	允许偏差/mm				检验方法
		石膏板	金属板	矿棉板	木板、塑料板玻璃板	
1	表面平整度	3	2	3	2	用2m靠尺和塞尺进行检查
2	接缝直线度	3	2	3	3	拉5m线，不足5m拉通线，用钢直尺进行检查
3	接缝高低差	1	1	2	1	用钢直尺和塞尺进行检查

本项目小结

　　顶棚是室内装饰的重要组成部分，也是室内六个界面中最富有变化、引人注目的界面，其透视感较强，通过不同形式的装饰处理，配以灯具造型能增强空间感染力。本项目详细介绍了常见的几种吊顶形式，也涉及新型的吊顶类型。内容包括吊顶材料、施工机具、施工工艺、施工要点及内部构造等方面。

　　学习本项目，要求能够掌握各类吊顶的构造特点及施工技术要点，并能根据不同的装饰效果及环境要求，选择合理的吊顶材料及构造做法。通过正确的施工工艺及施工要点，完成不同形式的吊顶工程。解决吊顶工程中的技术难点问题，从而逐步培养出实际工作过程中独立分析问题和解决问题的能力，亦是本项目所侧重的教学目标及能力目标。

 任 务 训 练

任务一　吊顶施工图识读、翻样

　　（1）能力目标：建筑装饰施工图是用来表明室内外装饰工程的形式与构造做法，是装饰施工参考的标准。要进行装饰施工，首先要看懂施工图样，通过吊顶施工图的识读及翻样训练，达到具备吊顶施工图识读基本能力，以及发现问题解决问题的能力。

　　（2）训练要求：通过对吊顶施工图识读及翻样，能确定吊顶的结构类型、吊顶内部连接构造的做法、吊顶涉及的材料种类。发现问题及时解决。

　　（3）任务条件：由教师选择成套吊顶施工图，或由专业教师根据训练要求自行设计绘制成套吊顶施工图样。

 知识链接

　　（1）翻样的基本概念。翻样作为一项具体的工作，则指的是对设计人员设计的内容进行翻样、注释、细化工作，绘制相应的翻样图交付操作人员进行具体的安装施工。

　　作为翻样人员，其工作职能应不仅包括施工图样的翻样、绘制翻样图、还应包括有相应的工种技术管理与技术指导及业务交往等工作。

　　（2）图样翻样。图样翻样是一项重要的工作，就是按照原设计图，"翻样"成装饰效果模板图，包括一部分装饰的支撑详图，并且指导工人制作装饰效果模板。

　　（3）图样的阅读。图样的阅读，是一项最基本的工作，通过对图样的阅读，对项目的总体有一个清楚的认识，在阅读的过程中，把发现的设计错误、设计不合理的内容记录下来，并尽可能找出正确的可行的方案。

　　（4）图样的交底与会审。有关项目负责人召开专门的图样交底与会审会，取得一致意见，作为以后施工的依据文件。

（5）翻样图的绘制。翻样图的绘制，是项目设计进一步细化的过程，是作为具体施工操作的一种技术文件。

参照标准：《内装修室内吊顶》（12J502—2）标准设计图。

任务二 编制轻钢龙骨纸面石膏板吊顶施工工艺流程及施工工艺操作要点

（1）能力目标：能编制吊顶施工工艺流程及施工工艺操作要点。

（2）训练要求：正确编制整个吊顶工程安装的施工工艺流程并绘制流程图，应包括弹线定位、吊筋安装、龙骨安装、饰面层安装的全过程，以及在施工过程中应注意的操作规范、工艺方法、安全要求等。

 知识链接

（1）施工工艺流程图。施工工艺流程图，是表明项目施工中各个工序工艺之间的前后进行的逻辑关系图。

绘制流程图，必须考虑各个工序工艺之间的先后顺序以及相应制约等逻辑关系，绘制方法是用带箭头符号的线条表示工序的先后，用方框代表每一个工序，方框内填写工序名称，按先后顺序进行排列，用带箭头的线连接起来。

（2）施工工艺操作要点。施工工艺操作要点，又叫施工要求、施工技术。是指在各个工序中操作的工艺方法、注意的事项、技术要求等。这些要点是保证施工质量、施工安全、施工成本、施工进度达到既定的目标的保障。

参照标准：《住宅装饰装修工程施工规范》（GB 50327—2001）吊顶工程。

实训项目 轻钢龙骨纸面石膏板吊顶工程实训

1．实训目的与要求

实训目的：熟悉轻钢龙骨纸面石膏板吊顶的工艺及特点，能进行吊顶施工的操作（操作的动作速度、动作准确性、灵活性）掌握一般吊顶的施工工艺和主要质量控制要点，并能正确指导现场施工。

实训要求：4～6人一组完成15m²的轻钢龙骨纸面石膏板吊顶工程。

实训地点：校内实训基地。

2．准备工作

1）材料准备

（1）轻钢龙骨可选用38系列或50系列龙骨及相关配套连接件。

（2）按设计要求选用边长为3000mm，宽为1200mm，厚度为9mm的纸面石膏板。

2）机具准备

手电钻、电锤、自攻螺钉钻和射钉枪及电动十字旋具等电动工具。常用的手工工具：手锯、刀锯、线锯及多用刀等锯割工具，还有刨削工具等。画线及量具：画线笔、墨斗、量尺、角尺、水平尺、三角尺及铅锤等。

3）作业条件

（1）确定出吊顶所需材料的名称、品种、规格及用量。

（2）确定出吊顶使用的相关机具及安全使用要求。

（3）绘制施工图样，制定施工方案。

3．施工工艺

轻钢龙骨纸面石膏板吊顶的施工工艺流程：交验→找规矩→弹线→吊筋制作安装→主龙骨安装→调平龙骨架→次龙骨安装→固定→安装面板→缝隙处理→饰面安装。

4．施工质量控制要点

施工定位弹线要正确，吊顶龙骨连接必须牢固平整；吊顶面层必须平整。吊顶中间部位应按设计要求进行起拱。对于大型灯具、电扇及其他重型设备应增设吊杆，严禁安装在龙骨上。

5．质量验收

对于施工中的工程，对轻钢结构层及饰面部分应进行认真的检查，按照质量检测标准对吊顶龙骨骨架荷重、骨架安装及连接质量、饰面安装及面观情况进行检测。施工完毕后，清理施工现场。

6．学生操作评定标准（表2－7）

表2－7　学生操作评定标准

姓名：　　　　　　　　　　　　　　　　　　　　　　　　　　成绩：

项次	项　　目	评定方法	满分	得分
1	吊杆和龙骨材质、规格、安装间距及连接方式应符合设计要求；吊杆、龙骨表面应进行防腐处理	观察、尺量检查；检查产品合格证书、性能检测报告、进场验收记录，每缺一项扣2分；每项未达标准扣2分	15	
2	吊顶标高、尺寸、起拱和造型应符合设计要求	观察；尺量检查；每项未达标准扣2分	15	
3	吊杆、龙骨和饰面材料的安装必须牢固	观察；手扳检查；每项未达标准扣2分，每不牢固一处扣5分每项未达标准扣2分	15	
4	金属吊杆、龙骨的接缝应均匀一致，角缝应吻合、表面平整，无翘曲。龙骨应顺直，无变形	观察；每项未达标准扣2分	10	
5	石膏板的接缝应按其施工工艺标准进行板缝防裂处理	观察；每项未达标准扣2分	10	
6	饰面材料的材质、品种、规格、图案和颜色应符合设计要求	检查产品合格证书、性能检测报告、进场验收记录，每缺一项扣2分；每项未达标准扣2分	10	

续表

项次	项　　目	评定方法	满分	得分
7	饰面材料的安装应稳接固严密；饰面材料表面应洁净、色泽一致，不得有翘曲、裂缝及缺损；压条应平直、宽窄一致	观察；手扳检查；每项未达标准扣2分	15	
8	饰面板上的灯具和烟感等设备的位置应合理、美观，与饰面板交接应吻合、严密	观察；每项未达标准扣2分	10	
9	合计		100	

评定员：　　　　　　　　　　　　　　　　　　　　　　　　日期：

复习思考题

1. 简述吊顶的功能及类型。

2. 悬吊式顶棚由哪几部分组成？

3. 悬吊式顶棚吊筋与龙骨的布置有哪些具体的要求？

4. 在吊顶安装施工中，请说明弹线的基本步骤和方法。

5. 木龙骨吊顶常用材料及机具有哪些？其施工工艺是什么？

6. 轻钢龙骨纸面石膏板吊顶常用材料及机具有哪些？其施工工艺是什么？

7. 说明木质与轻钢龙骨骨架有什么相同和相异之处。

8. 简述铝合金 T、L 系列吊顶施工工艺及操作要点。

9. 简述金属铝方板吊顶施工工艺及操作要点。

10. 绘制金属方板与窗帘盒及风口的连接形式。

11. 简述软膜天花吊顶的特点。

12. 简述吊顶工程质量验收规范有哪些。一般分为哪些项目和要求？

项目 3

墙面工程施工技术

学习目标

通过本项目的学习和实训，熟悉墙面装饰工程的内容、分类及施工程序，能够正确选择和使用墙面装饰工程的各种材料，掌握装饰施工的工艺流程及操作要点，熟悉装饰施工过程的检查项目和质量标准，以及对墙面装饰工程中的质量进行有效控制的方法。

学习要求

工程过程	能力目标	知识要点	相关知识	重点
施工准备	熟悉墙面装饰施工机具、材料及选用	墙面施工机具及材料	墙面工程施工常用机具及材料	
施工实施	能进行墙面施工组织指导	墙面施工工艺及方法	墙面施工工艺流程 墙面施工操作要点 墙面施工质量通病控制及预防	●
施工完成	能对墙面工程进行质量验收	墙面工程质量验收标准	墙面工程质量验收标准 墙面工程质量检验方法	●

任务概述

墙体是建筑物的重要组成部分，属于建筑物的竖向构件，是室内外空间的侧界面和室内空间分隔的界面。墙面装饰工程的面积约占整个装饰工程的 1/2 以上。随着科学技术的发展，新型装饰材料、装修工（机）具不断涌现，给墙柱面装饰的施工工艺方法也带来了新的生机和变化。本项目主要从室内外各类墙面装饰的常用材料、构造特点和做法要求来讲述，使学生能够根据不同的使用和装饰要求，选择相应的装饰材料和构造方法，并绘制相应的施工图。

任务 3.1　墙面基础知识

室内外墙面装饰的主要目的是保护墙体，美化室内外环境。墙面装饰材料的种类繁多，按照材料和构造作法的不同，大致可以分为抹灰工程、涂料工程、裱糊与软包工程、饰面工程等几大类。

必备知识

3.1.1　墙面装饰的作用

墙、柱共同构成建筑物三度空间的垂直要素，墙、柱面装饰形成了主要的立面装饰；墙柱面装饰是指利用不同的饰面材料在墙柱的表面上进行的装饰。随着国民经济的不断发展及人民生活水平的不断提高，墙柱面装饰的作用也在不断地发生变化，概括起来主要有三方面。

（1）保护墙柱结构构件，提高使用年限。建筑墙体暴露在大气中，在风、霜、雨、雪和太阳辐射等的作用下，砖、混凝土等主体结构材料可能变得疏松和碳化，影响牢固与安全。通过抹灰、饰面板等饰面装修处理，不仅可以提高墙体对外界各种不利因素（如水、火、酸、碱、氧化、风化等）的抵抗能力，还可以保护墙体不直接受到外力的磨损、碰撞和破坏，从而提高墙体的耐久性，延长其使用年限。

（2）优化空间环境，改善工作条件。通过建筑墙体表面的装修，增强了建筑物的保温、隔热、隔声和采光性能。如砖砌体抹灰后提高了表面平整度并减少了表面挂灰，提高了建筑环境照度，而且能防止可能由砖缝砂浆不密实引起的冬季冷风渗透。有一定厚度和重量的抹灰还能提高墙体的隔声能力，某些饰面还可以有吸声性能，以控制噪声。由此可见，饰面装修对满足房屋的使用要求有重要的功能作用。

（3）装饰墙柱立面，增强装饰美化效果。通过建筑墙体表面装饰层的质感、色彩、造型等处理，形成丰富而悦目的建筑环境效果，提高了舒适度，形成良好的心理感受。

3.1.2　墙面装饰施工的种类及选用原则

建筑装饰施工实质上是建筑装饰材料及制品通过某种连接手段与主体所组成的满足建筑功能要求的装饰造型体现。

1．墙面装饰施工种类

墙面装饰施工的种类从不同的角度有不同的分类，通常按如下进行分类。

1）按建筑装饰施工部位分类

（1）外墙面饰面工程，包括外墙各立面、檐口、外窗台、雨篷等。

（2）内墙面饰面工程，包括内墙各装饰面、踢脚、隔墙隔断等。

2）按墙面装饰材料分类

（1）抹灰类墙体饰面工程，包括一般抹灰和装饰抹灰饰面装饰。

（2）涂刷类墙体饰面工程，包括涂料和刷浆等饰面装饰。

（3）裱糊与软包工程，包括壁纸布和壁纸饰面装饰，软包装饰。

（4）饰面板（砖）类墙体饰面工程，包括饰面砖镶贴、装饰玻璃安装、木质饰面、石材及金属板材等饰面装饰。

（5）其他材料类，如玻璃幕墙等。

3）按建筑装饰施工方法分类

建筑装饰施工方法包括抹、滚、喷、弹、刷、刮、印、刻、压、磨、镶、嵌、挂、搁、卡、榫、咬、浇、粘、裱、钉、焊、铆、栓等24种基本方法。

2．墙柱面装饰施工做法的选用原则

选择装饰构造及施工做法主要考虑的原则有功能及材料要求、质量等级要求、耐久年限、安全性、可行性、经济性、现场制作或预制、施工因素、健康环保等方面。

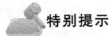 **特别提示**

在对墙面进行装饰施工时，首先要根据空间功能用途来确定选择什么样的墙面装饰种类，合理选择装饰材料，墙面装饰施工的种类及选用作为基础知识点应较好地掌握。

3.1.3　墙面材料的性能与应用

墙面是室内空间的重要组成部分，而且是生活、学习、工作空间中视觉敏感性最强的部位。墙面装饰的好坏直接影响着墙体结构和空间的整体效果，而要达到好的装饰效果，就必须准确选择适宜的材料，所以根据墙面材料在建筑物中的部位和使用性能可分为抹灰类、涂料类、贴面类三种。

1．抹灰类墙面装饰材料

抹灰类所用材料，主要有胶凝材料、骨料、纤维材料、颜料和化工材料。根据面层材料及施工工艺的不同，墙面抹灰可分为一般抹灰和装饰抹灰。

胶凝材料是将砂、石等散粒材料或块状材料粘结成一个整体的材料，称为胶结材料。在抹灰工程中，常用的是无机胶凝材料。它又分为气硬性胶凝材料（石灰、石膏）和水硬性胶凝材料（普通硅酸盐水泥、矿渣水泥）；骨料主要指砂、石屑、彩色瓷粒等，在抹灰工程用砂中，一般是中砂或中、粗混合砂，但必须颗粒坚硬、洁净，含泥土等杂质不超过3％。使用前过5mm孔径筛子。可与石灰、水泥等胶凝材料调制成多种建筑砂浆；石屑是粒径

比石粒更小的细骨料，主要用于配制外墙喷涂饰面的聚合物浆。常用的有松香石屑、白云石屑等；彩色瓷粒是以石英、长石和瓷土为主要原料经烧制而成的。粒径1.2～3mm，颜色多样；纤维材料主要有纸筋、麻刀、玻璃纤维等，工作原理主要在于控制砂浆基体内部微裂的生成及发展，防止或阻碍结构性裂缝的生成，提高抹面砂浆的变形能力，同时也提高了抗渗能力及抗冻能力，使抹面砂浆的耐久性大大增强。

1）一般抹灰材料

一般抹灰饰面的构造用料包括石灰砂浆、混合砂浆、水泥砂浆等。为保证抹灰平整、牢固，避免龟裂、脱落，在构造上和施工时须分层操作，每层不宜太厚。各种抹灰层的厚度应视基层材料的性质、所选用的砂浆种类和抹灰质量的要求而定。抹灰类饰面一般分为底层、中层和面层。各层的作用和要求不同。

2）装饰抹灰材料

装饰抹灰通常是在一般抹灰底层和中层的基础上做各种罩面而成的。根据罩面材料的不同，装饰抹灰可分为水泥石灰类装饰抹灰、石粒类装饰抹灰、聚合物水泥砂浆装饰抹灰三大类。水泥石灰类装饰抹灰主要包括拉毛灰、洒毛灰、搓毛灰、扒拉灰、扒拉石、拉条灰、仿石抹灰和假面砖。石粒类装饰抹灰主要包括水磨石、水刷石、干粘石、斩假石和机喷砂。聚合物水泥砂浆装饰抹灰主要包括喷涂、滚涂和弹涂等。

2. 涂料类墙面装修材料

墙面涂料按建筑墙面分类，包括室内墙面涂料和室外墙面涂料两大部分。室内墙面涂料注重装饰和环保；室外墙面涂料注重防护和耐久。

1）室内墙面涂料

室内墙面涂料主要的功能是装饰和保护室内墙面（包括天花板），使其美观整洁，让人们处于愉悦的居住环境中。室内墙面涂料使用环境条件比室外墙面涂料好，因此在耐候性、耐水性、耐玷污性和涂膜耐温变性等方面要求较外墙涂料要低。就性能来说，室外墙面涂料可用于内墙，而室内墙面涂料不能用于外墙。室内墙面涂料又可以分为合成树脂乳液涂料（俗称乳胶漆）、水溶性内墙涂料、多彩内墙涂料、海藻泥涂料、油漆涂料。

2）室外墙面涂料

室外墙面涂料是施涂于建筑物外立面或构筑物的涂料。其施工成膜后，涂膜长期暴露在外界环境中，须经受日晒雨淋、冻融交替、干湿变化、有害物质侵蚀和空气污染等，要保持长久的保护和装饰效果，外墙涂料必须具备一定的性能。室外墙面涂料又可以分为乳液型外墙涂料、复层外墙涂料、砂壁状外墙涂料、弹性建筑涂料、氟碳树脂涂料、水性氟碳涂料。

3. 贴面类墙面材料

贴面类墙面材料主要有两大类：饰面砖（板）和壁纸墙布。

1）墙面饰面砖（板）材料

饰面板如大理石板，花岗石板等，但进价较高，一般用于外墙饰面，内墙饰面特别是家庭装修中很少采用。常用饰面砖有瓷砖、陶瓷锦砖（马赛克）、玻璃锦砖（玻璃马赛克）。具有独特的卫生易清洗和清新美观的装饰效果，在家庭装修中常用于厨房、卫生间等的墙面。

2）墙面壁纸墙布材料

墙面装饰织物是目前我国使用最为广泛的墙面装饰材料。墙面装饰以多变的图案、丰富的色泽、仿制传统材料的外观、独特的柔软质地产生的特殊效果，柔化空间美化环境，深受用户的喜爱。这些壁纸和墙布的基层材料有全塑料的、布基的、石棉纤维基层的和玻璃纤维基层的等，其功能为吸声、隔热、防菌、放火、防霉、耐水良好的装饰效果。在宾馆、住宅、办公楼、歌厅、影剧院等有装饰要求的室内墙面应用较为普遍。

任务 3.2 抹 灰 工 程

抹灰工程是将水泥、石灰、石膏、砂、石粒及彩砂等材料，采取抹、喷、弹、滚等工艺在基层表面进行的饰面工程。它既可以直接成为饰面层，又可作为各类饰面的基层底灰、找平层或粘结，适用于建筑的内外墙面。

3.2.1 抹灰工程常用材料及机具

1. 材料要求

（1）胶凝材料：水泥、石灰、石膏和水玻璃等。水泥品种为 325♯ 和 425♯ 水泥。

（2）骨料：砂（中砂或中、粗混合砂）、石屑、彩色瓷粒。

（3）纤维材料：麻刀、纸筋和草秸等。

2. 主要机具

（1）电动机具：砂浆搅拌机、麻刀灰搅拌机、喷浆机、粉碎淋灰机。

（2）手动工具：抹子、托灰板、木杠、靠尺板、方尺、水平尺、线坠、水桶、喷壶、墨斗、铁锹、灰勺等。

3.2.2 一般抹灰

按《建筑装饰装修工程质量验收规范》（GB 50210—2001)的规定，一般抹灰分为普通抹灰和高级抹灰。不同级别抹灰的适用范围、主要工序和外观质量要求，见表3-1。

表 3-1 不同级别抹灰的适用范围、主要工序及外观质量要求

级别	适用范围	主要工序	外观质量要求
普通抹灰	适用于一般居住、公共和工业建筑（如住宅、宿舍、办公楼、教学楼等）以及高级建筑物中的附属用房等	一层底层、一层中层和一层面层（或一层底层和一层面层）。阴阳角找方，设置标筋，分层赶平，修整，表面压光	表面光滑、洁净，接茬平整，灰线清晰顺直
高级抹灰	适用于大型公共建筑、纪念性建筑物（如电影院、礼堂、宾馆、展览馆和高级住宅等）以及有特殊要求的高级建筑等	一层底层、数层中层和一层面层。阴阳角找方，设置标筋，分层赶平，表面压光	表面光滑、洁净，颜色均匀、无抹纹，灰线平直方正，清洁美观

为使抹灰层与建筑主体表面粘结牢固，防止开裂、空鼓和脱落等质量弊病的产生并使之表面平整，装饰工程中所采用的普通抹灰和高级抹灰均应分层操作，即将抹灰饰面分底层、中层和面层三个构造层次。

（1）底层抹灰为粘结层，其作用主要是增强抹灰层与基层结构的结合并初步找平。

（2）中层抹灰为找平层，主要起找平作用。根据具体工程的要求可以一次抹成，也可以分遍完成，所用材料通常与底层抹灰相同。

（3）面层抹灰为装饰层，主要起装饰和光洁作用。抹灰的构成，如图3.1所示。

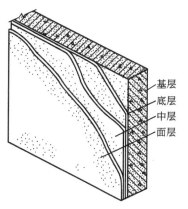

图3.1 抹灰的分层

抹灰层必须采用分层分遍涂抹，并应控制厚度。各遍抹灰的厚度，多是由基层材料、砂浆品种、工程部位、质量标准要求及施工气候条件等因素设计确定，每遍厚度可参考表3-2。抹灰层的平均总厚度根据具体部位、基层材料和抹灰等级等要求而有所差异，但不宜大于表3-3的数值。

表3-2 抹灰层每遍厚度

砂浆品种	每遍厚度/mm	砂浆品种	每遍厚度/mm
水泥砂浆	5～7	纸筋石灰和石膏灰（做面层赶平压实后）	不大于2
石灰砂浆和水泥混合砂浆	7～9		
麻刀石灰（做面层赶平压实后）	不大于3	装饰抹灰用砂浆	应符合设计要求

表3-3 抹灰层的平均总厚度

施工部位或基体	抹灰层的平均总厚度/mm	施工部位或基体		抹灰层的平均总厚度/mm
板条、空心砖、现浇混凝土	15	内墙	普通抹灰	20
			高级抹灰	25
预制混凝土	18	外墙		20
		勒脚及突出外墙面部分		25
金属网	20	石墙		35

注：当抹灰总厚度超过35mm时，应采取加强措施。

混凝土大板和大模板建筑的内墙及楼板底面，可不用砂浆涂抹，宜用腻子分遍刮平，总厚度为2～3mm；如采用聚合物水泥砂浆、水泥混合砂浆喷毛打底，纸筋石灰罩面，或用膨胀珍珠岩水泥砂浆抹面，总厚度为3～5mm。

1. 一般抹灰施工工艺流程

一般抹灰的施工工艺为基层清理→浇水湿润→吊垂直、套方、找规矩、做灰饼→墙面冲筋→底、中层抹灰→抹罩面灰。

1）基层清理

（1）砖砌体。应清除表面杂物，残留灰浆、舌头灰、尘土等。

（2）混凝土基体。表面凿毛有影响抹灰施工的凸出处要剔平，将蜂窝、麻面、露筋及疏松部分剔到实处，并在表面洒水润湿后涂刷 1∶1 水泥砂浆（加适量胶粘剂或界面处理剂）。模板铁丝头应剪除，如图 3.2 所示。

（3）加气混凝土基体。应在湿润后，边涂刷界面剂边抹强度不大于 M5 的水泥混合砂浆，如图 3.2 所示。

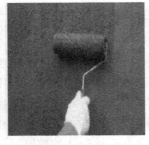

图 3.2　抹灰基层处理

2）浇水湿润

一般在抹灰前一天，用软管或胶皮管或喷壶顺墙自上而下浇水湿润，每天宜浇两次。

3）吊垂直、套方、找规矩、做灰饼

根据设计图样要求的抹灰质量，基层表面平整垂直情况，以一面墙为基准，吊垂直、套方、找规矩，确定抹灰厚度，抹灰厚度不应小于 7mm。当墙面凹度较大时应分层衬平。每层厚度为 7～9mm。操作时应先抹上灰饼，再抹下灰饼。抹灰饼时应根据室内抹灰要求，确定灰饼的正确位置，再用靠尺板找好垂直与平整。灰饼宜用 1∶3 水泥砂浆抹成 5cm 见方形状，如图 3.3 所示。

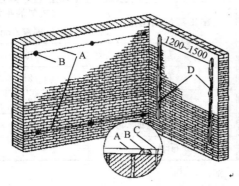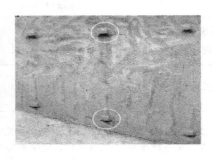

图 3.3　抹灰基层找规矩、做灰饼

4）墙面冲筋

标志块砂浆收水后，在各排上下标志块之间做砂浆标志带，称为标筋或冲筋，采用的砂浆与标志块相同，宽度约为 100mm，分 2～3 遍完成并略高出标志块，两筋间距不大于 1500mm，然后用刮杠将其搓抹至与标志块齐平，同时将标筋的两侧修成斜面，使其与抹灰层接槎密切、顺平。当墙面高度小于 3500mm 时宜做立筋；大于 3500mm 时宜做横筋，

做横向冲筋时做灰饼的间距不宜大于 2000mm，如图 3.4 所示。

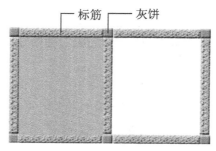

标筋　灰饼

图 3.4　墙面冲筋

5）底、中层抹灰

底、中层抹灰俗称刮糙和装档。先后将底层砂浆和中层砂浆批抹于墙面标筋之间。应在底层抹灰收水或凝结后再进行中层抹灰，厚度略高出标筋，然后用刮杠按标筋整体刮平。待中层抹灰面全部刮平时，再用木抹子搓抹一遍，使表面密实、平整，如图 3.5 所示。

墙面的阴角部位，要用方尺上下核对方正，然后用阴角抹具（阴角抹子及带垂球的阴角尺）抹直、抹平，如图 3.6 所示。

图 3.5　墙面装档

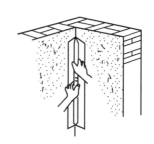

图 3.6　阴角上下抽动抹平

6）抹罩面灰

应在底灰六七成干时开始抹罩面灰（如底灰过干应浇水湿润），罩面灰两遍成活，厚度约 2mm，操作时最好两人同时配合进行，一人先刮一遍薄灰，另一人随即抹平。依先上后下的顺序进行，保证平整、光洁、无裂痕。

2．一般抹灰细部处理

1）抹水泥踢脚（或墙裙）

根据已抹好的灰饼冲筋（此筋可以冲得宽一些，8～10cm 为宜，因此筋既为抹踢脚或墙裙的依据，同时也作为墙面抹灰的依据），底层抹 1:3 水泥砂浆，抹好后用大杠刮平，木抹搓毛，常温第二天用 1:2.5 水泥砂浆抹面层并压光，抹踢脚或墙裙厚应符合设计要求，无设计要求时凸出墙面 5～7mm 为宜。凡凸出抹灰墙面的踢脚或墙裙上口必须保证光洁顺直，踢脚或墙面抹好将靠尺贴在大面与上口平，然后用小抹子将上口抹平压光，凸出墙面的棱角要做成钝角，不得出现毛茬和飞棱。

2）做护角

为防止门窗洞口及墙（柱）面阳角部位的抹灰饰面在使用中被碰撞损坏，应采用1：2水泥砂浆抹制暗护角，以增加阳角部位抹灰层的硬度和强度。护角部位的高度不应低于200mm，每侧宽度不应小于50mm，如图3.7所示。

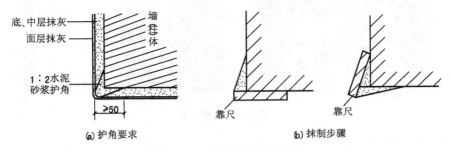

图 3.7　暗护角抹制示意

3）抹水泥窗台

先将窗台基层清理干净，松动的砖要重新补砌好。砖缝划深，用水润透，然后用1：2：3豆石混凝土铺实，厚度宜大于26mm，次日刷胶粘性素水泥一遍，随后抹1：2.5水泥砂浆面层，待表面达到初凝后，浇水养护2～3d，窗台板下口抹灰要平直，没有毛刺。

4）柱

室内柱一般用石灰砂浆或水泥砂浆抹底、中层，麻刀石灰或纸筋石灰抹面层。室外柱一般常用水泥砂浆抹灰。

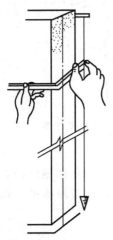

（1）方柱。方柱的基层处理首先要将砖柱、钢筋混凝土柱表面清扫干净，浇水湿润，然后找规矩。独立柱应按设计图样所标示的柱轴线，测定柱子的几何尺寸和位置，在楼地面上弹方向垂直的两道中心线，并弹上抹灰后的柱子边线，然后在柱顶临时固定短靠尺，拴上线锤往下垂吊，并调整线锤对准地面上的四角边线，检查柱子各方面的垂直度和平整度。如果不超差，在柱四角距地坪和顶棚各约15cm处做灰饼，如图3.8所示。如柱面超差，应进行处理，再找规矩做灰饼。柱子四面灰饼做好后，应先在侧面卡固八字靠尺，抹正反面，再把八字靠尺卡固正反面，抹两侧面。底、中层抹灰要用短木刮平，木抹子搓平。第二天抹面层压光。

图 3.8　独立方柱找规矩图

（2）圆柱。其基层处理同方柱。独立圆柱找规矩，一般也应先找出纵横两个方向设计要求的中心线，并在柱上弹纵横两个方向四根中心线，按四面中心点，在地面分别弹四个点的切线，就形成了圆柱的外切四边线。这个四边线各边长就是圆柱的实际直径。然后用缺口木板方法，由上四面中心线往下吊线锤，检查柱子的垂直度，如不超偏，先在地面弹上圆柱抹灰后外切四边线（每边长就是抹灰后圆柱直径），然后按这个尺寸制作圆柱的抹灰套板，如图3.9所示。

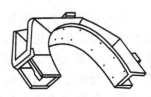

图 3.9　圆柱抹灰套板

 **特别提示**

（1）冬期施工，抹灰的作业面温度不宜低于5℃；抹灰层初凝前不得受冻。

（2）用水泥砂浆和水泥混合砂浆抹灰时，应待前一抹灰层凝结后方可抹后一层；用石灰砂浆抹灰时，应待前一抹灰层七八成干后方可抹后一层。

（3）底层的抹灰层强度，不得低于面层的抹灰层强度。

（4）如设计要求在钢模板光滑的混凝土基层上抹水泥砂浆时，混凝土墙面上的脱膜剂可用10%的火碱溶液刷洗并用清水冲净、晾干，然后刷一道混凝土界面剂或素水泥浆（或聚合物水泥浆），随即抹1∶1水泥砂浆，厚度不大于3mm并将表面扫成毛糙状，经24h后做标筋进行抹灰。

（5）加气混凝土外墙面的抹灰，设计无具体要求时，可考虑下述做法以防止抹灰层空鼓开裂。

① 在基体表面涂刷一层界面处理剂，如YJ-302型混凝土界面处理剂等。

② 在抹灰砂浆中添加适量胶粘剂，改善砂浆的粘结性能。

③ 提前洒水湿润后抹底灰，并将底层抹灰修整压平，待其收水时涂刷或喷一道专用防裂剂，接着抹中层砂浆以同样方法使用防裂剂；如果在其面层抹灰，表面再同样罩一层防裂剂（见湿不流）则效果更好。

④ 冬期的抹灰施工，如根据设计要求在砂浆内掺入防冻剂时，其掺量应由试验确定；但最终以涂料作饰面的外墙抹灰砂浆中，不得掺入含氯盐的防冻剂。

3.2.3 装饰抹灰

装饰抹灰是能给建筑物以装饰效果的抹灰。装饰抹灰可使建筑物表面光滑、平整、清洁、美观，能满足人们审美的需要。其特点在于能给予整个建筑物以独特的装饰形式和色彩，使它质感丰富、颜色多样、艺术效果鲜明。

装饰抹灰的种类很多，但底层的做法基本相同（均为1∶3水泥砂浆打底），仅面层的做法不同。现将常用装饰抹灰的施工工艺简述如下。

1. 干粘石

干粘石多用于外墙面，在水泥砂浆上面直接干粘石子的做法，称为干粘石。

其做法是先在已硬化的12mm厚的1∶3底层水泥砂浆层上按设计要求弹线分格，根据弹线镶嵌分格木条，将底层浇水润湿后，抹上一层6mm厚1∶（2～2.5）的水泥砂浆层，同时将配有不同颜色或同色的粒径4～6mm的石子甩在水泥砂浆层上，并拍平压实。拍时不得把砂浆拍出来，以免影响美观，要使石子嵌入深度不小于石子粒径的一半，待达到一定强度后洒水养护。上述为手工甩石子，也可用喷枪将石子均匀有力地喷射于粘结层上，用铁抹子轻轻压一遍，使表面平整。干粘石的质量要求是石粒粘结牢固、分布均匀、不掉石粒、不露浆、不漏粘、颜色一致、阳角处不得有明显黑边。

2. 斩假石与仿斩假石

斩假石又称剁假石、剁斧石，是在抹灰层上做出有规律的槽纹，做成像石砌成的墙面，要求面层斩纹或拉纹均匀，深浅一致，边缘留出宽窄一样，棱角不得有损坏，具有较好的装饰效果，但费工较多。它的底层、中层和面层的砂浆操作，都同水刷石一样，只是面层不要将石子刷洗外露出来。

先用1：3水泥砂浆打底（厚约12mm）并嵌好分格条，洒水湿润后，薄刮素水泥浆一道（水灰比1：0.42），随即抹厚为10mm，1：1.25的水泥石子浆罩面两遍，使与分格条齐平，并用刮尺赶平。待收水后，再用木抹子打磨压实，并从上往下竖向顺势溜直。抹完面层后须采取防晒措施，洒水养护3～5d后开始试剁，试剁后石子不脱落，即可用剁斧将面层剁毛。在墙角、柱子等边棱处，宜横向剁出边条或留出15～20mm的窄条不剁。待斩剁完毕后，拆除分格条、去边屑，即能显示出较强的琢石感。外观质量要求剁纹均匀顺直，深浅一致，不得有漏剁处，阳角处横剁和留出不剁的边条，应宽窄一致、棱角无损，最后洗刷掉面层。

3. 喷涂、滚涂与弹涂

1）喷涂饰面

用挤压式灰浆泵或喷斗将聚合物水泥砂浆经喷枪均匀喷涂在墙面基层上。根据涂料的稠度和喷射压力的大小，以质感区分，可喷成砂浆饱满、呈波纹状的波面喷涂和表面布满点状颗粒的粒状喷涂。基层为厚10～13mm的1：3水泥砂浆，喷涂前须喷或刷一道胶水溶液（108胶：水=1：3），使基层吸水率趋于一致和喷涂层粘结牢固。喷涂层厚3～4mm，粒状喷涂应连续三遍完成，波状喷涂必须连续操作，喷至全部泛出水泥浆但又不致流淌为好。喷涂层凝固后再喷罩面一层甲基硅酸钠疏水剂。它具有防水、防潮、耐酸、耐碱的性能，面层色彩可任意选定，对气候的适应性强，施工方便，工期短等优点。

2）滚涂饰面

在基层上先抹一层厚3mm的聚合物砂浆，随后用带花纹的橡胶或塑料滚子滚出花纹，滚子表面花纹不同即可滚出多种图案，最后喷罩甲基硅酸钠疏水剂。滚涂砂浆的配合比为水泥：骨料（沙子、石屑或珍珠岩）=1：（0.5～1），再掺入占水泥20%量的108胶和0.25%的木钙减水剂。手工操作，滚涂分干滚和湿滚两种。干滚时滚子不蘸水、滚出的花纹较大，工效较高；湿滚时滚子反复蘸水，滚出花纹较小。滚涂工效比喷涂低，但便于小面积局部应用。滚涂是一次成活，多次滚涂易产生翻砂现象。

3）弹涂饰面

在基层上喷刷或涂刷一道掺有108胶的聚合物水泥色浆涂层，然后用弹涂器分几遍将不同色彩的聚合物水泥浆弹在已涂刷的涂层上，形成1～3mm大小的扁圆花点。弹涂的做法是在1：3水泥砂浆打底的底层水泥砂浆上，洒水润湿，待干至六七成时进行弹涂。先喷刷底色浆一道，弹分格线，贴分格条，弹头道色点，待稍干后即弹第二道色点，最后进行个别修弹，再进行喷射或涂刷树脂罩面层。弹涂器有手动和电动两种，后者工效高，适合大面积施工。

任务3.3 涂料工程

在墙面基层上，经批刮腻子处理，使墙面平整，然后将所选定的建筑涂料刷于其上所形成的一种饰面。墙面涂料工程是各类墙面饰面做法中最为简单、经济的一种。与其他种类的饰面相比，涂料饰面具有色彩丰富、质感逼真、工期短、工效高、自重轻、造价低、维修改新方便等优点，因而应用十分广泛。

根据我国颁布的建筑装饰涂料国家标准，建筑涂料基本上有五大类：合成树脂乳液涂料（俗称乳胶漆）、合成树脂乳液砂壁状建筑涂料（俗称彩砂涂料）、复层建筑涂料（又名凹凸复层涂料或复层浮雕花纹涂料）、水溶性内墙涂料（只能用于内墙）、油漆类涂料。从施工方法上看，都不外乎用刷、喷、弹涂等装饰在墙面上，但因其材料特性的限制，对于基层处理、施工环境、材料调制方法等有不同要求。因此，选择有代表性的内墙合成树脂乳液涂料（乳胶漆）——室外氟碳树脂涂料施工工艺做介绍。

3.3.1 涂料工程常用材料及机具

1. 材料要求

内外墙腻子、封闭底漆、合成树脂乳液涂料（乳胶漆）、室外氟碳树脂涂料。

2. 主要机具

基层处理工具有刮刀、清扫器具；涂刷工具有毛刷、涂料滚子、托盘、喷枪、高压无空气喷涂机、手提电动搅拌器。

3.3.2 合成树脂乳液涂料施工工艺流程

合成树脂乳液涂料的施工工艺为基层处理→修补腻子→刮腻子→底层封闭涂料→面层涂料。

（1）基层处理。将墙面起皮、松动、鼓等凿平整，灰尘、污染杂物砂浆流痕清除扫净。

（2）修补腻子。用水石膏将墙面凹坑缝隙分层找平，干燥后磨打砂纸将浮尘扫净。

（3）刮腻子。刮腻子一般三遍。第一遍填补气孔、麻点、缝隙及凹凸不平处，局部刮腻子干后用0～2#砂纸磨平，第二、三遍刮腻子均为薄刮，要求尽量薄，不得有漏刮之处，接头不得留槎，干后也用砂纸打磨，且两遍腻子刮批方向垂直。

（4）底层封闭涂料。滚涂、刷涂均可，主要作用是封闭基层、减少基层吸收面层的水分，同时防止基层内的水分渗透到涂料底层影响粘结强度。

（5）面层涂料。底层封闭涂料干燥2～3h，方可进行面层涂料施工。

不同基层构造做法，如图3.10～图3.13所示。

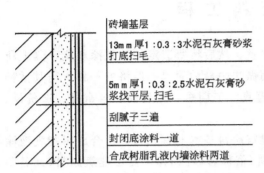

图 3.10　合成树脂乳液涂料（砖墙基层）

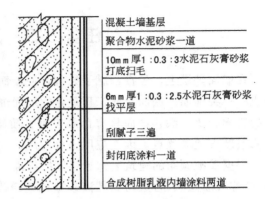

图 3.11　合成树脂乳液涂料（混凝土砖墙基层）

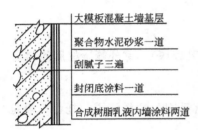

图 3.12　合成树脂乳液涂料
（大模板混凝土墙基层）

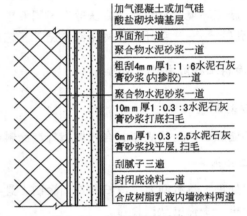

图 3.13　合成树脂乳液涂料
（加气混凝土或加气硅酸盐砌块墙基层）

 特别提示

（1）后一遍涂料必须在前一遍涂料干后进行。

（2）冬季室内施工时，应在采暖条件下进行。

3.3.3　氟碳树脂涂料施工工艺流程

氟碳树脂涂料施工工艺为基层处理→刮找平腻子→封墙底漆施工→分格缝设置→喷涂金属氟碳漆→分格缝上色→喷涂罩光清漆。

1. 基层处理

用灰刀将表面的灰尘、脏物及其他附着物等清理干净，将明显凹陷的地方用专用腻子填补平整；将凸起的部位打磨平整，平整度要求不大于 2mm。

2. 刮找平腻子

刮找平腻子一般批嵌 4～5 遍。在施工过程中刮尺要平稳，并一次到位，每道腻子施

工完 4h 后，对干燥、固化的腻子用 150♯～220♯ 的砂纸进行打磨（注：前两道腻子后面批嵌腻子用 200♯～300♯ 的砂纸打磨），消除较明显凹凸不平的部位。

3. 封墙底漆施工

检查腻子是否符合要求，有问题的地方及时修补。在完全干燥的墙面（墙面含水率小于 8%）上滚涂底漆该材料，具有极强的粘结力性能，进一步使抹灰层、腻子底融为一体，提高防水性能，中和并隔离游离碱，防止泛碱。施工要求：用短羊毛辊筒滚涂到位，要求无流挂、无漏涂。

4. 分格缝设置

分格缝定位、宽度、横竖方向以及整体分布，按工程设计要求进行。分格缝定位后，方可放线，以确保分格缝宽度均匀一致。分格缝用粘贴装饰胶带，按要求进行界格条的分割。

5. 喷涂金属氟碳漆

（1）将氟碳漆与氟碳固化剂按 10∶1 的比例混合均匀，并熟化约 30min，再加入氟碳漆量约 50% 的氟碳专用稀释剂，搅拌均匀待用。

（2）喷涂第一遍调配好的氟碳外墙面漆，必须达到墙面充分润湿状态，以取得成膜足够的厚度。

（3）喷涂第二遍调配好的外墙漆，达到规定的厚度和平整度，展现氟碳漆特有的效果。

6. 分格缝上色

撕去分格缝上的面胶，然后在分格缝两边用单面胶贴成直线，用黑色氟碳漆将分格缝上色 1～2 次，中间间隔 4h 以上，注意保持线纹平直，如图 3.14 所示。

7. 喷涂罩光清漆

将氟碳高光或亚光清漆与氟碳固化剂按 9∶1 的比例，混合均匀后熟化 30min，再加入 20%～30%（对氟碳高光清漆量）的制约碳漆专用稀释剂，并搅拌均匀后，均匀喷涂。

图 3.14　喷涂氟碳漆

任务 3.4　裱糊与软包工程

裱糊工程在我国有着悠久的历史。它是指采用壁纸和墙布等软质卷材裱贴于室内墙、柱、顶面及各种装饰造型构件表面的装饰工程。壁纸、墙布色泽和凹凸图案效果丰富，装饰效果好；选用相应品种或采取适当的构造做法后还可以使之具有一定的吸声、隔声、保温及防菌等功能；施工和维护更新亦较为方便简易。因此广泛使用于宾馆、酒店的标准房间，各种会议、展览与洽谈空间以及居民住宅卧室等，属于中高档建筑装饰。

软包工程是指用织物、皮革等作为墙和柱装饰饰面材料。软包饰面是现代新型高档装修之一，具有柔软、吸声、保温、色彩丰富、质感舒适等特点。一般用于会议厅、多功能厅、录音室、娱乐厅及影剧院局部墙面等，如图 3.15 所示。

图 3.15　裱糊与软包工程实例

3.4.1　裱糊工程材料及机具

1. 材料要求

（1）饰面材料：各种壁纸、墙布。
（2）其他材料：各类胶粘剂。

2. 主要机具

剪刀、裁刀、刮板、油灰铲刀、裱糊刷辊筒、钢卷尺、针筒、钢直尺、砂纸机、粉线包以及裁纸工作台。

3.4.2　裱糊工程施工工艺流程

裱糊工程施工的主要施工工艺流程为基层处理→弹线→裁割下料→壁纸预处理→涂刷胶粘剂→裱糊壁纸→细部处理等。但对不同的墙面和壁纸材料，其操作工艺上又有所区别。主要操作工序见表 3-4。

表 3-4　裱糊工程的主要操作工序

项次	工序名称	抹灰面混凝土				石膏板面				木料面			
		复合壁纸	PVC壁纸	墙布	有背胶壁纸	复合壁纸	PVC壁纸	墙布	有背胶壁纸	复合壁纸	PVC壁纸	墙布	有背胶壁纸
1	清扫基层、填补缝隙、磨砂纸	+	+	+	+	+	+	+	+	+	+	+	+
2	接缝处糊条					+	+	+	+	+	+	+	+
3	找补腻子、磨平					+	+	+	+	+	+	+	+
4	满刮腻子、磨平	+	+	+	+								
5	涂刷涂料一遍									+	+	+	+

续表

项次	工序名称	抹灰面混凝土				石膏板面				木料面			
		复合壁纸	PVC壁纸	墙布	有背胶壁纸	复合壁纸	PVC壁纸	墙布	有背胶壁纸	复合壁纸	PVC壁纸	墙布	有背胶壁纸
6	涂刷底胶一遍	+	+	+	+	+	+	+	+				
7	墙面划准线	+	+	+	+	+	+	+	+	+	+	+	+
8	壁纸浸水润湿		+		+		+		+		+		+
9	壁纸涂刷胶粘剂	+				+				+			
10	基层涂刷胶粘剂	+	+	+		+	+	+		+	+	+	
11	纸上墙、裱糊	+	+	+	+	+	+	+	+	+	+	+	+
12	拼缝、搭接、对花	+	+	+	+	+	+	+	+	+	+	+	+
13	赶压胶粘剂、气泡	+	+	+	+	+	+	+	+	+	+	+	+
14	裁边		+				+				+		
15	擦净挤出的胶液	+	+	+	+	+	+	+	+	+	+	+	+
16	清理修整	+	+	+	+	+	+	+	+	+	+	+	+

注：（1）不同材料的基层相接处应糊条。

（2）混凝土表面和抹灰表面必要时可增加满刮腻子的遍数。

（3）"裁边"工序在使用宽为920mm、1000mm、1100mm等需重叠对花的PVC压延壁纸时进行。

1. 裱糊工程基层处理

裱糊工程的基层，要求坚实牢固、表面平整光洁、不疏松起皮、不掉粉、无砂粒、孔洞、麻点和飞刺，否则壁纸就难以贴平整。此外，墙面应基本干燥，不潮湿发霉，含水率低于5%。经防潮处理后的墙面，可减少壁纸发霉现象和受潮起泡脱落现象，所以说基层处理质量的好坏，直接关系到壁纸的裱糊质量。不同基层处理方法见表3-5。

表3-5 裱糊基层处理

类别	基层处理方法
混凝土基层处理	（1）对于混凝土面、抹灰面(水泥砂浆、水泥混合砂浆、石灰砂浆等)基层，应满刮腻子一遍并用砂纸磨平； （2）如基层表面有气孔、麻点、凸凹不平时，应增加满刮腻子和磨砂纸的遍数。刮腻子之前，须将混凝土或抹灰面清扫干净。刮腻子时要用刮板有规律地操作，一板接一板，两板中间再顺一板，要衔接严密，不得有明显接槎和凸痕。宜做到凸处薄刮，凹处厚刮，大面积找平。腻子干后打磨砂纸、扫净； （3）需要增加满刮腻子数的基层表面，应先将表面的裂缝及坑洼部分刮平，然后打磨砂纸、扫净，再满刮腻子和打扫干净，特别是阴阳角、窗台下、暖气包、管道后及踢脚板连接处等局部，需认真检查修整

类别	基层处理方法
抹灰基层处理	（1）对于整体抹灰基层，应按高级抹灰的工艺施工，操作工序为：阴阳角找方，设置标筋，分层赶皮，修整表面压光； （2）如果基层表面抹灰质量较差，在裱糊墙纸时，要想获得理想的装饰效果，必须增加基层刮腻子的工作量； （3）在抹灰层的质量方面，最主要的是表面平整度，用2m靠尺检查，应不大于2mm； （4）基层抹灰如果是麻刀灰、纸筋灰、石膏灰一类的罩面灰，其熟化时间不应少于30d，同时也须注意面层抹灰的厚度，经赶平压实后，麻刀石灰厚度不得大于3mm，纸筋石灰、石灰膏的厚度不得大于2mm，否则易产生收缩裂缝； （5）罩面灰基层，在阳角部位宜用高标号砂浆做成护角，以防磕碰，否则局部被损需大面积变换壁纸，比较麻烦
木质基层处理	（1）木质基层要求接缝不显接槎，不外露钉头。接缝、钉眼须用腻子补平并满刮腻子一遍，用砂纸磨平； （2）如果吊顶采用胶合板，板材不宜太薄，特别是面积较大的厅、堂吊顶，板厚宜在5mm以上，以保证刚度和平整度，有利于墙纸裱糊质量； （3）木料面基层在墙纸裱糊之前应先涂刷一层涂料，使其颜色与周围裱糊面基层颜色一致
石膏板基层处理	（1）在纸面石膏板上裱糊塑料墙纸，其板面先用油性石膏腻子找平，其板材的面层接缝处，应使用嵌缝石膏腻子及穿孔纸带（或玻璃纤维网格胶带）进行嵌缝处理； （2）对于在无纸面石膏板上作墙纸裱糊，其板面应先刮一遍乳胶石膏腻子，以保证石膏板面与墙纸的粘结强度
旧墙基层处理	旧墙基层裱糊墙纸，最基本的要求是平整、洁净、有足够的强度并适宜与墙纸牢固粘贴。对于凹凸不平的墙面要修补平整，然后清理旧有的浮松油污、砂浆粗粒等，以防止裱糊面层出现凸泡与脱胶等质量弊病；同时要避免基层颜色不一致，否则将影响易透底的墙纸粘贴后的装饰效果

 特别提示

在基层处理时还应注意以下几个方面。

（1）安装于基层上的各种控制开关、插座、电气盒等凸出的设置，应先卸下扣盖等影响裱糊施工的部分。

（2）各种造型基面板上的钉眼，应用油性腻子填补，防止隐蔽的钉头生锈时锈斑渗出而影响裱糊的外观。

（3）为防止壁纸受潮脱落，基层处理经工序检验合格后，采用喷涂或刷涂的方法施涂封底涂料或底胶，做基层封闭处理一般不少于两遍。封底涂刷不宜过厚，并要均匀一致。

封底涂料的选用，可采用涂饰工程使用的成品乳胶底漆，如相对湿度较大的南方地区或室内易受潮部位，可采用酚醛清漆或光油：汽油（或松节油）＝1：3（质量比）混合后进行涂刷；在干燥地区或室内通风干燥部位，可采用适度稀释的聚醋酸乙烯乳液涂刷于基层即可。

2. 弹线

为了使裱糊饰面横平竖直、图案端正，每个墙面第一幅壁纸墙布都要挂垂线找直，作

为裱糊的基准标志线，如图 3.16(a)所示。自第二幅起，先上端后下端对缝依次裱糊，以保证裱糊饰面分幅一致并防止累积歪斜。

对于图案形式鲜明的壁纸墙布，为保证做到整体墙面图案对称，应在窗口横向中心部位弹好中心线，由中心向两边分线；如果窗口不在中间位置，为保证窗间墙的阳角处图案对称，可在窗间墙弹中心线，然后由此中心线向两侧分幅弹线，如图 3.16(b)所示。对于无窗口的墙面，可以选择一个距离窗口墙面较近的阴角，在距壁纸墙布幅宽 50mm 处弹垂线。

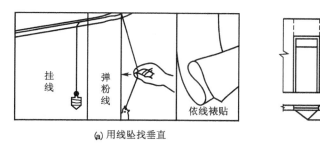

图 3.16　基层吊垂直、弹线示意图

3. 裁割下料

墙面或顶棚的大面裱糊工程，原则上应采用整幅裱糊。根据弹线找规矩的实际尺寸，在裁割时，要根据材料的规格及裱糊面的尺寸统筹规划，并按裱糊顺序进行分幅编号。壁纸墙布的上下端宜各自留出 20～30mm 的修剪余量；对于花纹图案较为具体的壁纸墙布，要事先明确裱糊后的花饰效果及其图案特征，应根据花纹图案和产品的边部情况，确定采用对口拼缝或是搭口裁割拼缝的具体拼接方式，应保证对接无误，如图 3.17 所示。

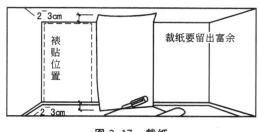

图 3.17　裁纸

4. 壁纸预处理

对于裱糊壁纸的事先湿润，传统称为闷水，这是针对纸胎的塑料壁纸的施工工序。对于玻璃纤维基材及无纺贴墙布类材料，遇水后无伸缩变形，所以不需要进行湿润；而复合纸质壁纸则严禁进行闷水处理。

知识链接

（1）聚氯乙烯塑料壁纸遇水或胶液浸湿后即膨胀，需 5～10min 胀足，干燥后又自行收缩，掌握和利用这一特性是保证塑料壁纸裱糊质量的重要环节。

闷水处理的一般做法是将塑料壁纸置于水槽中浸泡 $2\sim3min$，取出后抖掉多余的水，再静置 $10\sim20min$，然后再进行裱糊操作。

（2）对于金属壁纸，在裱糊前也需要进行适当的润纸处理，但闷水时间应当短些，即将其浸入水槽中 $1\sim2min$ 取出，抖掉多余的水，再静置 $5\sim8min$，然后再进行裱糊操作。

5. 涂刷胶粘剂

壁纸墙布裱糊胶粘剂的涂刷，应薄而均匀，不得漏刷；墙面阴角部位应增刷胶粘剂 $1\sim2$ 遍。对于自带背胶的壁纸，则无需再使用胶粘剂。

根据壁纸、墙布的品种特点，胶粘剂的施涂分为在壁纸墙布的背面涂胶、在被裱糊基层上涂胶，以及在壁纸墙布的背面和基层上同时涂胶。

 特别提示

基层表面的涂胶宽度，要比壁纸、墙布宽出 $20\sim30mm$；胶粘剂不要施涂过厚而裹边或起堆，以防裱贴施胶液溢出太多而污染裱糊饰面，但也不可涂刷过少，涂胶不能均匀到位会造成裱糊面起泡、离壳、粘结不牢，如图 3.18 所示。

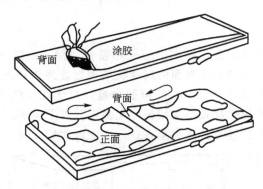

图 3.18　壁纸涂胶示意图

6. 裱糊壁纸

裱糊的基本顺序：先垂直面，后水平面；先细部，后大面；先保证垂直，后对花拼缝；垂直面先上后下；先长墙面，后短墙面；水平面是先高后低。裱糊时，应根据分幅弹线和壁纸墙布的裱糊顺序编号，从距离窗口处较近的一个阴角部位开始，依次至另一个阴角收口，如图 3.19 所示。

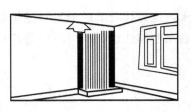

(a) 对准墙面上端

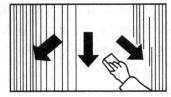

(b) 向外赶压气泡

图 3.19　壁纸裱糊操作示意图

对于无图案的壁纸墙布，接缝处可采用搭接法裱糊。相邻的两幅在拼连处，后贴的一幅搭压前一幅，重叠约30mm，然后用钢尺或合金铝直尺与裁纸刀在搭接重叠范围的中间将两层壁纸墙布割透，随即把切掉的多余小条扯下，如图3.20所示。

图3.20　搭缝裁切

裱糊拼缝对齐后，要用薄钢片刮板或胶皮刮板自上而下地进行抹刮（较厚的壁纸必须用胶辊滚压），如图3.21所示。

对于有图案的壁纸墙布，为确保图案的完整性及其整体的连续性，裱糊时可采用拼接法。先对花，后拼缝，从上至下图案吻合后，用刮板斜向刮平，将拼缝处赶压密实；拼缝处挤出的胶液，及时用洁净的湿毛巾或海绵擦除。

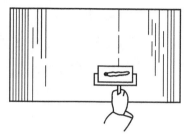

图3.21　拼接压实

7. 细部处理

（1）阴阳角处理。为了防止在使用时由于被碰、划而造成壁纸墙布开胶，裱糊时不可在阳角处甩缝，应包过阳角不小于20mm，如图3.22（a）所示。阴角处搭接时，应先裱糊压在里面的壁纸或墙布，再裱贴搭在上面的，一般搭接宽度为20～30mm；搭接宽度尺寸不宜过大，否则其褶痕过宽会影响饰面美观，如图3.22（b）所示。主要装饰面造型部位的阳角采用搭接时，应考虑采取其他包角、封口形式的配合装饰措施，由设计确定。

（2）墙面凸出物部分处理。遇有基层卸不下的设备或附件，裱糊时可在壁纸墙布上剪口。方法是将壁纸或墙布轻糊于裱贴面凸出物件上，找到中心点，从中心点往外呈放射状剪裁，如图3.23所示。再使壁纸墙布舒平，用笔描出物件的外轮廓线，轻手拉起多余的壁纸墙布，剪去不需要的部分，如此沿轮廓线套割贴严，不留缝隙。

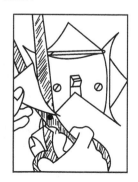

图3.22　阴阳角处理　　　　图3.23　墙面凸出物部分处理

3.4.3 软包工程施工工艺

案例引用

某市星级宾馆，其宴会大厅及娱乐中心墙面采用软包饰面进行装饰，如图 3.24 所示。以此为例，讲解软包工程施工过程。

(a) 宴会大厅

(b) 娱乐中心

图 3.24　软包工程实例

1. 施工准备

1）木骨架、木基层材料

木骨架一般采用 30mm×50mm～50mm×50mm 断面尺寸的木方条，木龙骨钉置于预埋防腐木砖或钻孔打入的木楔上。木砖或木楔的位置，亦即龙骨排布的间距尺寸，可在 400～600mm 单向或双向布置范围调整，按设计图样的要求进行分格安装，龙骨牢固钉装于木砖或木楔上。

基层板一般采用胶合板。满铺满钉于龙骨上，要求钉装牢固、平整。

2）软包芯材材料

软包墙面芯材材料，通常采用轻质不燃多孔材料，如玻璃棉、超细玻璃棉、自熄型泡沫塑料、矿渣棉等，如图 3.25 所示。

图 3.25　常用软包芯材材料

3）面层材料

软包墙面的面层，必须采用阻燃型高档豪华软包面料。如各种人造革和各种豪华装饰布。但软包墙面的面层，必须用阻燃型，凡未经阻燃处理的软包面料，均不得使用。

2. 软包工程施工工艺

软包装饰工程的饰面有两种常用做法：一是固定式软包，二是活动式软包。固定式软包适宜于较大面积的饰面工程，活动式软包适用于小空间的墙面装饰。

软包饰面工程一般由骨架、木基层、软包层等组成，如图 3.26 所示。其施工主要工艺流程为基层处理→弹线、设置预埋块→装钉木龙骨→基层板铺钉→墙面软包等。

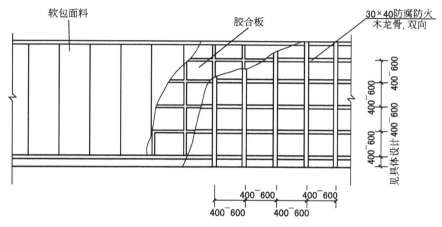

图 3.26　软包墙面构造

1）固定式软包

固定式软包做法一般采用木龙骨骨架，铺钉胶合板基层板，按设计要求选定包面材料钉装于基层衬板上，并填充矿棉、岩棉或玻璃棉等软质材料。

（1）弹线、预制木龙骨架。用吊垂线法、拉水平线及尺量的办法，借助 50cm 水平线，确定软包墙的厚度、高度及打眼位置等，采用凹槽榫工艺，制作成木龙骨框架。做成的木龙骨架应刷涂防火漆。

（2）钻孔、打入木楔。孔眼位置在墙上弹线的交叉点，孔距约 600mm，孔深 60mm，用冲击钻头钻孔。木楔经防腐处理后，打入孔中，塞实塞牢。

（3）防潮层。在抹灰墙面涂刷冷底子油或在砌体墙面、混凝土墙面铺沥青油毡或油纸做防潮层。涂刷冷底子油要满涂、刷匀，不漏涂；铺油毡、油纸，要满铺、铺平、不留缝。

（4）装钉木龙骨。将预制好的木龙骨架靠墙直立，用水准尺找平、找垂直，用钢钉钉在木楔上，边钉边找平，找垂直。凹陷较大处应用木楔垫平钉牢。

（5）安装基层板。木龙骨固定合格后，即可铺钉基层板。基层板一般采用五层胶合板，用气钉枪将基层板钉在木龙骨上。钉固时从板中向两边固定，接缝应在木龙骨上并且钉帽凹入板内，使其牢固、平整。基层板在铺钉前，应先在其板背涂刷防火涂料，涂满、涂匀。

（6）面板安装。软包饰面板（或皮革和人造革）的固定式软包做法，可选择成卷铺装或

分块固定等不同方式，如图 3.27 所示。此外，还有压条法、平铺泡钉压角法等其他做法。

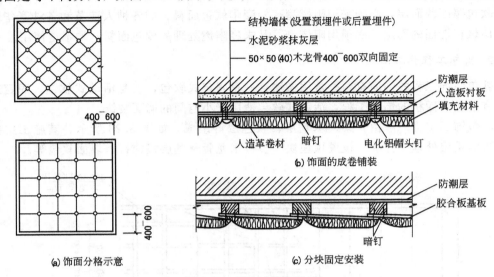

图 3.27　固定式软包做法

2）活动式软包

木基层的做法与固定式软包相同，下面主要介绍软包块的制作和拼装。按软包分块尺寸裁九厘板，并将四条边用刨刨出斜面，刨平。以规格尺寸大于九厘板 50~80mm 的织物面料和泡沫塑料块置于九厘板上，将织物面料和泡沫塑料沿九厘板斜边卷到板背，在展平顺后用钉固定。定好一边，再展平铺顺拉紧织物面料，将其余三边都卷到板背固定，为了使织物面料经纬线有顺，固定时宜用码钉枪打码钉，码钉间距不大于 30mm 备用。在木基层上按设计图画线，标明软包预制块及装饰木线（板）的位置。将软包预制块用塑料薄膜包好（成品保护用），镶钉在墙、柱面做软包的位置，用气枪钉钉牢。在墙面软包部分的四周用木压线条，盖缝条及饰面板等做装饰处理，这一部分的材料可先于装软包预制块做好，也可以在软包预制块上墙后制作。

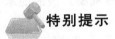 特别提示

软包预制块镶钉时，每钉一颗钉用手抚扯一下织物面料，使软包面既无凹陷、起皱现象，又无钉头挡手的感觉。连续铺钉的软包块，接缝要紧密，下凹的缝应宽窄均匀一致且顺直。

任务 3.5　饰面工程

3.5.1　饰面砖镶贴工程

饰面砖镶贴一般是指釉面砖、外墙面砖、陶瓷锦砖和玻璃马赛克的镶贴，如图 3.28 所示。

图 3.28　饰面工程实例

1. 饰面材料与施工工具、机具

1) 内墙面砖

内墙面砖主要采用釉面砖。它具有热稳定性好，防火、防潮、耐酸碱腐蚀、坚固耐用、易于清洁等特点。主要用于厨房、浴室、卫生间、医院、实验室等场所的室内墙面和台面的饰面。

釉面砖的种类按性质分为通用砖（正方形、长方形）和异性配件砖。通用砖一般用于大面积墙面的铺贴；异性配件砖多用于墙面阴阳角和各收口部位的细部构造处理，如图 3.29 所示。

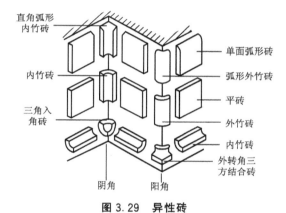

图 3.29　异性砖

 知识链接

釉面砖质量要求见表 3-6。

表 3-6　釉面砖质量要求

项　　目			指　　标		
			优等品	一等品	合格品
尺寸允许偏差/mm	长度或宽度	≤152	±0.5		
		>152	±0.8		
		≤250	±1.0		
	厚度	≤5	+0.4		
		>5	±8%		

项　　　目	指　　　标		
	优等品	一等品	合格品
开裂、夹层、釉裂	不允许		
背面磕碰	深度为砖厚的 1/2	不影响使用	
剥边、落脏、釉泡、斑点、坯粉、釉缕、桔釉、波纹、缺釉、棕眼、裂纹、图案缺陷、正面磕碰	距离砖面 1m 处目测无可见缺陷	距离砖面 2m 处目测缺陷不明显	距离砖面 3m 处目测缺陷不明显
色差	基本一致	不明显	不严重
吸水率(不大于)	21.0%		
弯曲度(不小于)	平均值≥16MPa，厚度≥7.5mm 时，平均值≥13MPa		
耐急冷急热性	釉面无裂纹		

2）外墙面砖

用于建筑外墙装饰的陶质或炻质陶瓷面砖称为外墙面砖。由于受风吹日晒、冷热交替等自然环境的作用较严重，要求外墙面砖的结构致密，抗风化能力和抗冻性强，同时具有防火、防水、抗冻、耐腐蚀等性能。

外墙面砖根据外观和使用功能的不同，可以分为彩釉砖、劈离砖、彩胎砖、陶瓷艺术砖、金属陶瓷面砖等。在实际选用时，应该根据具体设计的要求与使用情况而定，见表 3-7。

表 3-7　外墙面砖的品种及常用规格

品　　　种		常用规格/mm
无釉外墙面砖	毛面砖	200×64×(16～18)，95×64×(16～18)等
	光面砖	200×64×13，95×64×13 等
彩釉外墙面砖(彩釉砖)		100×100，300×300，200×150，115×60，150×150，400×400，250×150，240×60，200×200，150×75，300×150，130×65，250×250，200×100，300×200，260×65 等
劈离砖(劈裂砖)		200×100×11，194×94×11，120×120×12，240×52×12，240×115×12，194×52×13，194×94×13，240×52×13，240×115×13，190×190×13，150×150×14，200×200×14，240×52×11，240×71×11，240×115×11 等
彩胎砖(仿花岗石瓷砖)		400×400×9，300×300×(8～9)，200×200×(7.5～8)，100×100×7 等

3）施工工具、机具

饰面砖施工除一般常用抹灰工具外，根据饰面的不同，还需要一些专门的工具，如开刀、木槌或橡皮锤、型材切割机、冲击电钻(电锤)等。

机具介绍请参考附录。

2. 内墙面砖施工

内墙面砖镶贴的施工工艺流程为基层处理→抹底、中层灰找平→弹线分格→做标志块→选面砖→浸砖→贴砖→勾缝→清理。

1）基层处理

（1）混凝土表面处理。当基体为混凝土时，先剔凿混凝土基体上凸出部分，使基体基本保持平整、毛糙，然后刷一道界面剂，在不同材料的交接处或表面有孔洞处，需用1：2或1：3水泥砂浆找平。填充墙与混凝土地面结合处，还应用钢板网压盖接缝，射钉钉牢。

（2）加气混凝土表面处理。用钢丝刷将表面的粉末清理干净后，先刷一道界面剂，为保证块料镶贴牢固，再满钉丝径0.7mm、孔径32mm×32mm或以上的机制镀锌钢丝网一道。钉子用ϕ6mm U型钉，钉距不大于600mm，梅花形布置。

砖墙表面处理：当基体为砖砌体时，应用钢錾子剔除砖墙面多余灰浆，然后用钢丝刷清除浮土，并用清水将墙体充分润湿，使润湿深度为2～3mm。

 特别提示

基体表面处理时，需将穿墙洞眼封堵严实。光滑的混凝土表面，必须用钢尖或扁錾凿毛处理，使表面粗糙。打点凿毛应注意两点：一是受凿面积不小于70%（即每平方米打点200个以上），绝不能象征性的打点；二是凿点后，应清理凿点面，由于凿打中必然产生凿点局部松动，必须用钢丝刷清洗一遍，并用清水冲洗干净，防止产生隔离层。

2）做找平层

镶贴饰面砖需先做找平层，而找平层的质量是保证饰面层镶贴质量的关键。其要求与抹灰工程相同。

3）弹线分格、做标志块

依照室内标准水平线，找出地面标高，按贴砖的面积，计算纵横的皮数，用水平尺找平，并弹出釉面砖的水平和垂直控制线，如图3.30所示。为了控制整个镶贴釉面砖表面平整度，正式镶贴前，在墙上用废釉面砖做标志块，上下用托线板挂直，用来控制粘贴釉面砖厚度。标志块间距约为1.5m做一个标志块，在门洞口或阳角处，应双面挂直，如图3.31所示。

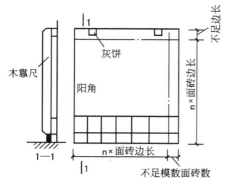

图3.30　饰面砖弹线分格

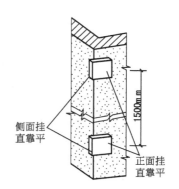

图3.31　双面挂直示意

4）选面砖、浸砖

选面砖是保证饰面砖镶贴质量的关键工序。要求规格一致，边缘整齐，棱角无损坏、无裂缝，表面无隐伤、缺釉和凹凸不平。

如果用陶瓷釉面砖作为饰面砖，在铺贴前应充分浸水润湿，防止用干砖铺贴上墙后，吸收砂浆（灰浆）中的水分，致使砂浆中水泥不能完全水化，造成粘结不牢或面砖浮滑。一般浸水时间不少于 2h，取出后阴干到表面无水膜再进行镶贴，通常约为 6h，以手摸无水感为宜。

特别提示

在分选饰面砖的时，还需注意砖的平整度，对不合格的砖不得使用于工程。

5）贴砖

镶贴时在釉面砖背面满抹灰浆（水泥砂浆以体积配比 1∶2 为宜）；水泥石灰砂浆在 1∶2（体积比）的水泥砂浆中加入少量石灰膏，以增加粘结砂浆的保水性和和易性；聚合物水泥砂浆在体积比 1∶2 的水泥砂浆中加掺入水泥量 2％～3％ 的 108 胶，以使砂浆有较好的和易性和保水性，四周刮成斜面，厚度约为 5mm，注意边角满浆。贴于墙面的釉面砖就位后应用力按压，并用灰铲木柄轻击砖面，使釉面砖紧密粘于墙面，如图 3.32 所示。

图 3.32　贴砖

知识链接

（1）铺贴前，先设木托条，木托条表面要加工平整，全长顺直。木托条浸水后用素水泥浆粘贴在墙面第一排瓷砖粘贴的弹线位置上，支撑釉面砖，如图 3.33 所示。

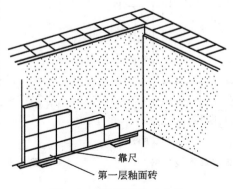

靠尺

第一层釉面砖

图 3.33　饰面砖施工方法

（2）镶贴顺序一般是先大面后阴阳角及细部，对于腰线及拼花等重要局部有时应提前粘贴，以保证主要看面和线型的装饰效果。

（3）在有洗脸盆、镜箱、肥皂盒等的墙面，应按脸盆下水管部位分中，往两边排砖。肥皂盒可按预定尺寸和砖数排砖，如图3.34所示。

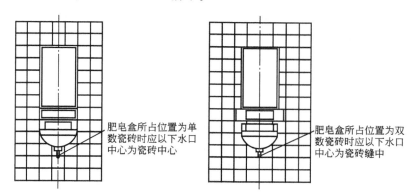

图3.34　洗脸盆、镜箱、肥皂盒部位饰面砖排砖示意图

6）勾缝、清理

饰面砖铺贴完毕后，应用棉纱头蘸水将砖面拭净，同时用与饰面砖颜色相同的水泥（彩色面砖应加同色颜料）嵌缝，嵌缝中务必注意应全部封闭缝中镶贴时产生的气孔和砂眼。嵌缝后，应用棉纱头蘸水仔细擦拭干净。如饰面砖砖面污染严重，可用稀盐酸刷洗后，再用清水冲洗干净。

3. 外墙面砖施工

外墙面砖的施工工艺流程为基层处理→找平层→选砖→预排→弹线分格→镶贴→勾缝等工序。

1）基层处理

外墙面砖的基层处理与内墙面砖的基层处理相同。

2）找平层

抹底层和中层灰的做法同内墙抹灰。只是应特别注意各楼层的阳台和窗口的水平向、竖向和进出方向必须"三向"成线。墙面的窗台腰线、阳角及滴水线等部位饰面层镶贴排砖方法和换算关系，如正面砖要往下突3mm左右，底面砖要做出流水坡度等，如图3.35所示。

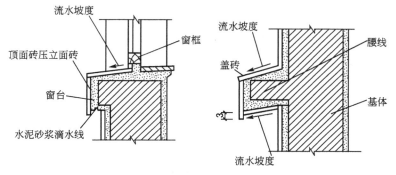

图3.35　窗台、腰线找平示意图

3）选砖、预排

根据设计图样的要求，对面砖要进行分选。首先按颜色选一遍，然后再用自制模具对面砖的尺寸大小、厚薄进行分选归类。经过分选的面砖要分别存放，以便在镶贴施工中分类使用，确保面砖的施工质量。

外墙面砖的排列主要是确定面砖的排列方式和砖缝的大小。外墙面砖镶贴排砖的方法较多，常用的矩形面砖排列方法有矩形长边水平排列和竖直排列两种。按砖缝的宽度，又可分为密缝排列（缝宽1~3mm）与宽缝排列（大于4mm、小于20mm）。不同的排列组合，能获得不同的艺术效果，如图3.36所示。

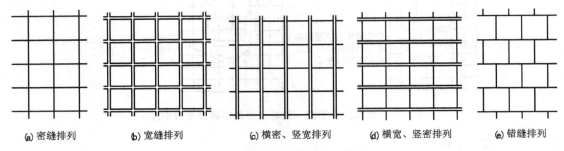

(a) 密缝排列　　　(b) 宽缝排列　　　(c) 横密、竖宽排列　　　(d) 横宽、竖密排列　　　(e) 错缝排列

图 3.36　外墙面砖排缝示意图

 **特别提示**

排砖应遵循的原则：凡阳角部位都应该是整砖，而且阳角处正立面整砖应盖住侧立面整砖。对大面积墙面砖的镶贴，除了不规则的部位之外，其他都不裁砖。

4）弹线分格

弹线与做分格条应根据预排结果画出大样图，按照缝的宽窄大小（主要指水平缝）做出分格条，作为镶贴面砖的辅助基准线。弹线的步骤如下。

（1）在外墙阳角处（大角）用大于5kg的线锤吊垂线并用经纬仪进行校核，最后用花篮螺栓将线锤吊正的钢丝固定绷紧上下端，作为垂线的基准线。

（2）以阳角基线为准，每隔1500~2000mm做标志块，定出阳角方正，抹灰找平。

（3）在找平层上，按照预排大样图先弹出顶面水平线，在墙面的每一部分，根据外墙水平方向面砖数，每隔约1m弹一垂线。

（4）在层高范围内，按照预排面砖实际尺寸和面砖对称效果，弹出水平分缝、分层皮数（或先做皮数杆，再按皮数杆弹出分层线）。

5）镶贴

镶贴面砖前也要做标志块，其挂线方法与内墙面砖相同，并应将墙面清扫干净，清除妨碍铺贴面砖的障碍物，检查平整度和垂直度是否符合要求。镶贴顺序应自上而下分层分段进行，每层内镶贴程序应是自下而上进行，而且要先贴附墙柱、后贴墙面、再贴窗间墙。

知识链接

镶贴面砖时竖缝的宽度与垂直度，应当完全与排砖时一致，在操作中要特别注意随时进行

检查，除依靠墙面的控制线外，还应当经常用线锤检查。如果竖缝是离缝(不是密缝)，在粘结时对挤入竖缝处的灰浆要随手清理干净。

6) 勾缝

在完成一个层段的墙面铺贴并经检查合格后，即可进行勾缝。勾缝用 1∶1 水泥砂浆，砂子要进行筛或水泥浆分两次进行嵌实，第一次用一般水泥砂浆，第二次按设计要求用彩色水泥浆或普通水泥浆勾缝。勾缝可做成凹缝(尤其是离缝分格)，深度一般为 3mm 左右。面砖密缝处用与面砖相同颜色的水泥擦缝。完工后应将面砖表面清洗干净，清洗工作在勾缝材料硬化后进行，如果面砖上有污染，可用含量为 10% 的盐酸刷洗，再用清水冲洗干净。夏季施工应防止曝晒，要注意遮挡养护。

3.5.2　木质饰面板安装工程

木质饰面板装饰工程是指将各种木饰面板，通过钉、镶、贴、拼等方法固定于墙面的饰面做法。木质构件的制作安装，包括基层板、面板、建筑细部以及其他装饰木线等。此类装饰做法应用广泛，是高级的内墙装饰做法。

1. 材料及施工工具、机具

1) 胶合板

胶合板是将数层(一般奇数层)木质薄板按上下纤维互相垂直胶合而成。最常用的是三合板、五合板和九合板。

2) 细木工板

细木工板是用一定规格的木条排列胶合起来，作为细木工板的芯板，再上下胶合单板或三合板作面板。

细木工板的规格主要有 1830mm×915mm、2135mm×1220mm、2440mm×1220mm，厚度为 15mm、18mm、20mm、22mm 四种。细木工板的芯板木条每块块宽不超过 25mm，缝宽不超过 7mm。

细木工板集实木板与胶合板之优点于一身，其幅面开阔、平整稳定，可像实木一样起线脚、旋螺钉及做榫打眼。还具有较大的硬度和强度，质轻、耐久，易加工的特点，如图 3.37 所示。

图 3.37　细木工板

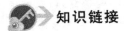知识链接

细木工板的性能指标如表 3-8 所示。

表 3-8　细木工板的性能指标

性能指标名称		规 定 值
含水率/(%)		10±3
横向静曲强度/MPa	板厚度=16mm 不低于	15
	板厚度>16mm 不低于	12
胶层剪切强度(MPa)不低于		1

注：芯条胶拼的细木工板，其横向静曲强度为表中规定值上各增加 10MPa。

3）薄木贴面装饰板

薄木贴面装饰板是利用珍贵树种通过精密刨切，制得厚度为 0.2～0.5mm 的薄木，以胶合板为基材，采用先进的胶粘工艺将薄木片粘贴在胶合板上而成。薄木贴面装饰板花纹美丽，真实感、立体感很强，既有自然美的特点又具有胶合板的特点，是高档建筑装饰饰面材料，见图 3.38。

图 3.38　薄木贴面装饰板实例

薄木贴面装饰板的分类方式有两种。

① 按厚度分类：厚薄木和微薄木。厚薄木厚度大于 0.5mm，一般指 0.7～0.8mm 厚的薄木；微薄木厚度小于 0.5mm，一般指 0.2～0.3mm 厚的薄木。

② 按树种分类：榉木、水曲柳、柞木、椴木、枫木、樟木、柚木、花梨、龙楠等。

4）防火板

防火板又名耐火板，或高压装饰板。它是将牛皮纸含浸在树脂中，经过高压高温处理后，生产成的室内装饰表面材料，具有防火、防热功效。

防火板具有美丽的花纹，可逼真地仿各种珍贵木材或石材的花纹，真实感强，装饰效果好，且有防尘、耐磨、耐酸碱、耐冲撞、耐擦洗、防火、防水、易保养等特性，如图 3.39 所示。

防火板的规格一般有 2440mm×1270mm、2150mm×950mm、635mm×520mm 等，厚度为 1～2mm，也有薄型卷材。

5）万通板（聚丙烯装饰扣板）

万通板学名聚丙烯装饰扣板，系以聚丙烯为主要原料，加入高效无毒阻燃剂，经混炼挤出成型加工而成的一种难燃型塑料中空装饰板材，具有防火、燃烧时不会产生有毒浓烟、防水、防潮、隔声、隔热、重量轻、成本低、经济实用、耐老化、施工方便等特点。它适用于室内墙面、柱面、墙裙、保温层、装饰面、天棚等处的装修，如图3.40所示。

图 3.39　防火板

图 3.40　万通板

6）木质装饰板线

木质装饰板线亦称木线条。它是选用质硬，木质较细、耐磨、耐腐蚀、不劈裂、切面光滑的，且加工性能良好、油漆上色性好、粘结性好、钉着力强的木材，经过干燥处理后，加工而成。

常用木质装饰板线的形式主要有如下几种。

（1）天花角线：天花与墙面，天花与柱面相交的阴（阳）角处封边。

（2）挂镜线：墙面不同层次面的交接处封边、墙面装饰造型线。

（3）木贴脸线：墙面上各不同材料对接处盖压封口，墙裙压边踢脚压边，嵌入墙的设备封边装饰，收口、收边线等。

（4）踢脚线（板）、窗帘盒装饰线：墙面与地面交接处，墙根位置，窗帘盒装饰线条。

木质装饰板线的一般尺寸如下。

（1）挂镜线、顶角线规格是指最大宽度与最大高度，一般高为 10～100mm，长为2～5m。

（2）木贴脸搭盖墙的宽度一般为 20mm，最小不应小于 10mm。

（3）窗帘盒搭接长度不小于 20mm，一般长度比窗洞口的宽度大 300mm。

常见木线条的样式，如图 3.41 所示。

7）主要工具

主要工具有电动曲线锯、电动圆锯、手提式电刨、气钉枪、锯、斧、锤、凿、量尺、方尺、墨斗、吊线坠等。

机具介绍请参考附录。

图 3.41　常见木线条的形状

2. 木质饰面板施工

应用案例

某多功能厅木质饰面墙面设计施工图，如图 3.42 所示。

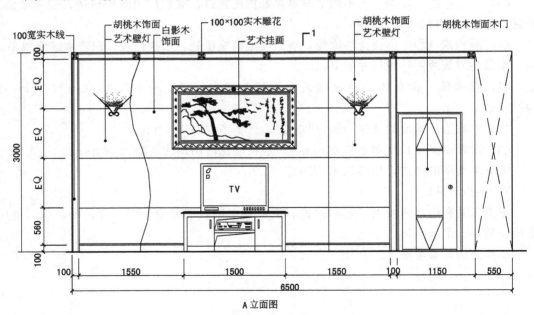

A 立面图

图 3.42　木质饰面墙面设计施工图

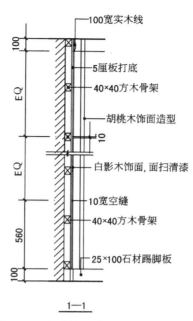

1—1

图 3.42　木质饰面墙面设计施工图(续)

木质饰面施工工艺流程为弹线分格→制作、安装木龙骨架(刷防火涂料)→在墙上钻孔、打入木楔→墙面防潮→固定木龙骨架→铺钉衬板(五厘板)→安装饰面板。

施工操作要点具体如下。

(1) 弹线分格。依据 500mm 水平基准线及设计图,在墙上弹出木龙骨的分档、分格线。

(2) 制作、安装木龙骨架。木龙骨通常采用 25×25mm、30mm×30mm、40mm×40mm 等方木制作木龙骨网片,木龙骨网片采用纵横向钉接。当设计无要求时,木龙骨架的方格网间距通常是 300mm×300mm 或 400mm×400mm(两方木中心线距离尺寸)。木龙骨架做好后应涂刷 3 遍防火涂料(漆)。

 知识链接

上述设计案例木龙骨采用 40mm×40mm 的方材,其间距为 400mm,呈双向布置,用圆钉将木龙骨固定在预埋木楔上。要求木龙骨上墙前刷防火涂料。木龙骨安装必须找方、找直,骨架与木砖间的空隙应垫以木垫,每块木砖至少用 2 个钉子钉牢,在装钉龙骨时应预留出板面厚度。

(3) 钻孔、打入木楔。用 $\phi16 \sim \phi20$ 的冲击钻头在墙面上弹线的交叉点位置钻孔,钻孔深度不小于 60mm,孔距约 600mm,随即孔内打入经过防腐处理的木楔。

(4) 固定木龙骨架。木龙骨网片用圆钉将其钉固在木楔上,并用吊垂线或水准尺找垂直度,确保木墙身垂直和平整度。

(5) 铺钉衬板。墙面龙骨安装完毕检查合格后,安装衬板。衬板通常采用 5~12mm 的多层板(背面刷防火涂料)。安装方法是在木龙骨接触面上满刷乳胶,然后用气钉将衬板固定在龙骨上，要求衬板平整、固定牢固，钉帽不得凸出面板。拼接板之间应预留约5mm伸缩缝隙，保证温度变化的伸缩量。

（6）安装饰面板。饰面板使用前，按同房间、临近部位的用量进行选色陪纹，使安装后从观感上木纹、颜色近似一致，裁板配制。按龙骨间距进行裁板，面板配好后进行试装，待面板尺寸、接缝、接头处构造完全合适，木纹方向、颜色观感满足要求的情况下，才能正式进行安装；面板接头处安装时应涂胶与龙骨钉牢，钉固面板的钉子规格应适宜，钉子长度为面板厚度的 2～2.5 倍，钉子间距一般为 100mm。

3. 细部处理

不论哪种材料的墙体饰面，细部构造处理都是装饰构造设计的重点与难点，是影响木质装修效果及质量的重要因素。主要体现在饰面板的接缝处理、端部收口、阴阳转角、墙地面交接处理等。

1）板缝处理

板与板的拼接，主要有三种方式：斜接密缝、平接留缝和压条盖缝，如图 3.43 所示。

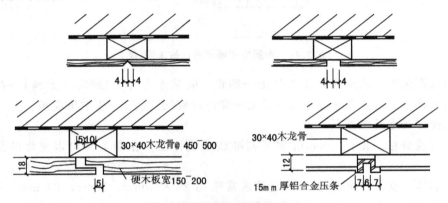

图 3.43　木质饰面板板缝处理

2）上部压顶

上部压顶主要有两种情形：一种是到顶的护壁板，上部压顶可与吊顶相接，如图 3.44 所示；一种是不到顶的木墙裙，上部压顶条位于墙体中部，如图 3.45 所示。

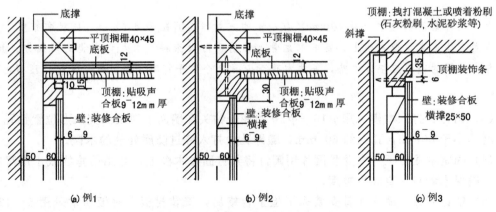

(a) 例1　　　(b) 例2　　　(c) 例3

图 3.44　木质饰面板与踢脚板的连接

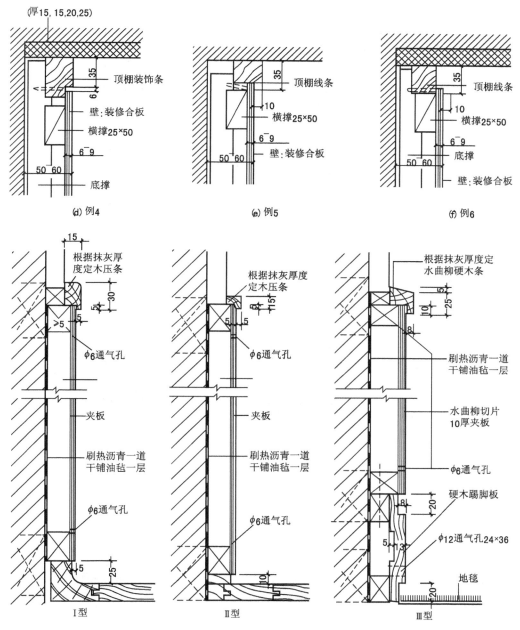

图 3.44　木质饰面板与踢脚板的连接(续)

3）木质饰面板与踢脚板的连接

对于踢脚板的处理有多种多样，一种是板直接到地留出凹凸线脚；另一种是木质踢脚板与护墙板做平，但上下留线脚。

4）阴阳转角

阴阳转角的处理，可采用对接、斜口对接、企口对接、填块等方法。

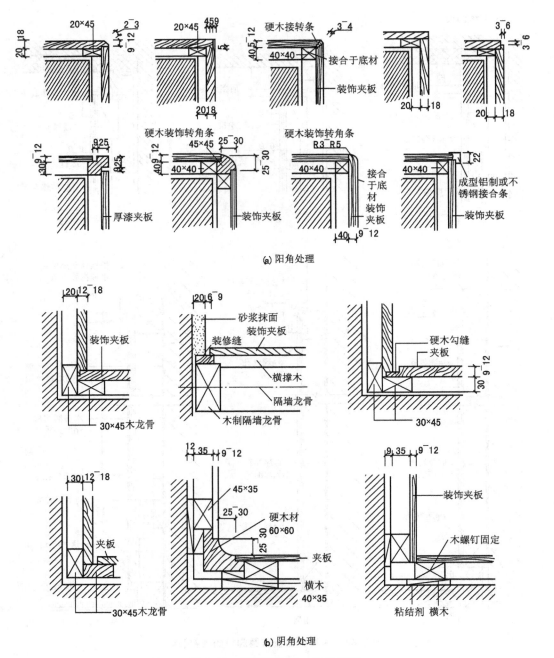

(a) 阳角处理

(b) 阴角处理

图 3.45　护墙板阳角、阴角构造

3.5.3　金属饰面板安装工程

金属饰面板装饰是采用一些轻金属，如铝、铝合金、不锈钢、铜等制成薄板，或在薄钢板的表面进行搪瓷、烤漆、喷漆、镀锌、覆盖塑料的处理做成的墙面饰面板。这是因为经过处理后的金属板具有表面非常美观，良好的装饰效果。同时金属装饰板质量

轻、抗震性能好、加工方便、安装快捷、易于成型，可根据设计要求任意变换断面形式，易满足造型要求。因而，在现代建筑装饰中，金属装饰板越来越多地被广泛用于墙面装饰。

1. 材料及施工工具、机具

（1）金属装饰板按材料可分为单一材料板和复合材料板两种。

单一材料板为一种质地的材料，如钢板、铝板、铜板、不锈钢板等。

复合材料板是由两种或两种以上质地的材料组成，如铝合金板、搪瓷板、烤漆板、镀锌板、色塑料膜板、金属夹心板等。

（2）按板面形状分类。金属装饰板按板面形状可分为光面平板、纹面平板、压型板、波纹板、立体盒板等，如图 3.46 所示。

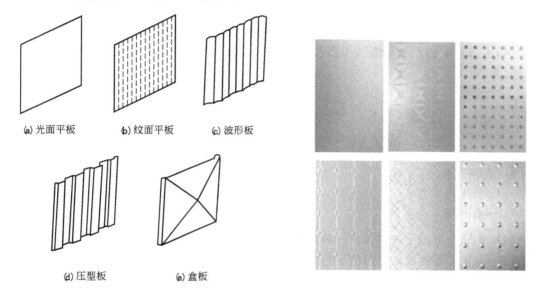

（a）光面平板　（b）纹面平板　（c）波形板　（d）压型板　（e）盒板

图 3.46　金属装饰板

常用的金属装饰板有铝合金装饰板、不锈钢装饰板、复合铝板、涂色钢板等。

（3）施工工具、机具。金属饰面常用施工机具主要有切割机、手电钻、电焊机、冲击钻等。

2. 金属饰面板安装施工

金属饰面板安装施工工艺流程为弹线→固定骨架连接件→固定骨架→安装铝合金板→收口细部处理。

1）弹线

首先要将骨架的位置弹到基层上，这是安装铝合金饰面板的基础工作。在弹线前先检查结构的质量，如果结构的垂直度与平整度误差较大，势必影响到骨架的垂直与平整，必须进行修补。弹线工作最好一次完成，如果有差错，可随时进行调整。

2）固定骨架连接件

骨架的横竖杆件是通过连接件与结构进行固定的，而连接件与结构的连接可以与结构的预埋件焊牢，也可以在墙面上打膨胀螺栓固定。因膨胀螺栓固定方法比较灵活，尺寸误差小，准确性高，容易保证质量，所以在工程中采用较多。

3）固定骨架

骨架应预先进行防腐处理。安装骨架位置要准确，结合要牢固。变形缝、沉降缝、变截面处等应妥善处理，使之满足使用要求。

4）安装铝合金板

金属饰面板的安装固定办法多种多样，不同的断面、不同的部位，安装固定的办法可能不同。常用的安装固定办法主要有两大类：一是直接安装固定，即将金属板条或金属板块用螺钉直接固定到型钢骨架上；二是利用金属板边压延、拉伸、冲压成型的特点，做成各种形状，然后将板条卡在特制的龙骨上，或两种安装方法混合使用。

5）收口细部的处理

金属饰面板的收口细部处理（水平部位的压顶、端部、伸缩缝处、两种不同材料交接部位等）不仅对结构安全与使用功能有着较大的影响，而且也关系到建筑物的立面造型和装饰效果。

任务 3.6 墙面工程施工质量验收标准

3.6.1 抹灰工程

1. 一般规定

（1）本任务适用于一般抹灰、装饰抹灰和清水砌体勾缝等分项工程的质量验收。

（2）抹灰工程验收时应检查下列文件和记录。

① 抹灰工程的施工图、设计说明及其他设计文件。

② 材料的产品合格证书、性能检测报告、进场验收记录和复验报告。

③ 隐蔽工程验收记录。

④ 施工记录。

（3）抹灰工程应对水泥的凝结时间和安定性进行复验。

（4）抹灰工程应对下列隐蔽工程项目进行验收。

① 抹灰总厚度不小于 35mm 时的加强措施。

② 不同材料基体交接处的加强措施。

（5）各分项工程的检验批应按下列规定划分。

① 相同材料、工艺和施工条件的室外抹灰工程每 500～1000m² 应划分为一个检验批，不足 500m² 也应划分为一个检验批。

② 相同材料、工艺和施工条件的室内抹灰工程每 50 个自然间（大面积房间和走廊按抹灰面积 30m² 为一间）应划分为一个检验批，不足 50 间也应划分为一个检验批。

（6）检查数量应符合下列规定。

① 室内每个检验批应至少抽查 10%，并不得少于 3 间；不足 3 间时应全数检查。

② 室外每个检验批每 100m² 应至少抽查一处, 每处不得小于 10m²。

(7) 外墙抹灰工程施工前应先安装钢木门窗框、护栏等, 并应将墙上的施工孔洞堵塞密实。

2. 装饰抹灰工程

本任务适用于水刷石、斩假石、干粘石、假面砖等装饰抹灰工程的质量验收, 见表 3-9。

表 3-9 装饰抹灰工程质量要求及检验方法

项目	项次	质量要求	检验方法
主控项目	1	抹灰前基层表面的尘土、污垢、油渍等应清除干净, 并应洒水润湿	检查施工记录
	2	装饰抹灰工程所用材料的品种和性能应符合设计要求。水泥的凝结时间和安定性复验应合格。砂浆的配合比应符合设计要求	检查产品合格证书、进场验收记录、复验报告和施工记录
	3	抹灰工程应分层进行。当抹灰总厚度大于或等于 35mm 时, 应采取加强措施。不同材料基体交接处表面的抹灰, 应采取防止开裂的加强措施, 当采用加强网时, 加强网与各基体的搭接宽度不应小于 100mm	检查隐蔽工程验收记录和施工记录
	4	各抹灰层之间及抹灰层与基体之间必须粘接牢固, 抹灰层应无脱层、空鼓和裂缝	观察; 用小锤轻击检查; 检查施工记录
一般项目	5	装饰抹灰工程的表面质量应符合下列规定。 (1) 水刷石表面应石粒清晰、分布均匀、紧密平整、色泽一致, 应无掉粒和接槎痕迹; (2) 斩假石表面剁纹应均匀顺直、深浅一致, 应无漏剁处, 阳角处应横剁并留出宽窄一致的不剁边条, 棱角应无损坏; (3) 干粘石表面应色泽一致、不露浆、不漏粘, 石粒应粘接牢固、分布均匀, 阳角处应无明显黑边; (4) 假面砖表面应平整、沟纹清晰、留缝整齐、色泽一致, 应无掉角、脱皮、起砂等缺陷	观察; 手摸检查
	6	装饰抹灰分格条(缝)的设置应符合设计要求, 宽度和深度应均匀, 表面应平整光滑, 棱角应整齐	观察
	7	有排水要求的部位应做滴水线(槽)。滴水线(槽)应整齐顺直, 滴水线应内高外低, 滴水槽的宽度和深度均不应小于 10mm	观察; 尺量检查
	8	装饰抹灰工程质量的允许偏差和检验方法应符合表 3-10 的规定	—

表 3－10　装饰抹灰的允许偏差和检验方法

项次	项　目	允许偏差/mm				检　验　方　法
		水刷石	斩假石	干粘石	假面砖	
1	立面垂直度	5	4	5	5	用 2m 垂直检测尺检查
2	表面平整度	3	3	5	4	用 2m 靠尺和塞尺检查
3	阳角方正	3	3	4	4	用直角检测尺检查
4	分格条(缝)直线度	3	3	3	3	拉 5m 线。不足 5m 拉通线，用钢直尺检查
5	墙裙、勒脚上口直线	3	3	—	—	拉 5m 线，不足 5m 拉通线，用钢直尺检查

3.6.2　裱糊与软包工程

1. 一般规定

（1）本任务适用于裱糊、软包等分项工程的质量验收时应检查下列文件和记录。

① 裱糊与软包工程的施工图、设计说明及其他设计文件。

② 饰面材料的样板及确认文件。

③ 材料的产品合格证书、性能检测报告、进场验收记录和复验报告。

④ 施工记录。

（2）各分项工程的检验批应按下列规定划分。

同一品种的裱糊或软包工程每 50 间（大面积房间和走廊按施工面积 $30m^2$ 为一间）应划分为一个检验批，不足 50 间也应划分为一个检验批。

（3）检查数量应符合下列规定。

① 裱糊工程每个检验批应至少抽查 10%，并不得少于 3 间，不足 3 间时应全数检查。

② 软包工程每个检验批应至少抽查 20%，并不得少于 6 间，不足 6 间时应全数检查。

（4）裱糊前，基层处理质量应达到下列要求。

① 新建筑物的混凝土或抹灰基层墙面在刮腻子前应涂刷抗碱封闭底漆。

② 旧墙面在裱糊前应清除疏松的旧装修层，并涂刷界面剂。

③ 混凝土或抹灰基层含水率不得大于 8%；木材基层的含水率不得大于 12%。

④ 基层腻子应平整、坚实、牢固，无粉化、起皮和裂缝；腻子的粘结强度应符合《建筑室内用腻子》(JG/T 298—2010)N 型的规定。

⑤ 基层表面平整度、立面垂直度及阴阳角方正应达到一般抹灰的允许偏差和检验方法的要求。

⑥ 基层表面颜色应一致。

⑦ 裱糊前应用封闭底胶涂刷基层。

2. 裱糊工程

本任务适用于聚氯乙烯塑料壁纸、复合纸质壁纸、墙布等裱糊工程的质量验收，见表 3－11。

表 3-11　裱糊与软包工程验收质量要求与施工方法

项目	项次	质量要求	检验方法
主控项目	1	壁纸和墙布的种类、规格、图案、颜色和燃烧性能等级必须符合设计要求及国家现行标准的有关规定	观察；检查产品合格证书、进场验收记录和性能检测报告
	2	裱糊工程基层处理质量应符合《建筑装饰装修工程质量验收规范》(GB 50210—2001)第 11 章裱糊与软包工程中第 11.1.5 条的要求	观察；手摸检查；检查施工记录
	3	裱糊后各幅拼接应横平竖直，拼接处花纹、图案应吻合，不离缝，不搭接，不显拼缝	观察；拼缝检查距离墙面 1.5m 处正视
	4	壁纸、墙布应粘贴牢固，不得有漏贴、补贴、脱层、空鼓和翘边	观察；手摸检查
一般项目	5	裱糊后的壁纸、墙布表面应平整，色泽应一致，不得有波纹起伏、气泡、裂缝、皱折及斑污，斜视时应无胶痕	观察；手摸检查
	6	复合压花壁纸的压痕及发泡壁纸的发泡层应无损坏	观察
	7	壁纸和墙布与各种装饰线、设备线盒应交接严密	观察
	8	壁纸、墙布边缘应平直整齐，不得有纸毛、飞刺	观察
	9	壁纸、墙布阴角处搭接应顺光；阳角处应无接缝	观察

3. 软包工程

本任务适用于墙面、门等软包工程的质量验收，见表 3-12。

表 3-12　软包工程验收质量要求与施工方法

项目	项次	质量要求	检验方法
主控项目	1	软包面料、内衬材料及边框的材质，颜色，图案，燃烧性能等级和木材的含水率，应符合设计要求及国家现行标准的有关规定	观察；检查产品合格证书、进场验收记录和性能检测报告
	2	软包工程的安装位置及构造做法应符合设计要求	观察；尺量检查；检查施工记录
	3	软包工程的龙骨、衬板、边框应安装牢固，无翘曲，拼缝应平直	观察；手扳检查
	4	单块软包面料不应有接缝，四周应绷压严密	观察；手摸检查
一般项目	5	软包工程表面应平整、洁净，无凹凸不平及皱折；图案应清晰、无色差，整体应协调美观	观察
	6	软包边框应平整、顺直、接缝吻合。其表面涂饰质量应符合《建筑装饰装修工程质量验收规范》(GB 50210—2001)第 10 章涂饰工程的有关规定	观察；手摸检查
	7	清漆涂饰木制边框的颜色、木纹应协调一致	观察
	8	软包工程安装的允许偏差和检验方法应符合表 3-13 的规定	—

表 3-13　软包工程安装的允许偏差和检验方法

项　　次	项　　目	允许偏差/mm	检验方法
1	垂直度	3	用 1m 垂直检测尺检查
2	边框宽度、高度	0～2	用钢尺检查
3	对角线长度差	1～3	用钢尺检查
4	裁口、线条接缝高低差	1	用钢直尺和塞尺检查

3.6.3　饰面板(砖)工程

1. 一般规定

(1) 本任务适用于饰面板安装、饰面砖粘贴等分项工程的质量验收。

(2) 饰面板(砖)工程验收时应检查下列文件和记录。

① 饰面板(砖)工程的施工图、设计说明及其他设计文件。

② 材料的产品合格证书、性能检测报告、进场验收记录和复验报告。

③ 后置埋件的现场拉拔检测报告。

④ 外墙饰面砖样板件的粘结强度检测报告。

⑤ 隐蔽工程验收记录。

⑥ 施工记录。

(3) 饰面板(砖)工程应对下列材料及其性能指标进行复验。

① 室内用花岗石的放射性。

② 粘贴用水泥的凝结时间、安定性和抗压强度。

③ 外墙陶瓷面砖的吸水率。

④ 寒冷地区外墙陶瓷面砖的抗冻性。

(4) 饰面板(砖)工程应对下列隐蔽工程项目进行验收。

① 预埋件(或后置埋件)。

② 连接节点。

③ 防水层。

(5) 各分项工程的检验批应按下列规定划分。

① 相同材料、工艺和施工条件的室内饰面板(砖)工程每 50 间(大面积房间和走廊按施工面积 30m² 为一间)应划分为一个检验批，不足 50 间也应划分为一个检验批。

② 相同材料、工艺和施工条件的室外饰面板(砖)工程每 500～1000m² 应划分为一个检验批，不足 500m² 也应划分为一个检验批。

(6) 检查数量应符合下列规定。

① 室内每个检验批应至少抽查 10%，并不得少于 3 间；不足 3 间时应全数检查。

② 室外每个检验批每 100m² 应至少抽查一处，每处不得小于 10m²。

(7) 外墙饰面砖粘贴前和施工过程中，均应在相同基层上做样板件，并对样板件的饰面砖粘结强度进行检验，其检验方法和结果判定应符合《建筑工程饰面砖粘结强度检验标准》(JGJ 110—2008)的规定。饰面板(砖)工程的抗震缝、伸缩缝、沉降缝等部位的处理应保证缝的使用功能和饰面的完整性。

2. 饰面板安装工程

本任务适用于内墙饰面板安装工程和高度不大于 24m、抗震设防烈度不大于 7 度的外墙饰面板安装工程的质量验收，见表 3-14。

表 3-14　饰面板工程质量要求及检验方法

项目	项次	质量要求	检验方法
主控项目	1	饰面板的品种、规格、颜色和性能应符合设计要求，木龙骨、木饰面板和塑料饰面板的燃烧性能等级应符合设计要求	观察；检查产品合格证书、进场验收记录和性能检测报告
	2	饰面板孔、槽的数量、位置和尺寸应符合设计要求	检查进场验收记录和施工记录
	3	饰面板安装工程的预埋件（或后置埋件）、连接件的数量、规格、位置、连接方法和防腐处理必须符合设计要求。后置埋件的现场拉拔强度必须符合设计要求。饰面板安装必须牢固	手扳检查；检查进场验收记录、现场拉拔检测报告、隐蔽工程验收记录和施工记录
一般项目	4	饰面板表面应平整、洁净、色泽一致，无裂痕和缺损。石材表面应无泛碱等污染	观察
	5	饰面板嵌缝应密实、平直，宽度和深度应符合设计要求，嵌填材料色泽应一致	观察；尺量检查
	6	采用湿作业法施工的饰面板工程，石材应进行防碱背涂处理。饰面板与基体之间的灌注材料应饱满、密实	用小锤轻击检查；检查施工记录
	7	饰面板上的孔洞应套割吻合，边缘应整齐。	观察
	8	饰面板安装的允许偏差和检验方法应符合表 3-15 的规定	—

表 3-15　饰面板安装的允许偏差和检验方法

项次	项目	允许偏差/mm							检验方法
		石 材			瓷板	木材	塑料	金属	
		光面	剁斧石	蘑菇石					
1	立面垂直度	2	3	3	2	1.5	2	2	用 2m 垂直检测尺检查
2	表面平整度	2	3		1.5	1	3	3	用 2m 靠尺和塞尺检查
3	阴阳角方正	2	4	4	2	1.5	3	3	用直角检测尺检查
4	接缝直线度	2	4	4	2	1	1	1	拉 5m 线，不足 5m 拉通线，用钢直尺检查
5	墙裙、勒脚上口直线度	2	3	3	2	2	2	2	拉 5m 线，不足 5m 拉通线，用钢直尺检查
6	接缝高低差	0.5	3		0.5	0.5	1	1	用钢直尺和塞尺检查
7	接缝宽度	1	2	2	1	1	1	1	用钢直尺检查

3. 饰面砖粘贴工程

本任务适用于内墙饰面砖粘贴工程和高度不大于100m、抗震设防烈度不大于8度、采用满粘法施工的外墙饰面砖粘贴工程的质量验收，见表3-16。

表3-16　饰面砖工程质量要求及检验方法

项目	项次	质量要求	检验方法
主控项目	1	饰面砖的品种、规格、图案、颜色和性能应符合设计要求	观察；检查产品合格证书、进场验收记录、性能检测报告和复验报告
	2	饰面砖粘贴工程的找平、防水、粘结和勾缝材料及施工方法应符合设计要求及国家现行产品标准和工程技术标准的规定饰面砖粘贴必须牢固	检查产品合格证书、复验报告和隐蔽工程验收记录
	3	满粘法施工的饰面砖工程应无空鼓、裂缝	用小锤轻击检查
一般项目	4	饰面砖表面应平整、洁净、色泽一致，无裂痕和缺损	观察
	5	阴阳角处搭接方式、非整砖使用部位应符合设计要求	观察
	6	墙面突出物周围的饰面砖应整砖套割吻合，边缘应整齐。墙裙、贴脸突出墙面的厚度应一致	观察；尺量检查
	7	饰面砖接缝应平直、光滑，填嵌应连续、密实；宽度和深度应符合设计要求	观察；尺量检查
	8	有排水要求的部位应做滴水线（槽）。滴水线（槽）应顺直，流水坡向应正确，坡度应符合设计饰面砖粘贴的允许偏差和检验方法应符合表3-17的规定	观察；用水平尺检查

表3-17　饰面砖粘贴的允许偏差和检验方法

项次	项目	允许偏差/mm		检验方法
		外墙面砖	内墙面砖	
1	立面垂直度	3	2	用2m垂直检测尺检查
2	表面平整度	4	3	用2m靠尺和塞尺检查
3	阴阳角方正	3	3	用直角检测尺检查
4	接缝直线度	3	2	拉5m线，不足5m拉通线，用钢直尺检查
5	接缝高低差	1	0.5	用钢直尺和塞尺检查
6	接缝宽度	1	1	用钢直尺检查

本项目小结

本项目对墙面装饰工程施工技术作了全面的讲述，主要内容包括墙面装饰施工的种类及作用、抹灰工程、涂料工程、裱糊与软包工程、饰面工程、墙面工程质量验收、墙面工程质量通病及预防措施等。

外墙贴面部分可侧重掌握面砖的构造和施工，但应注意到外墙面砖被涂料替代的趋势。外墙涂料部分应十分注意基底处理对施工质量的影响。

内墙装饰工程由于最容易被视线所顾及，被手脚所触及，所以施工制作必须精到、规范细致。内墙抹灰应着重掌握一般抹灰中的中高级抹灰施工工艺和质量控制要求。了解常见质量通病的产生原因和预防方法。要注意区分不同基体材料情况下施工的不同要点。内墙涂料部分以掌握油漆和环保涂料施工为主。内墙贴面部分以掌握釉面砖的施工工艺为主。裱糊和软包、饰面板工程三部分，掌握材料选择、常用施工工具、机具，熟悉施工工艺流程及施工操作技术要点。熟悉墙面装饰施工质量验收标准、墙面装饰施工工程质量通病及预防措施。

 任 务 训 练

任务：编制墙面涂料工程施工工艺流程图及施工操作要点

（1）目的：能编制墙面涂料工程施工工艺流程及施工操作要点。

（2）要求：编制整个墙面涂料工程施工工艺流程图，包括施工组织设计安排工期、施工顺序、施工方法和安全要求等。

实训项目　裱糊工程实训

裱糊工程可以整面墙铺设，也可以与其他材料一起配合装饰墙面，丰富墙面的装饰效果。

 **应用案例**

某商务写字楼客户接待室墙面装饰裱糊工程，如图3.47所示。

1. 场景要求

（1）本实训项目安排在校内实训基地进行，已找平的墙面约10m²，有门窗墙面。

（2）4人一组，用聚氯乙烯塑料壁纸相互配合裱糊规定的面积。

（3）顶棚基面、门窗及地面装修施工均已完成。

（4）电气及室内设备安装等预埋件已埋设。

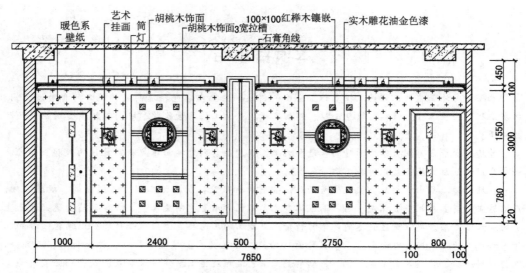

图 3.47　墙面裱糊装饰立面图

（5）影响裱糊操作及其饰面的临时设施或附件应全部拆除，并应确保后续工程的施工项目不会对被裱糊造成污染和损伤。

（6）施工环境通风良好，湿作业已完成并具有一定的强度，环境比较干燥。

2．主要材料及工具准备

按设计图要求选定壁纸的品种、规格，质量等级应符合国家现行标准的有关要求，有产品合格证书。材料表面不得有破损、污染、色差等缺陷。

主要工具：水桶、板刷、砂纸、弹线包、尺、刮板、毛巾、胶水、裁纸刀等。

 知识链接

壁纸、墙布的规格可分为大卷、中卷、小卷，其具体尺寸规格见表 3-18。卷壁纸的每卷段数及段长见表 3-19。其他规格尺寸由供需双方协商或以标准尺寸的倍数供应。

表 3-18　壁纸规格

规　　格	幅宽/mm	长/m	每卷面积/m²
大卷	920～1200	50	40～90
中卷	760～900	25～50	20～45
小卷	530～600	10～12	5～6

表 3-19　卷壁纸的每卷段数及段长

级　　别	每卷段数(不多于)	每小段长度(不小于)
优等品	2 段	10m
一等品	3 段	3m
合格品	6 段	3m

3. 步骤提示及操作要领

（1）基层处理——见前所述。

（2）吊直、套方、找规矩、弹线。为了使裱糊饰面横平竖直、图案端正、装饰美观，每个墙面第一幅壁纸墙布都要挂垂线找直，作为裱糊施工的基准标志线，自第二幅开始，可先上端后下端对缝依次裱糊，以保证裱糊饰面分幅一致，并防止累积歪斜。墙面上有门窗口的应增加门窗两边的垂直线。

 **特别提示**

对于图案形式鲜明的壁纸墙布，为保证做到整体墙面图案对称，应在窗口横向中心部位弹好中心线，由中心线再向两边弹分格线；如果窗口不在中间位置，为保证窗间墙的阳角处图案对称，可在窗间墙弹中心线，然后由此中心线向两侧分幅弹线。

（3）计算用料、裁纸。润纸的方法可刷水，也可将壁纸在水中浸泡 3～5min，把多余的水抖掉，静置 15min，然后再刷胶。

现在的壁纸一般质量较好，可不必进行润水，而直接刷胶，所以施工前要看壁纸说明书而定。

（4）裱糊。裱糊壁纸时，注意阳角处不能拼缝，阳角边壁纸搭缝时，应先裱糊压在里边的转角壁纸，再裱糊非转角的正常壁纸。搭接面应根据阴角垂直度而定，搭接宽度一般为 20～30mm。

4. 施工质量控制要点

（1）壁纸贴平后 3～5h 内，在其微干状态下，用小轮（中间微起拱）均匀用力滚压接缝处。

（2）对花壁纸，应计算一间房的壁纸用量，且宜一间房用量的壁纸同时进行裁剪。

5. 学生操作评定（表 3-20）

表 3-20 壁纸、墙布实训操作评定表

姓名：　　　　　　　　　　学号：　　　　　　　　　　得分：

项次	项目	考核内容	评定方法	满分	得分
1	实训态度	职业素质	落手轻未做无分，做而不认真扣2分	5	
2	基层处理	质量	有缺陷每处扣2分	25	
3	弹线、裁纸	方法	弹线不正确一处扣5分，裁纸错误一处扣5分	15	
4	刷胶	质量	不均匀一处扣5分	20	
5	裱糊	表面、接缝	拼接不横平竖直、显拼缝一处扣5分；粘贴不牢固、空鼓、翘边等每处扣2分	25	
6	安全文明施工	安全生产	发生重大安全事故本项目不合格；发生一般事故无分，事故苗头扣2分	10	
		合　计		100	

考评员：　　　　　　　　　　　　　　　　　日期：

复习思考题

1. 简述墙体装饰施工的作用及种类。
2. 抹灰的基本层次有哪些？各层的主要作用有哪些？
3. 简述内墙抹灰的施工工艺及操作要点。
4. 简述砖砌墙面、混凝土墙面在抹灰时的基层处理方法。
5. 建筑装饰涂料有哪些类型？各有哪些特点？
6. 涂饰工程在施工时对环境有哪些要求？
7. 涂料饰面工程中，不同基层应如何处理？
8. 简述合成树脂乳液涂料施工工艺。
9. 不同材质的基层，裱糊工程施工时有哪些处理方法？
10. 简述裱糊和软包工程施工工艺及操作要点。
11. 常用饰面砖有哪些类型？简述内墙饰面砖施工工艺。
12. 绘制三种大面积玻璃墙饰面构造做法。
13. 绘制几种木质饰面板与顶棚相接构造做法。
14. 常见的金属装饰板有哪些类型？

项 目 4

地面工程施工技术

学习目标

通过学习本项目，要求学生了解各种装饰地面的类型；理解、掌握各种楼地面材料的性能及适用的范围和方法；根据不同的使用和装饰要求，选择相应的装饰材料和构造做法。并绘制相应的构造详图。能熟练地选用施工机具、装饰材料，并能正确指导现场施工，能进行楼地面施工的操作(操作的动作速度、动作准确性、灵活性)，能对地面装饰工程进行质量验收。

学习要求

工程过程	能力目标	知识要点	相关知识	重点
施工准备	根据不同的楼地面装饰要求，选择相应的装饰材料及机具	楼地面材料楼地面施工机具	楼地面材料规格、性能、技术指标 楼地面材料鉴别及运用 楼地面工程机具安全操作	●
施工实施	楼地面工程的组织指导能力	楼地面工程施工工艺及方法	楼地面工程内部构造 楼地面工程施工工艺流程 楼地面工程施工操作要点	●
施工完成	楼地面工程质量验收技能	楼地面工程质量验收标准	楼地面工程质量验收标准 楼地面工程质量检验方法	●

任务 4.1 楼地面的组成和分类

4.1.1 楼地面的组成

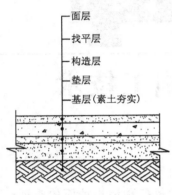

图 4.1 基础的组成

楼地面是建筑物底层地坪和楼层楼面的总称。楼地面是室内空间的重要组成部分，也是室内装饰工程施工的重要部位。楼地面一般由基层、垫层和面层三部分组成，如图 4.1 所示。

1. 基层

地面基层多为素土或加入石灰、碎砖的夯实土，楼层的基层一般为水泥砂浆、钢筋和混凝土。主要作用是承受室内物体荷载，并将其传给承重墙、柱或基础。因此要求地面有足够的强度和耐腐蚀性。

2. 垫层

垫层位于基层之上，具有找坡、隔声、防潮、保温或敷设管道等功能上的需要。一般由低强度等级混凝土、碎砖三合土或沙、碎石、矿渣等散状材料组成。

3. 面层

面层是地面的最上层，种类繁多。常用的面层材料有水泥砂浆面层、石材（大理石、花岗石）面层、陶瓷锦砖面层、硬木地板、塑胶地板、活动地板以及地毯等。

4.1.2 楼地面功能要求

楼地面是人们日常生活、学习、工作中接触最频繁的部位，也是建筑物直接承受荷载，经常受撞击、摩擦、洗刷的部位。因此在满足人们的视觉效果与精神上的追求及享受时，更多的应满足基本的使用功能。

室内楼地面的装饰装修工程，因空间、环境、功能以及设计标准（要求）的不同而有所差异，但总体来讲应着重注意下面几点。

（1）行走舒适性：室内楼地面首先需满足人行走时的舒适感。应平整、光洁、防滑、易清洁、坚固耐用。

（2）热舒适性：室内楼地面的装修宜结合材料的导热、散热性能以及人的感受等综合因素加以考虑。使室内楼地面具有良好的保温、散热功效，给人以冬暖夏凉的感觉。

（3）声舒适性：室内楼地面应有足够的隔声、吸声性能。可以隔绝空气声、撞击声、摩擦声，满足基本的建筑隔声、吸声要求。

（4）耐久性：室内楼地面在具备舒适性的同时，还应根据使用环境、状况及材料特性来选择楼地面的材质，使其具备足够的强度和耐久性，经得起各种物体、设备的直接撞击和磨损。

（5）安全性：楼地面装饰装修的安全性主要是指地面自身的稳定性以及材料的安全性。它包括防滑、阻燃、绝缘、防雨、防潮、防渗漏、防腐、防蚀、防酸碱等。

（6）整体的空间感：室内楼地面的装饰装修必须同顶棚、墙面、室内家具、植物等统一设计，综合考虑色彩、光影，从而创造出整体而协调的空间效果。

4.1.3 楼地面的分类

（1）按建筑部位不同楼地面可分为室外地面、室内底层地面、楼地面、上人屋顶地面等。

（2）按面层材料构造与施工方式不同，可分为抹灰地面、粘贴地面、平铺地面。

（3）按面层材料规格、形式出现的方式不同，可分为整体地面，如水泥砂浆地面、水磨石地面等；块材地面，如陶瓷锦砖地面、石材地面（花岗石、大理石）、木地面等；卷材地面，如软质塑胶地面、地毯等。

在不同环境和空间中地面的形式、材质不同，可以体现不同的风格和档次，也具有不同的使用功能。因此，地面装饰从形式到内容是多种多样的。本项目就各种地面面层所用材料品种性能、施工方法、质量要求和质量通病及防治措施分别予以介绍。

特别提示

在空间中进行地面装饰，要结合具体空间使用性质，来确定选择什么样的地面装饰材料、施工工艺类型，已达到使用和装饰的效果。所以地面的形式和种类作为基础知识点应掌握。

任务 4.2　水泥砂浆地面工程

水泥砂浆地面是一种比较传统的施工工艺。一些新兴地面及现代地面装饰材料与施工技术的发展，往往把水泥砂浆地面作为基层进行再施工，如环氧树脂自流平地面。

4.2.1 水泥砂浆地面工程

水泥地面是传统地面中应用最广泛的一种，其面层用细骨料（砂），以水泥做胶结材料按一定配合比加水，经拌制的水泥砂浆拌合料在水泥混凝土垫层、找平层或钢筋混凝土板上做成的，如图4.2所示。其优点是造价低廉、施工简便、使用耐久。但若施工质量不好将引起起灰、起砂、空鼓、导热快、冬季感觉冷，湿度较大时容易产生凝结水现象。

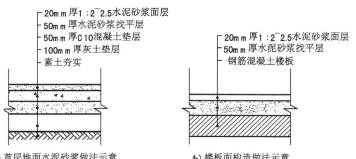

图 4.2　水泥砂浆地面工程

4.2.2 材料及施工工具

1. 材料

（1）水泥。采用强度等级为 325♯ 或 425♯ 普通硅酸盐水泥或矿渣硅酸盐水泥（严禁不同品种、不同标号的水泥混合使用）。

（2）砂。应采用中砂或中、粗混合砂，过 8mm 孔径筛子（含泥量 3% 以内）。

2. 工具

砂浆搅拌机、木抹子、铁抹子、括尺（长 2～4m）、水平尺、喷壶等。

机具介绍请参考附录。

4.2.3 水泥砂浆地面施工

1. 施工条件

上层楼面已经封闭，且不渗不漏；楼（地）面结构层已经验收合格；室内门框已经校正、固定，并已验收合格；暗敷管线及地漏等已安装完毕；墙上水平基准线已弹好。

2. 施工工艺

水泥砂浆地面施工工艺为清理基层→弹面层线→润湿基层→做灰饼、标筋→洒水泥素浆→铺水泥浆→木杠压实刮平→木搓拍实搓平→铁抹压光（三遍）→养护。

水泥砂浆地面一般的做法是清理完基层后，刷一道 4%～5% 的 108 胶的水泥浆，随即铺抹水泥砂浆。水泥砂浆，有双层和单层两种。双层的做法是首先用 1：3 水泥砂浆打底厚 15～20mm 做结合层（木杠压实刮平、木搓拍实搓平），其次用 1：1.5～1：2 水泥砂浆抹面厚 5～10mm 做表层（铁抹压光三遍）；单层的做法是在基层上用 1：2.5 水泥砂浆厚 15～20mm 直接抹上一层（铁抹压光三遍）。双层施工工艺繁琐，质量高开裂少。但面积过大时应弹面层线、做灰饼、标筋、洒水泥素浆、铺水泥浆、木杠压实刮平、木搓拍实搓平、铁抹压光（三遍）、养护。具体不同水泥砂浆地面构造做法见表 4-1～表 4-3。

在水泥砂浆中掺入矿物质色素可做各种彩色水泥砂浆地面，色彩的深浅与色相、矿物质色素的多少和纯度有关。

表 4-1 水泥砂浆地面构造做法

构造层次	做 法	说 明
面层	20mm 厚 1：2.5 水泥砂浆	
结合层	刷水泥砂浆 1 道（内掺建筑胶）	
垫层	60mm 厚 C10 混凝土垫层	设计如分格应在平面图中绘出分格线
基层	素土夯实	

表4-2　水泥砂浆楼面构造做法

构造层次	做　法	说　明
面层	20mm厚1:2.5水泥砂浆	各种不同填充层的厚度应适应不同暗管敷设的需要。暗管敷设时应以细石混凝土满包卧牢
结合层	刷水泥砂浆一道（内掺建筑胶）	
垫层	60mm厚1:6水泥焦渣层或CL7.5轻集料混凝土	
楼板	现浇钢筋混凝土楼板或预制楼板现浇叠合层	

表4-3　浴、厕等房间水泥砂浆楼地面构造做法

构造层次	做　法	说　明
面层	15mm厚1:2.5水泥砂浆	（1）聚氨酯防水层表面撒粘适量细砂；（2）防水层在墙柱交界处上翻高度不小于250mm；（3）防水层可以采用其他新型的防水层做法；（4）括号内为地面构造做法
防水层	35mm厚C15细石混凝土 1.5mm厚聚氨酯防水层2道	
找坡层	1:3水泥砂浆或C20细石混凝土最薄处20mm厚抹平	
结合层	刷水泥砂浆一道	
楼板（垫层）	现浇钢筋混凝土楼板（粒径5~32mm卵石灌M2.5混合砂浆振捣密实或150mm厚3:7灰土）	
（基层）	素土夯实	

任务4.3　陶瓷地砖地面工程

4.3.1　陶瓷地砖地面工程

陶瓷地砖地面，主要适宜在整体性、刚性均较好的水泥地面（毛面）基层上，做找平层后进行粘贴的一种施工工艺。适用于人流活动较大的公共空间地面和比较潮湿的场所。其特点是坚硬耐磨、以清洗、耐水、耐酸碱腐蚀、色泽丰富稳定，但造价高。形状一般为方形，规格为300mm×300mm、600mm×600mm、800mm×800mm，厚度为6~12mm，广泛用于公共空间、住宅空间等。主要包括抛光砖地面、玻化砖地面、釉面砖地面等，如图4.3所示。

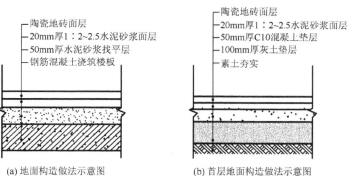

(a) 地面构造做法示意图　　　(b) 首层地面构造做法示意图

图4.3　陶瓷地砖地面

4.3.2 陶瓷地砖材料及工具

1. 材料

（1）抛光砖。是用黏土和石材的粉末经压机压制，烧制而成。正面和反面色泽一致，不上釉料，烧好后，表面再经过抛光处理。抛光砖种类主要有普通抛光、纯色抛光、渗花抛光、自由布料抛光、微粉抛光、大颗粒抛光、全颗粒抛光等系列。

（2）玻化砖。也叫玻化石、通体砖，专业的名称应该是瓷质玻化石。它由石英砂、泥按照一定比例烧制而成。然后用专业磨具打磨光亮，表面如玻璃镜面样光滑透亮。玻化砖的硬度更大、密度更大、吸水率更小（玻化砖的吸水率不大于 0.1%）。玻化砖的防污性能要远远高于普通的抛光砖。

（3）釉面砖。顾名思义就是表面用釉料一起烧制而成。主体又分陶土和瓷土两种，陶土烧制出来的背面呈红色，瓷土烧制的背面呈灰白色。釉面砖表面可以做各种图案和花纹，色彩和图案比抛光砖丰富，因为表面是釉料，所以耐磨性不如抛光砖。依据所施釉料的不同，釉面砖又分为亚光和亮光两种。不同类型的陶瓷地砖见图 4.4，其性能及适用场所见表 4-4。

| (a) 抛光砖 | (b) 玻化砖 | (c) 釉面砖 |

图 4.4 陶瓷地砖种类

表 4-4 陶瓷地砖的性能及适用场所

品　种	性　能	适用场所
抛光地砖	吸水率不大于 1%，抗折强度不低于 27MPa	适于宾馆、饭店、剧院、商业大厦等室内走廊的地面和墙面
玻化砖	吸水率不大于 0.1%，抗折强度不低于 27MPa	客厅、卧室、走道等
釉面砖	吸水率不大于 10%，抗折强度不低于 20MPa	厨房（亮光）、卫生间、阳台等

（4）水泥。陶瓷地砖铺贴时可采用强度等级不宜小于 425# 普通硅酸盐水泥或矿渣硅酸盐水泥；砂应采用中砂或中、粗混合砂（含泥量 3% 以内）。

（5）砂。采用中、粗砂，过 5mm 孔径筛子，含泥量不大于 3%。找平层水泥砂浆可采用中砂、粗砂，嵌缝采用中、细砂。

2. 工具

橡胶锤、釉面砖切割机、无齿锯、切砖刀、胡桃钳、铁抹子、抹灰工具等。

机具介绍请参考附录。

 知识链接

在进行陶瓷地砖地面装饰施工时，早期采用湿铺（主要因瓷砖规格小，瓷砖以釉面砖为主吸水率大）。随着生产工艺的发展，瓷砖质量的提高（瓷砖以玻化砖、抛光地砖为主，吸水率小、硬度更大、密度更大），采用干铺施工工艺。

 特别提示

（1）板块空鼓。基层清理不干净，洒水湿润不均，砖未浸水，水泥浆结合层刷的面积过大风干后起隔离作用，上人过早影响粘结层强度等因素，都是导致空鼓的原因。踢脚板空鼓原因，除与地面相同外，还因为踢脚板背面粘结砂浆量少未抹到边，造成边角空鼓。

（2）踢脚板出墙厚度不一致。由于墙体抹灰垂直度、平整度超出允许偏差，踢脚板镶贴时按水平线控制，所以出墙厚度不一致。因此在镶贴前，先检查墙面平整度，进行处理后再进行镶贴。

（3）板块表面不洁净。主要是做完面层之后，成品保护不够，油漆桶放在地砖上、在地砖上拌合砂浆、刷浆时不覆盖等，都会造成面层被污染。

（4）有地漏的房间倒坡。做找平层砂浆时，没有按设计要求的泛水坡度进行弹线找坡。因此必须在找标高、弹线时找好坡度，抹灰饼和标筋时，抹出泛水。

（5）地面铺贴不平，出现高低差。对地砖未进行预先选挑，砖的薄厚不一致造成高低差，或铺贴时未严格按水平标高线进行控制。

4.3.3 陶瓷地砖地面施工

1. 施工条件

（1）楼（地）面结构层已经验收合格。

（2）内墙+50cm 水平标高线已弹好，并校核无误。

（3）墙面抹灰、屋面防水、室内门框已经校正、固定，并已验收合格。

（4）地面垫层以及预埋在地面内各种管线已做完。穿过楼面的竖管已安完，管洞已堵塞密实。有地漏的房间应找好泛水。

（5）提前做好选砖的工作，拆箱后进行检查，长、宽、厚不得超过±1mm，平整度用水平尺检查，不得超过±0.5mm。外观有裂缝、掉角和表面上有缺陷的板剔出，并按花型、颜色挑选后分别堆放。

2. 施工工艺

陶瓷地砖地面施工工艺为基层处理→找标高、弹线→做冲筋→抹找平层砂浆→弹铺砖控制线→铺砖→勾缝、擦缝→养护→踢脚板安装。

107

（1）基层处理。水泥基层地面是抹光的，需要清理干净后作凿毛处理，凿毛深度5～10mm，凿毛痕的间距为30mm左右或摔水泥素浆（白乳胶液适量）作均匀牢固的拉毛层；基层有油污时，应用10％火碱水刷净，并用清水及时将其上的碱液冲净；遇混凝土毛面基层，应去除浮土、尘土，松散处应剔除干净后，做补强处理。

（2）找标高、弹线。根据墙上的＋50cm水平标高线，往下量测出面层标高，并弹在墙上。

（3）做冲筋。在清理好的基层上，用喷壶将地面基层均匀洒水一遍。从已弹好的面层水平线下量至找平层上皮的标高抹灰饼，灰饼间距1.5m，然后从房间一侧开始抹标筋（又叫冲筋）。在大房间中每隔1～1.5m冲筋一道，有地漏的房间，应由四周向地漏方向放射形抹标筋，并找好坡度。抹灰饼和标筋应使用干硬性砂浆，厚度不宜小于2cm。有防水要求时，找平层砂浆或水泥混凝土要掺防水剂，或按照设计要求加铺防水卷材。

（4）抹找平层砂浆。首先涂刷一遍水泥浆粘结层，要随涂刷随铺水泥砂浆（配合比为1∶4～1∶3）。根据标筋的标高填砂浆至比标筋少高一些，用木抹子摊平、拍实，小木杠刮平，再用木抹子搓平，使其铺设的砂浆与标筋找平，并用大木杠横竖检查其平整度，同时检查其标高和泛水坡度是否正确，24h后浇水养护。

（5）弹铺砖控制线。预先根据设计要求和砖板块规格尺寸，确定板块铺砌的缝隙宽度，当设计无规定时，一般为2mm，虚缝铺贴缝隙宽度宜为5mm；在地面弹出纵横定位控制线（每隔4块砖弹一根控制线），弹线应从门口开始，横向平行于门口的第一排应为整砖，以保证进口处为整砖，非整砖置于边角处。如房间与过道地砖相同时，要保证砖缝的贯通。

（6）铺砖。铺砖前，应先将陶瓷地面砖浸泡后取出阴干备用。为了找好位置和标高，应从门口开始，纵向先铺几行砖，以此为标筋拉纵横水平标高线，铺时应从里向外退着操作，人不得踏在刚铺好的砖上面，每块砖应跟线靠平。为使砂浆密实，用橡皮锤轻击板块，如有空隙应补浆。有明水时撒少许水泥粉。缝隙、平整度满足要求后，揭开板块，浇一层素水泥浆，正式铺贴。每铺完一条，用3m靠尺双向找平。

地砖的铺贴形式，对于小房间（面积小于40m²），通常是做T字形（直角定位法）标准高度面；对于大面积房间，通常在房间中心按十字形（有直角定位法和对角定位法）做出标准高度面，可便于多人同时施工。铺贴形式如图4.5所示。

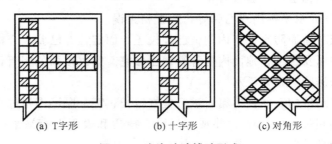

(a) T字形　　　　(b) 十字形　　　　(c) 对角形

图4.5　陶瓷地砖铺贴形式

（7）勾缝、擦缝。面层铺贴应在24h内进行勾缝、擦缝工作，并应采用同品种、同标号、同颜色的水泥。

（8）养护。铺完砖24h后，洒水养护，时间不应少于7d。

（9）踢脚板安装。踢脚板用砖，一般采用与地面块材同品种、同规格、同颜色的材料，踢脚板的立缝应与地面缝对齐，铺设时应在房间墙面两端头阴角处各镶贴一块砖，出墙厚度和高度应符合设计要求，以此砖上楞为标准挂线，开始铺贴，砖背面朝上抹粘结砂浆（配合比为1∶2水泥砂浆），使砂浆粘满整块砖为宜，及时粘贴在墙上，砖上楞要跟线并立即拍实，随之将挤出的砂浆刮掉，将面层清擦干净（在粘贴前，砖块材要浸水晾干，墙面刷湿润）。

任务4.4　陶瓷锦砖地面工程

4.4.1　陶瓷锦砖地面工程

陶瓷锦砖又称马赛克，是用优质瓷土磨细成泥浆，经脱水干燥至半干时压制成型入窑焙烧而成。随着科技的发展，马赛克经过现代工艺的打造，在质地上有了明显的变化，有玻璃的、天然石的、金属的等；而色泽也更为绚丽多彩。其地面表面光滑，质地坚实，颜色有白、蓝、黄、绿、灰等多种，色泽稳定。可拼成各种图案，经久耐用，并耐酸、耐碱、耐火、耐磨、不透水、易清洗、不打滑（无釉）、难踩碎等特点，常被用于浴厕、厨房、化验室等处的地面。其常用规格有20mm×20mm、25mm×25mm、30mm×30mm，厚度为3mm，常用陶瓷锦砖如图4.6所示。

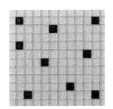   

(a) 玻璃马赛克　　(b) 陶瓷马赛克　　(c) 大理石马赛克　　(d) 实景图

图4.6　常用陶瓷锦砖

4.4.2　材料及工具

1. 材料

（1）水泥。325♯及以上的普通硅酸盐水泥或矿渣硅酸盐水泥。

（2）白水泥。325♯白水泥（擦缝用）。

（3）石灰膏。使用时石灰膏内不应含有未熟化的颗粒及杂质（如使用石灰粉时要提前一周浸水泡透）。

（4）陶瓷、玻璃锦砖（马赛克）。品种、规格、花色按设计规定，并应有产品合格证。

2. 工具

抹子、刷子、水平尺、橡皮锤等。

机具介绍请参考附录。

 特别提示

陶瓷锦砖铺贴常见质量问题如下。

（1）空鼓。基层清洗不干净；抹底子灰时基层没有保持湿润；砖块铺贴时没有用毛刷蘸水擦净表面灰尘；铺贴时，底子灰面没有保持湿润及粘贴水泥膏不饱满、不均匀；砖块贴上后没有用铁抹子拍实或拍打不均匀；基层施工或处理不当。

（2）地面脏。揭纸后没有将残留纸毛、粘贴水泥浆及时清理干净；擦缝后没有将残留砖面的白水泥浆彻底擦干净。

（3）缝子歪斜，块粒凹凸。砖块规格不一，又没有挑选分类使用；铺贴时控制不严，没有对好缝子及揭纸后没有调缝。

4.4.3 陶瓷锦砖地面施工

1. 施工条件

（1）楼（地）面结构层已经验收合格。

（2）内墙+50cm 水平标高线已弹好，并校核无误。

（3）墙面抹灰、屋面防水、室内门框已经校正、固定、并已验收合格。

（4）穿过楼面的竖管已安完，管洞已堵塞密实。有地漏的房间应找好泛水。

2. 施工工艺

陶瓷锦砖地面施工工艺为基层处理→弹线、标筋→摊铺水泥砂浆→铺贴、拍实→洒水、揭纸→拨缝→擦缝→清洁→养护。

（1）基层处理。对光滑表面基层，应先打毛，进行"毛化处理"。即将表面尘土、污垢清理干净，浇水湿润，用水泥：801 胶：水（100：3：适量水）做粘结层，粘结层要求平整。

（2）弹线、标筋。根据整体规格大小分尺寸在粘结层上弹线，横竖一致将非整块零头置于阴角处。贴灰饼、标筋（同瓷砖地面做法一致）。

（3）摊铺水泥砂浆。将基层浇水湿润（混凝土基层上应用水灰掺 107 胶的素水泥浆均匀涂刷），分层分遍用 1：2.5 水泥砂浆抹底子灰，第一层宜为 5mm 厚，用铁抹子，均匀抹压密实；待第一层干至七八成后即可抹第二层，厚度为 8~10mm，直至与冲筋大至相平，用压尺刮平，再用木抹子搓毛压实，划成麻面。底子灰抹完后，根据气温情况，终凝后淋水养护。

（4）铺贴。宜整间一次镶铺连续操作，如果房间大一次不能铺完，须将接槎切齐，余灰清理干净。具体操作时应在水泥浆尚未初凝时开始铺陶瓷锦砖（背面应洁净），从里向外沿控制线进行，铺时先翻起一边的纸，露出锦砖以便对正控制线，对好后立即将陶瓷锦砖铺贴上（纸面朝上）；紧跟着用手将纸面铺平，用拍板拍实（人站在木板上），使水泥浆渗入到锦砖的缝内，直至纸面上显露出砖缝水印时为止（底板为牛皮纸的马赛克铺贴方法）。继

续铺贴时不得踩在已铺好的锦砖上，应退着操作。另一种底板为尼龙网胶的应在网胶一面批薄浆直接粘贴在分格线内，然后调整张缝，再用薄浆刮嵌表面。缝隙，注意面层嵌缝中不能加胶水，以防饰面清理时不易擦净。

（5）刷水、揭纸。铺完后（约30min后），用毛刷蘸水，把纸面擦湿（如未湿透可继续洒水），此时可以开始揭纸，并随时将纸毛清理干净。

（6）拨缝（应在水泥浆结合层终凝前完成）。揭纸后，及时检查缝隙是否均匀，缝隙不顺不直时，用小靠尺比着开刀轻轻地拨顺、调直，并将其调整后的锦砖用木柏板拍实（用锤子敲柏板），同时粘贴补齐已经脱落、缺少的锦砖颗粒。地漏、管口等处周围的锦砖，要按坡度预先试铺进行切割，要做到锦砖与管口镶嵌紧密相吻合。在以上拨缝调整过程中，要随时用2m靠尺检查平整度，偏差不超过2mm。

（7）擦缝。拨缝后第二天（或水泥浆结合层终凝后），用棉丝蘸白水泥浆或与锦砖同颜色的水泥素浆从里到外顺缝揉擦，擦满、擦实为止，并及时将锦砖表面的余灰清理干净，防止对面层的污染。

（8）清洁。清干净揭纸后残留纸毛及粘贴时被挤出缝子的水泥（可用毛刷蘸清水适当擦洗）。

（9）养护。陶瓷锦砖地面擦缝24h后，应铺上锯末常温养护（或用塑料薄膜覆盖），其养护时间不得少于7d，且不准上人。

任务4.5　石材（石板）地面工程

4.5.1　常用石材

石材按其组成成分可分为两大类。一类是大理石，主要成分为氧化钙，大理石表面图案流畅，但表面硬度不高，耐腐蚀性能较差，一般多用于墙面的装修。另一类是花岗石，主要矿物成分为长石、石英，表面硬度高，抗风化、抗腐蚀能力强，使用期长，因此在地面装饰石材中，主要使用花岗石板材。地面所用石材一般为磨光的板材，板厚约20mm，目前也有薄板，厚度约为10mm。

花岗石板材的图案虽然不如大理石流畅，但其色彩极为丰富、自然，各种装修色彩设计都能得到满足，有黑、红、绿、黄等花色，可以根据装修的要求进行选购，如图4.7所示。

常用规格：300mm×300mm、400mm×400mm、500mm×500mm、600mm×600mm、400mm×800mm等规格。其构造做法如图4.8所示。

大花绿

大花白

金线米黄

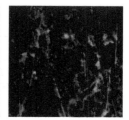
啡网皇大理石

(a) 大理石

图4.7　石材实例

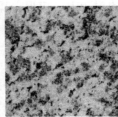
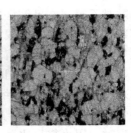

香槟金麻　　　　　　珍珠白抛光板　　　　　　虎皮黄　　　　　　粉红钻

(b) 花岗石

图 4.7　石材实例（续）

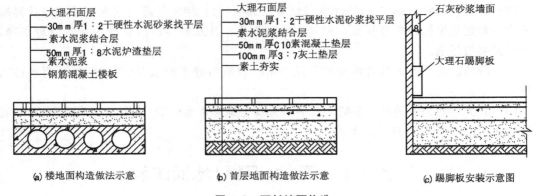

(a) 楼地面构造做法示意　　　　　(b) 首层地面构造做法示意　　　　　(c) 踢脚板安装示意图

图 4.8　石材地面构造

4.5.2　材料及工具

1. 材料

天然大理石、花岗石的品种、规格应符合设计要求，技术等级、光泽度、外观质量要求应符合现行国家标准《天然大理石建筑板材》、《天然花岗石建筑板材》的规定。

水泥：硅酸盐水泥、普通硅酸盐水泥或矿渣硅酸水泥，其标号不宜小于 425#。白水泥：白色硅酸盐水泥，其标号不小于 425#。

砂：中砂或粗砂，其含泥量不应大于 3%。

矿物颜料（擦缝用）、蜡、草酸。

花岗石、大理石板材质量要求，见表 4-5。

表 4-5　花岗石、大理石板材质量要求

种类	允许偏差/mm			外观要求
	长度、宽度	厚度	平整度最大偏差值	
花岗石板材	+0、−1	±2	长度：≥400，0.6	花岗石、大理石板材表面要求光洁、明亮，色泽鲜明，无刀痕旋纹。边角方正，无扭曲、缺角、掉边
大理石板材		+1−2	长度：≥800，0.8	

2. 工具

铁锹、靠尺、抹子、橡皮锤(或木槌)、磨石机。

机具介绍请参考附录。

 特别提示

石材地面铺贴常见质量问题如下。

(1) 板面空鼓。由于混凝土垫层清理不干净或浇水湿润不够，刷素水泥浆不均匀或刷的面积过大、时间过长已风干，干硬性水泥砂浆任意加水，大理石板面有浮土未浸水湿润等因素，都易引起空鼓。因此必须严格遵守操作工艺要求，基层必须清理干净，结合层砂浆不得加水，随铺随刷一层水泥浆。

(2) 接缝高低不平、缝子宽窄不匀。主要原因是板块本身有厚薄及宽窄不匀、窜角、翘曲等缺陷，铺砌时未严格拉通线进行控制等因素，均易产生接缝高低不平、缝子不匀等缺陷。所以应预先严格挑选板块，凡是翘曲、拱背、宽窄不方正等块材剔除不予使用。铺设标准块后，应向两侧和后退方向顺序铺设，并随时用水平尺和直尺找准，缝子必须拉通线不能有偏差。房间内的标高线要有专人负责引入，且各房间和楼道内的标高必须相通一致。

(3) 过门口处板块易活动。一般铺砌板块时均从门框以内操作，而门框以外与楼道相接的空隙(即墙宽范围内)面积均后铺砌，由于过早上人，易造成此处活动。在进行板块翻样提加工订货时，应同时考虑此处的板块尺寸，并同时加工，以便铺砌楼道地面板块时同时操作。

4.5.3 石材(石板)地面施工

1. 施工条件

(1) 大理石、花岗石板块进场后，应侧立堆放在室内光面相对、背面垫松木条，并在板下加垫木方。详细核对品种、规格、数量等是否符合设计要求，有裂纹、缺棱、掉角、翘曲和表面有缺陷时，应予剔除。

(2) 室内抹灰(包括立门口)、地面垫层、预埋在垫层内的电管及穿通地面的管线均已完成。

(3) 房间内四周墙上弹好+50cm水平线。

施工操作前应画出铺设大理石地面的施工大样图。

(4) 冬期施工时操作温度不得低于5℃。

2. 施工工艺

石材(石板)地面施工工艺为准备工作→试拼→弹线→试排→刷水泥浆及铺砂浆结合层→铺大理石板块(或花岗石板块)→灌浆、擦缝→打蜡。

(1) 熟悉图样。以施工图和加工单为依据，熟悉了解各部位尺寸和做法，弄清洞口、边角等部位之间关系。

(2) 试拼。在正式铺设前，对每一房间的大理石(或花岗石)板块，应按图案、颜色、纹理试拼。试拼后按两个方向编号排列，然后按编号放整齐。

（3）弹线。在房间的主要部位弹出互相垂直的控制十字线，用以检查和控制大理石板块的位置，十字线可以弹在混凝土垫层上，并引至墙面底部。

（4）试排。在房内的两个相互垂直的方向，铺两条干砂，其宽度大于板块，厚度不小于 3cm。根据图样要求把大理石板块排好，以便检查板块之间的缝隙，核对板块与墙面、柱、洞口等的相对位置。

（5）基层自理。在铺砌大理石板之前将混凝土垫层清扫干净（包括试排用的干砂及大理石块），然后洒水湿润，扫一遍素水泥浆。

（6）铺砂浆。根据水平线，定出地面找平层厚度，拉十字线，铺找平层水泥砂浆（找平层一般采用 1∶3 的干硬性水泥砂浆，干硬程度以手握成团不松散为宜）。砂浆从里往门口处摊铺，铺好后刮大杠、拍实，用抹子找平，其厚度适当高出根据水平线定的找平层厚度。

（7）铺石板块。一般房间应先里后外进行铺设，即先从远离门口的一边开始，按照试拼编号，依次铺砌，逐步退至门口。在铺好的干硬性水泥砂浆上先试铺合适后，翻开石板，在水泥砂浆上浇一层素水泥浆，然后正式镶铺。安放时四角同时往下落，用橡皮锤或木槌轻击木垫板（不得用木槌直接敲击大理石板），根据水平线用铁水平尺找平，铺完第一块向两侧和后退方向顺序镶铺，如发现空隙应将石板掀起用砂浆补实再行安装。大理石（或花岗石）板块之间，接缝要严，一般不留缝隙。

（8）灌浆、擦缝。铺贴后及时清理表面，在铺砌后 1～2 昼夜进行灌浆、擦缝。根据大理石颜色选择相同颜色矿物颜料和水泥拌合均匀调成 1∶1 稀水泥浆，用浆壶徐徐灌入大理石板块之间缝隙，并用小木条把流出的水泥浆向缝隙内喂灰。灌浆 1～2h 后，用棉丝蘸原稀水泥浆擦缝，与地面擦平，同时将板面上水泥浆擦净。然后面层进行湿润养护，时间不少于 7 天。

（9）打蜡。铺贴完成后，结合层砂浆达到六七成干时，进行打蜡抛光。上蜡前先将石材地面晾干擦净，用干净的布或麻丝沾稀糊状的蜡，涂在石材上，用磨石机压磨，擦打第一遍蜡。随后，用同样方法涂第二遍蜡，要求光亮、颜色一致。

任务 4.6　木地板地面工程

4.6.1　木地板分类

木地板是地面装修最常使用的材料之一。按其材质及构造不同分为实木地板、竹木地板、强化复合木地板、软木地板、塑木地板（室外用）等。

（1）实木地板系指以柏木、杉木、松木、柚木、紫檀等有特色木纹与色彩的木材做成的木地板，材质均匀，无节疤。

（2）竹木地板是近几年才发展起来的一种新型建筑装饰材料，它以天然优质竹子为原料，用先进设备和技术，经高温高压拼压，多道工艺精细加工而成。具有手感细腻、脚感舒适、防潮、阻燃、吸声、防蛀、灭菌、抗霉及不开裂、不起拱、不变形、不褪色、不脱胶等优点，如图 4.9 所示。

(a) 实木地板

(b) 竹木地板

图 4.9　木地板

常用的硬木地板的规格与树种，见表 4-6。

表 4-6　常用的硬木地板、竹木地板的规格与树种

类别	规格/mm			常用树种	用　途
	厚	长	宽		
条形地板	12~18	>600	60~120	硬黄檀、柞木、榉木、水曲柳	条形木地板适用于实铺法和架空铺贴
	25~50	>800	75~150	杉木、松木	
拼花地板	12~18	200~300	25~40	水曲柳、核桃木、柞木、柳桉、柚木	单层硬木拼花地板仅适用于实铺法
	25~30	>800	75~150	杉木、松木	

（3）强化复合木地板。俗称"金刚板"，标准名称为"浸渍纸层压木质地板"。一般是由四层材料复合组成，即耐磨层、装饰层、高密度基材层、平衡（防潮）层，如图 4.10 所示。

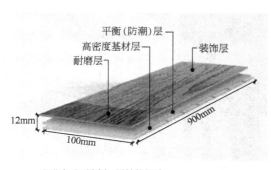

强化复合地板由4层结构组成

图 4.10　强化木地板构造

合格的强化木地板是以一层或多层专用浸渍热固氨基树脂，覆盖在高密度板等基材表面，背面加平衡防潮层、正面加装饰层和耐磨层经热压而成。

（4）软木地板。室内地面装修从硬木地板到如今时兴软木地板。软木地板由于其独特的蜂窝状木质结构，内存大量空气，具有极好的弹性和耐磨性。软木地板还具有吸声、防水、阻燃、防滑、抗静电、防虫蛀等优点，且施工简便，一般只需粘贴在地面上即可。

软木地板其独有的吸声效果和保温性能非常适合于卧室、会议室、图书馆、录音棚等场所。一般做成 300mm×300mm 的方形板块，也有长方形的，板块厚 3～5mm，如图 4.11 所示。

图 4.11　软木地板

（5）塑木地板。是一种主要由木材(木纤维素、植物纤维素)为基础材料与塑料制成的复合材料，兼有木材和塑料的性能与特征，经挤出、压制成型的板材或其他制品，能替代木材和塑料的新型复合材料，其英文 Wood Plastic Composites 缩写为 WPC。

塑木地板就是用塑木复合材料制成的地板，塑木材料制成的塑木地板拥有和木材一样的加工特性，使用普通的工具即可锯切、钻孔、上钉，非常方便，可以像普通木材地板一样使用。

塑木型材的规格尺寸，目前常见的地板类有 146mm×31mm、146mm×35mm 等多种规格。不同生产厂家的截面尺寸会有所不同，目前并无统一标准。特殊的形状尺寸可以通过定制模具来得到。塑木地板的长度在理论上可以做到任意长，如图 4.12 所示。

图 4.12　塑木型材的规格尺寸

（6）实木地面是指表面粘贴或铺钉木板而成的地面。它不仅具有良好的弹性、耐久性、吸声性，而且自重轻、导热性能低、易加工，但也易随空气中温湿度的急剧变化而引起裂缝和翘曲，耐火性差，保养不当还容易腐朽。常用于住宅、宾馆、舞台等地面装饰中。

木地板一般采取悬浮式、实铺式、粘贴式安装。本任务以悬浮式纯实木地板、实铺式复合地板安装进行讲解。

4.6.2 木地板材料及工具

1. 材料

面层材料：烤漆实木地板、复合木地板；其宽度不大于 120mm，厚度应符合设计要求。

规格：通常为条形企口板。

基层材料：木搁栅（也称木楞、木龙骨）、垫木、压檐条、剪刀撑和毛地板等。

辅助材料有：9mm 夹板、12mm 夹板、防潮垫、地板胶、气钉等。

2. 工具

钳子、锯、电钻等。

机具介绍请参考附录。

 特别提示

木地板安装常见的质量问题是行走时有空鼓响声、表面不平、拼缝不严、局部翘鼓等。

（1）有空鼓响声。原因是固定不实所致，主要是毛板与龙骨、毛板与地板钉子数量少或钉得不牢，有时是由于板材含水率变化引起收缩或胶液不合格所致。防治方法严格检验板材含水率、胶粘剂等质量，检验合格后才能使用。安装时钉子不宜过少，并应确保钉牢，每安装完一块板，用脚踩检验无响声后再装下一块，如有响声应即刻返工。

（2）表面不平。主要原因是基层不平或地板条变形起拱所致。在安装施工时，应用水平尺对龙骨表面找平，如果不平应垫垫木调整。龙骨上应做通风小槽。板边距墙面应留出 10mm 的通风缝隙。保温隔声层材料必须干燥，防止木地板受潮后起拱。木地板表面平整度误差应在 1mm 以内。

（3）拼缝不严。除施工中安装不规范外，板材的宽度尺寸误差大及企口加工质量差也是重要原因，应施工中认真检验地板质量。

（4）局部翘鼓。主要原因除板子受潮变形外，还有毛板拼缝太小或无缝，使用中水管漏水泡湿地板所致。在施工中要在安装毛板时留 3mm 缝隙，木龙骨刻通风槽。地板铺装后，涂刷地板漆应漆膜完整，日常使用中要防止水流入地板下部，要及时清理面层的积水。

4.6.3 木地板地面施工

1. 施工条件

（1）采用水泥砂浆对地面进行找平，并用 2m 靠尺检验应小于 5mm。

（2）无浮土，无明显施工废弃物等。

（3）严禁含湿施工，并防止有水源处向地面渗漏，基层含水率不大于15％。

（4）施工程序严禁在木地板铺设时，和其他室内装饰装修工程交叉混合施工。

2．实木地板施工工艺

实木地板施工工艺为基层清理→弹线、安装木搁栅→钉装毛地板→安装面层地板→装踢脚板→上蜡。具体施工要点如下。

（1）基层清理。基层清理干净，水泥砂浆地面不起砂、不空裂，施工前应对基层进行防潮处理，防潮层宜涂刷防水涂料或铺设塑料薄膜。

（2）弹线。在水泥地面上弹出木搁栅位置线。地面钻孔，孔深为40mm，下入预埋件铁件或木楔间距为800mm固定木搁栅。木搁栅使用前要进行防腐处理。

（3）安装木搁栅。木搁栅采用30mm×40mm或40mm×50mm的木方。木搁栅通常加工成梯形（俗称燕尾龙骨），有利于稳固，木搁栅与预埋件固定。搁栅与搁栅之间，还要设置横撑，固距150mm左右，与搁栅垂直相交，用铁钉固定。设置横撑的目的主要是加强搁栅的整体性，避免日久松动。搁栅与搁栅之间的空隙内，填充一些轻质材料，如干焦渣、蛭石、矿棉毡、石灰炉渣等，厚度40mm。这样可以减少人在地板上行走时所产生的空鼓音。填充材料不得高出木搁栅上皮。

（4）钉装毛地板。在双层铺钉做法时，要先铺一层毛板，表面应刨平，其宽度不宜大于120mm。铺设时，毛地板应与木搁栅成30°或45°，用钉斜向钉牢，板间缝隙不应大于3mm。毛地板与墙之间，应留有10～15mm缝隙，接头应错开。每块毛地板应在每根木搁栅上各钉2枚钉子固定，钉子的长度应为毛地板厚度尺寸的2.5倍。毛地板铺钉后，可铺设一层沥青纸或油毡，以利于隔声和防潮。

（5）安装面层地板。面层木地板固定方式以钉接固定为主，即用圆钉将面层板条固定在毛地板或木搁栅上。在钉法上有明钉和暗钉两种钉法。明钉法，先将钉帽砸扁，将圆钉斜向钉入板内，同一行的钉帽应在同一条直线上，并须将钉帽冲入板3～5mm。暗钉法，先将钉帽砸扁，从板边的凹角处，斜向钉入。在铺钉时，钉子要与表面呈一定角度，一般常用45°或60°斜钉入内。其构造做法如图4.13所示。

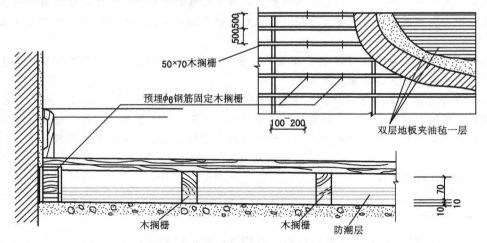

图4.13　木地板构造

（6）装踢脚板。踢脚板所用木材应与木地板面层所用材质品种相同，常用规格：高为100～150mm，厚20～25mm。踢脚板提前刨光，内侧开凹槽，每隔1m钻6mm通风孔，墙身每隔750mm设防腐固结木砖，木砖上钉防腐木块，用于固定踢脚板。木踢脚板接缝处应作暗榫或斜坡压槎，在90°转角处可做成45°斜角接缝。接缝一定要在防腐木块上。安装时木踢脚板应与防腐木块贴紧，上口要平直，用明钉钉牢在木块上，钉帽要砸扁并冲入板内2～3mm。

（7）上蜡。地板铺装完成后，将地板表面清扫干净，完全干燥后开始操作。至少要打三遍蜡，每打完一遍，等其干燥后再用非常细的砂纸打磨表面，并用软布擦拭干净，然后再打第二遍。每次都要用不带绒毛的布或打蜡器摩擦地板以使蜡油渗入木头。每打一遍蜡都要用软布轻擦抛光，以达到光亮的效果。

3. 复合木地板施工工艺

复合木地板施工工艺为基层处理→弹线、找平→铺垫层→安装木地板→安装踢脚线→清洁表面。

（1）基层处理。复合地板基层平整度要求很高，施工前水泥砂浆应找平压光、地面不起砂、不空裂，基层清理干净。在水泥砂浆地面上铺防潮层，两块防潮层间，应用胶带封好，以保证密封效果。也可刷一层掺防水剂的水泥浆进行防潮。

（2）弹线、找平。在四周墙上弹出＋50cm水平线，以控制地板面设计标高线。

（3）铺垫层。在建筑地面直接浮铺与地板配套的防潮底垫、缓冲底垫，垫层为聚乙烯泡沫塑料薄膜，宽1000mm的卷材，铺时按房间长度净尺寸加长120mm以上裁切，横向搭接150mm。底垫在四周边缘墙面与地相接的阴角处上折60～100mm（或按具体产品要求）；较厚的发泡底垫相互之间的铺设连接边不采用搭接，应采用自粘型胶带进行粘结，如图4.14所示。

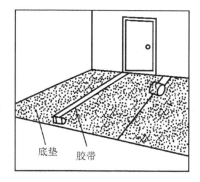

图4.14 铺设底垫

（4）安装木地板。地板块铺设时通常从房间较长的一面墙边开始（地板长边与墙边平行），也可长缝顺入射光线方向沿墙铺放。板面层铺贴应与垫层垂直。应先进行测量和尺寸计算，确定地板的布置块数，尽可能不出现过窄的地板条；同时，长条地板块的端头接缝，在行与行之间要相互错开。

由于复合地板多数为条形企口板，安装时从里向外开始安装第一排地板，将有槽口的一边向墙壁，加入专用垫块，预留8～12mm的伸缩缝隙以防日后受潮膨胀；测量出第一排尾端所需地板长度，预留8～12mm的伸缩缝后，锯掉多余部分。将锯下的不小于300mm长度的地板作为第二排地板的排头，相邻的两排地板短接缝之间不小于300mm。将胶水连续、均匀地涂在地板所有榫舌的上表面，并将多余的挤到地板表面的胶水，在1h内清理掉；每排最后一片及房间最后一排地板须用专用工具撬紧。

（5）安装踢脚线。踢脚线作用就是为了遮挡地板与墙面间难看的缝隙。为达到协调的装饰效果，踢脚线可根据门套颜色或地板颜色选择。复合木地板可选用仿木塑料踢脚板、普通木踢脚板和复合木地板。安装时，先按踢脚板高度弹水平线，清理地板与墙缝隙中杂物。

　　复合木地板配套的踢脚板安装，是在墙面弹线钻孔并钉入木楔或塑料膨胀头（有预埋木砖则直接标出其位置），再在踢脚板卡块（条）上钻孔（孔径比木螺钉直径小1～1.2mm），并按弹线位置用木螺钉固定，最后将踢脚板卡在卡块（条）上，接头尽量设在拐角处。在地脚线上边与墙面接触部位采用中性玻璃胶密封。图4.15为仿木塑料踢脚板安装示意图。

图4.15　仿木塑料踢脚板安装示意图

　　（6）清洁表面。每铺完一间房间，待胶干后扫净杂物，用湿布擦净地板表面。

任务4.7　地毯地面工程

　　地毯是现代建筑地面装饰材料。可分为天然纤维和合成纤维两种，是用动物毛、植物麻、合成纤维等为原料，经过编织、裁剪等加工制造的一种高档地面装饰材料。同其他的地面覆盖材料相比，地毯具有质地柔软、吸声、隔声、保温、防滑、弹性好、脚感舒适、外观优雅及使用安全等功能和优点。近年来在各种公共建筑及家庭中已大量被使用。特别适宜于公共建筑大堂、宴会厅、贵宾室，家庭中的卧室、客厅、书房处的地面装饰，如图4.16所示。

图4.16　地毯类型

4.7.1　地毯材料及工具

1. 地毯种类

1）按材质分类

纯羊毛地毯、混纺地毯、化纤地毯、塑料地毯、剑麻地毯。

2）按成品的形态分类

整幅成卷地毯和块状地毯。

3）按纺织工艺分类

手工纺织地毯、无纺地毯、簇绒地毯、机织地毯、圈绒地毯、平绒地毯、平圈割绒地毯。

4）按地毯等级分类

（1）轻度家用级。适用于不常使用的房间。

（2）中度家用或轻度专业使用级。适用于卧室或餐室。

（3）一般家用或中度专业使用级。适用于会客厅、起居室，交通过于频繁的地方（如楼梯）除外。

（4）重度家用或一般专业使用级。供家庭重度磨损的场所使用。

（5）重度专业使用级。只用于公共场所。

（6）豪华级。其品质通常属于第3级以上，绒毛长，用于豪华气派的场所。

2．辅助材料

主要辅助材料有倒刺板、铝合金倒刺条、地毯胶粘剂、地毯接缝带和地毯垫层。

（1）倒刺板。在厚4～6mm，宽24～25mm，长1200mm的三合板条上钉有两排斜钉（间距为35～40mm），还有五个高强钢钉均匀分布在全长上（钢钉间距约400mm，距两端各约100mm）。用于墙、柱根部地毯固定。

（2）铝合金倒刺条。用于地毯端头露明处，起固定和收头作用。多用在外门口或其他材料的地面相接处。

（3）地毯胶粘剂。地毯铺设时有两处需用粘胶剂：一是与地面固定时；二是地毯与地毯接缝时。常用的有聚醋酸乙烯胶粘剂、合成橡胶粘剂，它们具有粘结强度高、无毒、无味、速干、耐老化等特性。

（4）地毯接缝带。热熔式地毯接缝带，宽150mm，带上有一层热熔胶，自然冷却后即完成地毯接缝。

（5）地毯垫层。橡胶垫或人造橡胶泡沫垫，厚度应小于10mm，表观密度应大于0.14T/m³。毛麻毯垫，厚度应小于10mm，每平方米的重量应在1.4～1.9kg为宜。

3．工具

张紧器、裁边机、切割刀、裁剪剪刀、漆刷、熨斗、弹线粉袋、扁铲、压棍、直尺、钢卷尺、锤子、吸尘器等。

机具介绍请参考附录。

 特别提示

（1）地毯铺装是一项技术性工作，即使是专业的装饰工程公司，也都是委托专业的地毯公司完成地毯铺装工作。

（2）地毯铺装不涉及其他装饰环节，完全独立于其他装饰工作。

（3）最佳铺装时间。完成其他所有装饰工程（包括空调及窗帘安装）并打扫卫生以后，或者说在进活动家具以前安装地毯最好。具体铺设要求如下。

① 凡是被雨水淋湿、有地下水侵蚀的地面，特别潮湿的地面，不能铺设地毯。

② 地毯表面不平、打皱、鼓包等：主要问题发生在铺设地毯这道工序时，未认真按照操作工艺缝合、拉伸与固定、用胶粘剂粘结固定要求去做所致。

③ 拼缝不平、不实：尤其是地毯与其他地面的收口或交接处，要求在接缝时用张力器将地毯张平服帖后再进行接缝。接缝处要考虑地毯上花纹、图案的衔接，否则会影响装饰质量。同时在施工时要特别注意基层本身接槎是否平整，如严重者应返工处理，如问题不太大可采取加衬垫的方法用胶粘剂把衬垫粘牢，同时要认真把面层和垫层拼缝处的缝合工作做好，一定要严密、紧凑、结实，并满刷粘结剂粘牢固。

④ 在墙边的踢脚处以及室内柱子和其他突出物处，地毯的多余部分应剪掉，再精细修整边缘，使之吻合服帖。

⑤ 铺完后，地毯应达到毯面平整服帖，图案连续、协调，不显接缝，不易滑动，墙边、门口处连接牢靠，毯面无脏污、损伤。

4.7.2 地毯地面施工

地毯铺设分满铺与局部铺。其铺设方式有固定式和不固定式。

固定式铺设又分为两种固定方法，一种是卡条式固定，使用倒刺板拉住地毯；一种是粘接法固定，使用胶粘剂把地毯粘贴在地板上。

不固定式即活动式铺设，是指将地毯明摆浮搁在基层上，不需将地毯与基层固定。

1．施工条件

（1）在地毯铺设之前，室内装饰必须完毕。

（2）准备地毯、衬垫、倒刺板、铝压条或锑条、胶粘剂和接缝带或其他接缝材料。等进场后应检查核对数量、品种、规格、颜色、图案等是否符合设计要求。

（3）铺设地毯的房间、走道等四周的踢脚板做好。踢脚板下口均离地面8mm左右，或比地毯厚度大2～3mm。以便将地毯毛边掩入踢脚板。

（4）木地板上铺地毯，应检查有无松动的木板块及有无突出的钉头，必要时应作加固或更换。

（5）成卷地毯应在铺设前24h运到铺设现场，打开、展平，消除卷曲应力，以便铺设。

2．施工工艺

卡条式固定施工工艺流程：基层地面处理→地毯裁割→钉倒刺板→铺垫层→接缝→拉伸、固定地毯→细部处理及清理。

（1）基层地面处理。铺设地毯的基层，一般是水泥地面，也可以是木地板或其他材质的地面。要求表面平整、光滑、洁净，如有油污，须用丙酮或松节油擦净。如为水泥地面，应具有一定的强度，含水率不大于8%，表面平整偏差不大于4mm。

（2）地毯裁割。根据房间尺寸和形状，剪裁地毯。每段地毯的长度要比房间长出20mm左右，宽度要以裁去地毯边缘线后的尺寸计算地毯的经线方向应与房间一致。弹线裁去边缘部分，然后以手推裁刀从毯背裁切，大面积房厅应在施工地点剪裁拼缝。

（3）钉倒刺板。沿房间或走道四周踢脚板边10～20mm处，用高强水泥钉将倒刺板钉在基层上(钉朝向墙的方向),相邻两个钉子的距离控制在 30～40mm。倒刺板应离开踢脚板面 8～10mm,以便于钉牢倒刺板。大面积厅、堂铺地毯,沿墙、柱钉双道倒刺板,两条倒刺板之间净距离约 20mm,如图 4.17 所示。

在门口处,常用铝合金卡条、锑条固定。卡条、锑条内有倒刺扣牢地毯。锑条的长边与地面固定,待铺上地毯后,将短边打下,紧压住地毯面层。卡条和压条可用钉条、螺钉、射钉固定在基层上,如图 4.18 所示。

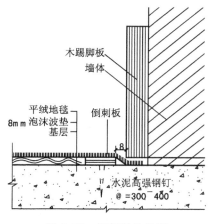
图 4.17 倒刺板的构造

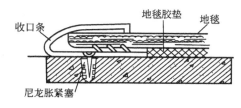
图 4.18 收口条与基层连接构造

(4)铺垫层。垫层应按倒刺板之间的净间距下料,避免铺设后垫层皱折、覆盖倒板或远离倒刺板。衬垫采用点粘法刷 107 胶或聚醋酸乙烯乳胶,粘在地面基层上,要离开倒刺板 10mm 左右。设置垫层拼缝时应考虑到与地毯拼缝至少错开 15mm。

(5)接缝。纯毛地毯一般用针缝结,缝结时将地毯背面对齐,用线缝结实后刷地毯胶、贴接缝纸,麻布衬底的化纤地毯,一般用地毯胶粘。除此之外用胶带粘结法,即先将胶带按地面上的弹线铺好,两端固定,将两侧地毯的边缘压在胶带上,然后用电熨斗在胶带的无胶面上熨烫,使胶质熔解,随着电熨斗的移动,用扁铲在接缝处辗压平实,使之牢固地连在一起。

(6)拉伸、固定地毯。先将毯的一条长边固定在倒刺板上,毛边掩到踢脚板下,用地毯撑子拉伸地毯。拉伸时,用手压住地毯撑,用膝撞击地毯撑,从一边一步一步推向另一边。张拉后的伸长量一般控制在(1.5～2)cm/m,即 1.5%～2%,过大易撕破地毯,过小则达不到张平的目的;伸张次数视地毯尺寸不同而变化,以将地毯展平为准。然后将地毯固定在另一条倒刺板上,掩好毛边。长出的地毯,用裁割刀割掉。一个方向拉伸完毕,再进行另一个方向的拉伸,直至四个边都固定在倒刺板上。地毯挂在倒刺板上后,要轻轻敲击一下,以保证倒刺全部勾住地毯,避免因挂不实引起地毯松动。

(7)细部处理及清理。地毯铺设完毕,固定收口条后,应用吸尘器清扫干净,并将毯面上脱落的绒毛等彻底清理干净。

任务 4.8　抗静电地板工程

抗静电地板又称装配式地板,它是由各种不同规格、型号和材质的面板块,横梁,可调节支架等组合拼装而成的一种新型架空装饰地面。地面与楼（地）面基层之间的高度，一般有 150～250mm。架空空间可以敷设各种管线。

　　抗静电地板面层一般为金属、PVC 等材质，一次负压铸造而成，具有尺寸精度高、防火性能佳、耐磨、耐蚀、防磁、抗静电性能优良、机械性能高、承载力大、不易变形等特点。适用于电子计算机、程控电话交换机房、电台控制室、各类实验室、办公室，以及一些光线比较集中和有防尘防静电要求的场所；也应用于集成电路生产车间、电子仪器厂、装配车间、精密光学仪器制造车间。

4.8.1　抗静电地板材料及工具

1. 材料

　　面层材料有全钢防静电地板、瓷砖防静电地板、铝合金防静电地板、硫酸钙防静电地板；其规格为 600mm×600mm×50mm，不同的防静电环境需要选用不同规格的地板，按甲方设计需求施工。

　　辅助材料有可调支架和横梁，如图 4.19 所示。

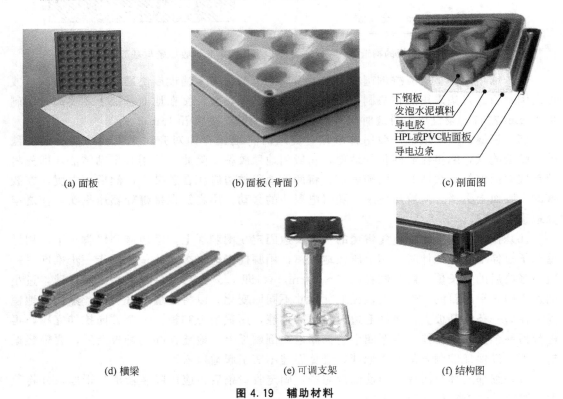

下钢板
发泡水泥填料
导电胶
HPL或PVC贴面板
导电边条

(a) 面板　　　　　　(b) 面板（背面）　　　　　　(c) 剖面图

(d) 横梁　　　　　(e) 可调支架　　　　(f) 结构图

图 4.19　辅助材料

2. 工具

　　电钻、切割锯、红外水平仪、拉钉枪、地板吸盘等。

　　机具介绍请参考附录。

 **特别提示**

抗静电地板安装常见质量问题和预防方法如下。

（1）材质不符合要求。一定要把住抗静电地板等配套系列材质和技术性能入场这关，必须符合设计、现行国家标准和规范的规定。要有产品出厂合格证，必要时要做复试。大面积施工前应进行试铺工作。

（2）面层高低不平。要严格控制好楼地面面层标高，尤其是房间与门口、走道和不同颜色、不同材料之间交接处的标高能交圈对口。

（3）交叉施工相互影响。在整个抗静电地板铺设过程中，要抓好以下两个关键环节和工序：一是当第二道操作工艺完成（即把基层弹好方格网）后，应及时插入铺设地板下的电缆、管线工作。这样既避免不应有的返工，同时又保证支架不被碰撞造成松动。二是当第三道操作工艺完成后，第四道操作工艺开始铺设地板面层之前，一定要检查面层下铺设的电缆、管线确保无误后，才可铺设活动地板面层，以避免不应有的返工。

（4）缝隙不均匀。要注意面层缝格排列整齐，特别要注意不同颜色的电缆、管线设备沟槽处面层的平直对称排列和缝隙均匀一致。

（5）表面不洁净。要重视对已铺设好的面层调整板块水平度和表面的清擦工作，确保表面平整洁净，色泽一致，周边顺直。

4.8.2 抗静电地面施工

1. 施工条件

（1）基层表面应平整、光洁、不起尘，含水率不大于8%。安装前应清扫干净，必要时在其面上涂刷绝缘脂或油漆。

（2）布置在地板下的电缆、电器、空气等管道及空调系统应在安装地板前施工完毕。

（3）安装抗静电地板面层，必须待室内各项工程完工和超过地板面承载的重型设备基座固定应完工，设备安装在基座上，基座高度应同地板上表面完成高度一致，不得交叉施工。

（4）架设抗静电地板面层前，要检查核对地面面层标高，应符合设计要求。将室内四周的墙划出面层标高控制水平线。

（5）施工现场备有220V/50Hz电源和水源。

（6）大面积架设前，应先放出施工大样，并做样板间，经质检部门鉴定合格方可组织按样板间要求施工。

2. 施工工艺

抗静电地面施工工艺为基层处理与清理→定位放线→粘贴导电铜带→安装固定可调支架和横梁→铺设抗静电地板面层，如图4.20所示。

（1）基层处理与清理。抗静电地板面层的骨架应支撑在现浇混凝土上抹水泥砂浆地面或水磨石楼地面基层上，其基层表面应平整、光洁、不起尘，含水率不大于8%。必要时，在其面上涂刷绝缘脂清漆。

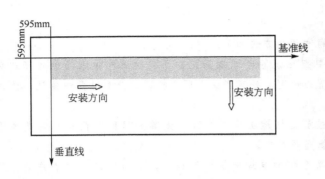

(a) 定位放线 　　　　　　　　　　　　　　　(b) 粘贴导电铜带

(c) 安装固定可调支架和横梁

(d) 铺设活动地板面层

图 4.20　抗静电活动地面

（2）定位放线。拉水平线，并将地板安装高度用墨线弹到墙面上，保证铺设后的地板在同一水平面上。选一个墙角作为出发点，按照墙面水平需要高度，距墙面 595mm 处拴两条平行墙面的腊线，此腊线不易断裂和延伸，两条必须垂直分布。在地面弹出安装支架的网格线（铺设活动地板下的管线要注意避开已弹好标志的支架座）。如室内无控制柜等设备，平面尺寸又符合板块模数时，宜由内向外铺设。

（3）粘贴导电铜带。做导电处理须在地面上粘贴导电铜带，并在可调支架下面相互连接。

（4）安装固定可调支架和横梁。将要安装的支架调整到同一需要的高度，并将支架摆放到地面网格线的十字交叉处。用螺钉将横梁固定到支架上，并用水平尺、直角尺逐一矫正横梁，使之在同一平面上并互相垂直。

（5）铺设抗静电地板面层。首先检查活动地板面层下铺设的电缆、管线，确保无误后才能铺设活动地板面层。用吸板器在组装好的横梁上放置地板，若墙边剩余尺寸小于地板本身长度，可以用切割地板的方法进行拼补活动。地板需要切割或者开孔时，应在开口拐角处应用电钻打 $\phi6\sim\phi8$ 圆孔，防止贴面断裂。

任务 4.9　PVC 塑胶地面工程

PVC 塑胶地板主要原料是聚氯乙烯（PVC）树脂、聚醋酸乙烯（PVAC）树脂、聚乙烯（PF）树脂、聚丙烯（PP）树脂等几种，最为常用的为聚氯乙烯（PVC）树脂。生产方法一般采用热压法、压延法和注射法。块材地板多用间歇式层压生产工艺，卷材地板则常用连续式辊压或挤出式辊压生产工艺压制，如图 4.21 所示。

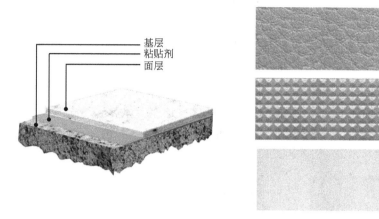

图 4.21　PVC 塑胶地板的构造

其材质有半硬质 PVC 塑胶地板、软质 PVC 塑胶地板、弹性 PVC 塑胶地板，其结构组成分单层或多层复合；表面颜色有单色和复色，可仿制各种材质纹理表面。具有重量轻、强度高、耐磨、隔热、隔潮、隔声、防滑、防静电、抗老化、阻燃等功效。适用于家庭、医院、学校、幼儿园、商厦、办公楼、休闲场馆等。

4.9.1　PVC 塑胶材料及工具

1．材料

PVC 塑胶地板（块材、卷材）、粘贴剂、铜箔、焊条、丙酮、汽油。

2．工具

卷尺、刮板、割刀、橡皮滚筒、擦布和焊接用的自耦变压器、焊枪等。

机具介绍请参考附录。

 特别提示

PVC 塑胶地板常见质量问题如下。

（1）剥离、翘曲、隆起、错缝。基层处理不好，室温过低，产品不合格，施工不当。

（2）凹陷、软化。基层不平整，粘贴剂不合格使 *PVC* 软化。

（3）损伤、沾污。材料耐刻划性不够，粘贴剂沾污未及时清理。

4.9.2 PVC 塑胶地面施工

1. 施工条件

（1）各项工程已基本完成，不得有上下交叉作业。

（2）室内温度至少维持 15° 以上，施工后最低温度不低于 12°。施工的相对空气湿度应介于 20%～75%。

（3）基层须平整干燥无起砂、油脂及其他杂物。

（4）基层的含水率应小于 3%。

（5）基层的平整度应在 2m 直尺范围内，高低落差不大于 2mm。

（6）每 300m² 设有一处接地点。

2. 施工工艺

PVC 塑胶地面施工工艺为清扫地面→弹线→涂强力胶→铺贴地板→滚压 PVC 地板→焊地板缝→表面清洁，如做地导处理需铺接地导电网→引出地线→涂导电胶，如图 4.22 所示。

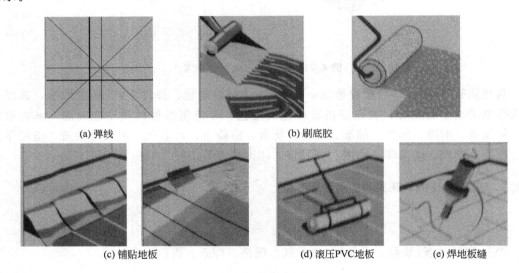

(a) 弹线　　　　　　　　　　　　(b) 刷底胶

(c) 铺贴地板　　　　　(d) 滚压PVC地板　　　　(e) 焊地板缝

图 4.22　PVC 塑胶地面施工

施工前首先清理地面，清除地面浮尘；弹十字中心线或对角线，以房间中心弹出中心垂直线（接缝与墙面平行）或对角垂直线（接缝与墙面成 45°），镶边应掌握在 200～300mm 较适宜。弹线时应注意两室相通时尽量为通线，使其看上去线条顺直。按设计要求或地板图案进行预贴；校对尺寸无误后再正式铺贴。在基层先刷一层底胶。底胶涂刷要均匀，越薄越好，不得漏刷。底胶干燥后，方可涂胶铺贴。将地板背面杂物清理干净，将胶液满刮在地板背面，同时将胶液均匀涂刮在地面（正常环境下等候时间为 15～20min）。将地板铺贴在地面，对齐贴缝后，用橡皮锤敲打及用橡胶压边滚筒压贴四边，使地板粘贴牢固；并及时将挤出的余胶擦拭干净；开 4mm 宽焊接槽，焊接地板缝隙。全部铺贴完后，将地面进行清理，打地板蜡，对其进行保护。

任务 4.10　地面工程质量验收标准

地面工程质量验收依据标准：《建筑工程施工质量验收统一标准》（GB 50300—2013），《建筑地面工程施工质量验收规范》（GB 50209—2010）。

4.10.1　一般规定

本规定适用于饰面板安装、饰面砖粘贴等分项工程的质量验收。

1. 饰面板（砖）工程验收时应检查下列文件和记录

（1）饰面板（砖）工程的施工图、设计说明及其他设计文件。

（2）材料的产品合格证书、性能检测报告、进场验收记录和复验报告。

（3）后置埋件的现场拉拔检测报告。

（4）隐蔽工程验收记录。

（5）施工记录。

2. 饰面板（砖）工程应对下列材料及其性能指标进行复验

（1）室内用花岗石的放射性。

（2）粘结用水泥的凝结时间、安定性和抗压强度。

（3）陶瓷面砖的吸水率。

（4）寒冷地区陶瓷面砖的抗冻性。

3. 饰面板（砖）工程应对下列隐蔽工程项目进行验收

（1）预埋件（或后置埋件）。

（2）连接节点。

（3）防水层。

4. 各分项工程的检验批应按下列规定划分

（1）相同材料、工艺和施工条件的室内饰面板（砖）工程每50间（大面积房间和走廊按施工面积30m² 为一间）应划分为一个检验批，不足50间也应划分为一个检验批。

（2）相同材料、工艺和施工条件的室外饰面板（砖）工程每500～1000 m² 应划分为一个检验批，不足500m² 也应划分为一个检验批。

5. 检查数量应符合下列规定

（1）室内每个检验批应至少抽查10%，并不得少于3间；不足3间时应全数检查。

（2）室外每个检验批每100m² 应至少抽查一处，每处不得小于10m²。

6. 饰面砖粘贴前和施工过程中，均应在相同基层上做样板件，并对样板件的饰面砖粘结强度进行检验，其检验方法和结果判定应符合《建筑工程饰面砖粘结强度检验标准》（JGJ 110—2008)的规定

7. 饰面板（砖）工程的抗震缝、伸缩缝、沉降缝等部位的处理应保证缝的使用功能和饰面的完整性

4.10.2　水泥砂浆地面工程质量验收

水泥砂浆地面工程质量验收依据标准：《建筑工程施工质量验收统一标准》（GB 50300—2013），《建筑地面工程施工质量验收规范》（GB 50209—2010）。

其质量验收要求及检验方法，见表4-7。

表4-7　水泥砂浆地面工程质量验收要求与检验方法

项目	项次	质量要求	检验方法
主控项目	1	水泥宜采用硅酸盐水泥、普通硅酸盐水泥；不同品种、不同强度等级的水泥不应混用；砂应为中粗砂，当采用石屑时，其粒径应为1~5mm，且含泥量不应大于3%；防水水泥砂浆采用的砂或石屑，其含泥量不应大于1%	观察检查和检查材质合格证明文件
	2	防水水泥砂浆中掺入的外加剂的技术性能应符合国家现行有关标准的规定，外加剂的品种和掺量应经试验确定	观察检查质量合格证证明文件、配合比试验报告
	3	有排水要求的水泥砂浆地面，坡向应正确、排水畅通；防水水泥砂浆面层不应渗漏	观察检查和蓄水、泼水检验或坡度尺检查及检查检验记录
	4	面层与下一层应结合牢固，且应无空鼓和开裂。当出现空鼓时，空鼓面积不应大于400cm²，且每自然间或标准间不应多于2处	观察和用小锤轻击检查
一般项目	5	面层表面的坡度应符合设计要求，不得有倒泛水和积水现象	观察和采用泼水或坡度尺检查
	5	面层表面应洁净，无裂纹、脱皮、麻面、起砂等缺陷	观察检查
	6	踢脚线与柱、墙面应紧密结合，高度一致，出墙厚度均匀。当出现空鼓时，局部空鼓长度不应大于300mm，且每自然间或标准间不应多于2处	用小锤轻击、钢尺和观察检查

注：局部空鼓长度不应大于300mm，且每自然间（标准间）不多于2处可不计。

水泥砂浆面层的允许偏差应符合GB 50209—2010表4-8的规定。

检验方法：应按GB 50209—2010表4-8中的检验方法检验。

表4-8　水泥砂浆面层的允许偏差及检验方法

序号	检验项目	允许偏差或允许值/mm	检验方法
1	表面平整度	5	用2m靠尺和楔形塞尺检查
2	踢脚线上口平直	4	拉5m线和用钢尺检查
3	缝格平直	3	5m线和用钢尺检查

4.10.3　陶瓷地砖、陶瓷锦砖地面工程质量验收

陶瓷地砖、陶瓷锦砖地面工程质量验收依据标准：《建筑工程施工质量验收统一标准》（GB 50300—2013），《建筑地面工程施工质量验收规范》（GB 50209—2010）。

其质量验收要求及检验方法见表4-9。

表4-9 陶瓷地砖、陶瓷锦砖地面工程质量验收要求与检验方法

项目	项次	质量要求	检验方法
主控项目	1	砖面层所用的板块产品应符合设计要求和现行国家标准的规定	观察检查和检查材质合格证明文件及检测报告
	2	砖面层所用的板块产品进入施工现场时，应有放射性限量合格的检查报告	检查检测报告
	3	面层与下一层的结合（粘结）应牢固，无空鼓（单块砖边角允许有局部空鼓，但每自然间或标准间的空鼓砖不应超过总数的5%）	用小锤轻击检查
一般项目	4	砖面层的表面应洁净、图案清晰、色泽一致，接缝平整，深浅一致，周边顺直。板块无裂纹、掉角和缺棱等缺陷	观察检查
	5	面层邻接处的镶边用料及尺寸应符合设计要求，边角整齐、光滑	观察和用钢尺检查
	6	踢脚线表面应洁净，与柱、墙面的结合应牢固。踢脚线高度及出柱、墙厚度应符合设计要求，且均匀一致	观察和用小锤轻击及钢尺检查
	7	楼梯、台阶踏步的宽度、高度应符合设计要求。踏步板块的缝隙宽度应一致；楼层梯段相邻踏步高度差不应大于10mm；每踏步两端宽度差不应大于10mm，旋转楼梯梯段的每踏步两端宽度的允许偏差不应大于5mm。踏步面层应做防滑处理，齿角应整齐，防滑条应顺直、牢固	观察和钢尺检查
	8	面层表面的坡度应符合设计要求，不倒泛水、无积水；与地漏、管道结合处应严密牢固，无渗漏	观察、泼水或坡度尺及蓄水检查

砖面层的允许偏差应符合表4-10的规定。检验方法应按表4-10中的检验方法检验。

表4-10 陶瓷地砖、陶瓷锦砖面层的允许偏差及检验方法

序号	检验项目	允许偏差或允许值/mm	检验方法
1	表面平整度	2	用2m靠尺和楔形塞尺检查
2	缝格平直	3	拉5m线和用钢尺检查
3	接缝高低差	0.5	用钢尺和楔形塞尺检查
4	踢脚线上口平直	3	拉5m线和用钢尺检查
5	板块间隙宽度	2	用钢尺检查

4.10.4 石材(石板)地面工程质量验收

石材(石板)地面工程质量验收依据标准：《建筑工程施工质量验收统一标准》

（GB 50300—2013），《建筑地面工程施工质量验收规范》（GB 50209—2010）。

其质量验收要求及检验方法，见表4-11。

表4-11　石材地面工程质量验收要求与检验方法

项目	项次	质量要求	检验方法
主控项目	1	大理石、花岗石面层所用板块的品种、质量应符合设计和国家现行有关标准的要求	观察检查和检查材质合格记录
	2	大理石、花岗石面层所用的板块产品进入施工现场时，应有放射性限量合格的检查报告	观察检查和检查材质合格证明文件及检测报告
	3	面层与下一层应结合牢固，无空鼓（单块砖边角允许有局部空鼓，但每自然间或标准间的空鼓砖不应超过总数的5%）	用小锤轻击检查
一般项目	4	大理石、花岗石面层铺设前，板块的背面和侧面应进行防碱处理	观察检查和检查施工记录
	5	大理石、花岗石面层的表面应洁净、平整、无磨痕，且应图案清晰，色泽一致，接缝平整，周边顺直，镶嵌正确，板块无裂纹、掉角和缺棱等缺陷	观察检查
	6	踢脚线表面应洁净，与柱、墙面的结合应牢固。踢脚线高度及出柱、墙厚度应符合设计要求，且均匀一致	观察和用小锤轻击及钢尺检查
	7	楼梯、台阶踏步的宽度、高度应符合设计要求。踏步板块的缝隙宽度应一致；楼层梯段相邻踏步高度差不应大于10mm；每踏步两端宽度差不应大于10mm，旋转楼梯梯段的每踏步两端宽度的允许偏差不应大于5mm。踏步面层应做防滑处理，齿角应整齐，防滑条应顺直、牢固	观察和钢尺检查
	8	面层表面的坡度应符合设计要求，不倒泛水、无积水；与地漏、管道结合处应严密牢固，无渗漏	观察、泼水或坡度尺及蓄水检查

大理石和花岗石面层（或碎拼大理石、碎拼花岗石）的允许偏差应符合表4-12的规定。

检验方法：应按表4-12中的检验方法检验。

表4-12　大理石和花岗石面层（或碎拼大理石、碎拼花岗石）的允许偏差

序号	检验项目	允许偏差或允许值/mm	检验方法
1	表面平整度	1.0	用2m靠尺和楔形塞尺检查
2	缝格平直	2.0	拉5m线和用钢尺检查
3	接缝高低差	0.5	用钢尺和楔形塞尺检查
4	踢脚线上口平直	1.0	拉5m线和用钢尺检查
5	板块间隙宽度	1.0	用钢尺检查

4.10.5 木地板地面工程质量验收

木地板地面工程质量验收依据标准：《建筑工程施工质量验收统一标准》（GB 50300—2013），《建筑地面工程施工质量验收规范》（GB 50209—2010）。

其质量验收要求及检验方法，见表 4 - 13。

表 4 - 13 木地板地面工程质量验收要求与检验方法

项目	项次	质量要求	检验方法
主控项目	1	实木地板、实木集成地板、竹地板面层，采用的地板与铺设时的木（竹）材含水率、胶粘剂等应符合设计要求和国家现行有关标准的规定	观察检查和检查材质合格证明文件及检测报告
	2	实木地板、实木集成地板、竹地板面层材料进入施工现场时，应有地板中的游离甲醛（释放量或含量）；溶剂型胶粘剂中的发挥性有机化合物（VOC）、苯、甲苯＋二甲苯；水型胶粘剂中的发挥性有机化合物（VOC）和游离甲醛；限量合格的检测报告	检查检查报告
	3	木搁栅、垫木和垫层地板等应做防腐防蛀处理	观察检查和检查验收记录
	4	木搁栅安装应牢固、平直	观察、行走、钢尺测量
	5	面层铺设应牢固；粘结应无空鼓、松动	观察、行走或用小锤轻击检查
一般项目	6	实木地板、实木集成地板面层应刨平、磨光，无明显刨痕和毛刺等现象；图案清晰、颜色均匀一致	观察、手摸和脚踩检查
	7	竹地板面层的品种与规格应符合设计要求，板面应无翘曲	观察、用 2m 靠尺和楔形尺检查
	8	面层缝隙应严密；接头位置应错开、表面应平整、洁净	观察检查
	9	面层采用粘、钉工艺时，接缝应对齐，粘、钉应严密；缝隙宽度均匀一致；表面洁净，胶粘无溢胶	观察检查
	10	踢脚线表面应光滑，接缝严密，高度一致	观察和钢尺检查

实木地板、复合木地板面层的允许偏差应符合表 4 - 14，表 4 - 15 的规定。

检验方法：应按表 4 - 14 中的检验方法检验。

表 4 - 14 实木地板面层的允许偏差及检验方法

项次	检验项目	允许偏差/mm			检验方法
		松木地板	硬木地板	拼花地板	
1	板面缝隙宽度	1.0	0.5	0.2	用钢尺检查
2	表面平整度	3.0	2.0	2.0	用 2m 靠尺和楔形塞尺检查
3	踢脚线上口平齐	3.0	3.0	3.0	拉 5m 通线，不足 5m 拉通线
4	板面拼缝平直	3.0	3.0	3.0	或用钢尺检查
5	相邻板材高差	0.5	0.5	0.5	用钢尺和楔形塞尺检查
6	踢脚线与面层的接缝		1.0		楔形塞尺检查

表 4-15　复合木地板面层的允许偏差及检验方法

项次	检验项目	允许偏差/mm 实木复合地板面层	检验方法
1	板面缝隙宽度	0.5	用钢尺检查
2	表面平整度	2.0	用2m靠尺及楔形塞尺检查
3	踢脚线上口平齐	3.0	拉5m通线，不足5m拉通线
4	板面拼缝平直	3.0	或用钢尺检查
5	相邻板材高差	0.5	用尺量和楔形塞尺检查
6	踢脚线与面层的接缝	0.1	楔形塞尺检查

4.10.6　地毯地面工程质量验收

地毯地面工程质量验收依据标准：《建筑工程施工质量验收统一标准》（GB 50300—2013），《建筑地面工程施工质量验收规范》（GB 50209—2010）。

其质量验收要求及检验方法，见表 4-16。

表 4-16　地毯地面工程质量验收要求与检验方法

项目	项次	质量要求	检验方法
主控项目	1	地毯面层采用的材料应符合设计要求和国家现行有关标准的规定	观察检查和检查材质合格记录
	2	地毯面层采用的材料进入施工现场时，应有地毯、衬垫、胶粘剂中的发挥性有机化合物（VOC）和甲醛限量合格的检测报告	检查检测报告
	3	地毯表面应平服，拼缝处应粘贴牢固、严密平整、图案吻合	观察检查
一般项目	4	地毯表面不应起鼓、起皱、翘边、卷边、显拼缝、露线和无毛边，绒面毛顺光一致，毯面干净，无污染和损伤	观察检查
	5	地毯同其他面层连接处、收口处和墙边、柱子周围应顺直并压紧	观察检查

4.10.7　活动地板工程质量验收

活动地板工程质量验收依据标准：《建筑工程施工质量验收统一标准》（GB 50300—2013），《建筑地面工程施工质量验收规范》（GB 50209—2010）。

其质量验收要求及检验方法，见表 4-17。

表 4 - 17　活动地板工程质量验收要求与检验方法

项目	项次	质量要求	检验方法
主控项目	1	活动地板应符合设计和国家现行有关标准的规定，且应具有耐磨、防潮、阻燃、耐污染、耐老化和导静电等特点	观察检查和检查材质合格证明文件及检测报告
	2	活动地板面层应安装牢固，无裂纹、掉角和缺棱等缺陷	观察和脚踩检查
一般项目	3	活动地板面层应排列整齐、表面洁净、色泽一致、接缝均匀、周边顺直	观察检查

活动地板面层的允许偏差应符合表 4 - 18 的规定。

检验方法：应按表 4 - 18 中的检验方法检验。

表 4 - 18　活动地板面层的允许偏差及检验方法

序号	检验项目	允许偏差或允许值/mm	检验方法
1	表面平整度	2.0	用 2m 靠尺和楔形塞尺检查
2	缝格平直	2.5	拉 5m 线和用钢尺检查
3	接缝高低差	0.4	用钢尺和楔形塞尺检查
4	踢脚线上口平直	1.0	拉 5m 线和用钢尺检查
5	板块间隙宽度	0.3	用钢尺检查

4.10.8　PVC 塑胶地面工程质量验收

PVC 塑胶地面工程质量验收依据标准：《建筑工程施工质量验收统一标准》（GB 50300—2013），《建筑地面工程施工质量验收规范》（GB 50209—2010）。

其质量验收要求及检验方法，见表 4 - 19。

表 4 - 19　PVC 塑胶地面工程质量验收要求与检验方法

项目	项次	质量要求	检验方法
主控项目	1	塑料板面层所用的材料应符合设计要求和现行国家标准的规定	观察检查和检查材质合格证明文件及检测报告
	2	现浇型塑胶面层的配合比应符合设计要求，成品试件应检测合格	检查配合比试验报告、试件检测报告
	3	现浇型塑胶面层与基层粘结应牢固，面层厚度应一致，表面颗粒应均匀，不应有裂痕、分层、气泡、脱粒等现象；塑胶卷材面层的卷材与基层应粘结牢固，面层不应有断裂、起泡、起鼓、空鼓、脱胶、翘边、溢液等现象	观察检查和用敲击及钢尺检查

续表

项目	项次	质量要求	检验方法
一般项目	4	塑胶面层的各组合层厚度、坡度、表面平整度应符合设计要求	采用钢尺、坡度尺、2m 或 3m 水平尺检查
	5	塑料板面层应表面洁净，图案清晰，色泽一致；拼缝处的图案、花纹吻合，无明显高低差及缝隙，无胶痕；与墙边交接严密，阴阳角收边方正	观察检查
	6	板块的焊接，焊缝应平整、光洁，无焦化变色、斑点、焊瘤和起鳞等缺陷，其凹凸允许偏差不应大于 0.6mm	观察检查

塑料板面层的允许偏差应符合表 4-20 的规定。

检验方法：应按表 4-20 中的检验方法检验。

表 4-20　塑料板面层的允许偏差及检验方法

序号	检验项目	允许偏差或允许值/mm	检验方法
1	表面平整度	2	用 2m 靠尺和楔形塞尺检查
2	缝格平直	2	拉 5m 线和用钢尺检查
3	踢脚线上口平直	3	拉 5m 线和用钢尺检查

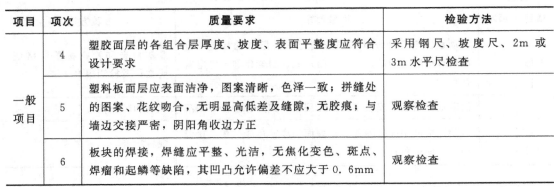

本项目小结

在建筑中，人们在楼地面上从事各项活动，安排各种家具和设备；地面要经受各种侵蚀、摩擦和冲击作用，在楼地面上进行各种饰面装饰，不仅提高了楼地面的耐久性，也使楼地面的使用功能与装饰美感有很大程度的改善。楼地面装饰已成为建筑装饰工程中不可缺少的重要组成部分。

本项目详细介绍了不同类型的楼地面工程，也侧重对新型地面材料及施工工艺的介绍，任务内容以实际的工作过程为依据，分为施工准备、施工操作、施工完成三部分，侧重的应用性知识点包括楼地面工程涉及的材料及机具、楼地面工程施工工艺及操作要点、楼地面工程质量检验。侧重的能力目标是所学知识的实际灵活运用及对楼地面工程中实际问题的处理解决能力。

实训项目一　木地面装饰装修工程实训

1. 木地面装饰装修实训

1) 实训目的与要求

实训目的：熟悉木地板的类型、特点，结合房间功能，确定其楼地面的构造类型。掌

握悬浮式实木地板的分层结构及构造做法，熟练绘制出木地板的装饰施工图，了解木地面质量验收要点。并能正确指导现场施工，能进行木地板施工的操作。

实训要求：4人一组完成不少于 $10m^2$ 的木地板的铺设。

2）实训的条件、内容及深度

利用现有的实训教学空间如图 4.23 所示绘制平面示意图，并根据空间的功能要求，用 2 号制图样，以铅笔或墨线笔或用软件 AutoCAD 绘制下列各图，比例自定。符合国家制图标准，并能进行施工。

（1）绘制平面示意图，表示板材结构、规格尺寸及材质。

（2）绘制悬浮式实木地板的分层结构及构造做法详图。

（3）绘制踢脚、门洞口、不同材质交界处的节点详图。

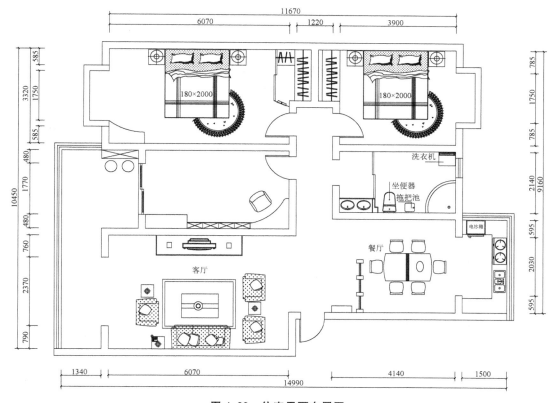

图 4.23　住宅平面布置图

2. 实训准备

1）主要材料

面层材料：烤漆实木地板，其宽度不大于120mm，厚度应符合设计要求。

规格：通常为条形企口板。

基层材料：木搁栅（也称木楞、木龙骨）、垫木、压檐条、剪刀撑和毛地板等。

辅助材料：9mm夹板、12mm夹板、防潮垫、地板胶、气钉等。

2）作业条件

（1）采用水泥砂浆对地面进行找平，并用2m靠尺检验应小于5mm。

（2）无浮土，无明显施工废弃物等。

（3）严禁含湿施工，并防止有水源处向地面渗漏，基层含水率不大于15％。

（4）施工程序严禁在木地板铺设时，和其他室内装饰装修工程交叉混合施工。

3）主要机具

冲击电锤、螺钉旋具、斧子、锤子、冲子、凿子、钳子、锯、手电钻、直角检测尺、割角尺等。

3．施工工艺

实木木地板施工工艺：基层清理→弹线→钻孔安装预埋件→安装木搁栅→垫保温层→弹线、钉装毛地板→找平、刨平→钉木地板→装踢脚板→上蜡。

4．施工质量控制要点

（1）实木地板面层可采用双层面层和单层面层铺设，其厚度应符合设计要求。实木地板面层的条材和块材应采用具有商品检验合格证的产品，其产品类别、型号、适用树种、检验规则以及技术条件等均应符合现行国家标准《实木地板》（GB/T 15036.1～6）的规定。

（2）铺设实木地板面层时，其木搁栅的截面尺寸、间距和稳固方法等均应符合设计要求。木搁栅固定时，不得损坏基层和预埋管线。木搁栅应垫实钉牢，与墙之间应留出30mm的缝隙，表面应平直。

（3）毛地板铺设时，木材髓心应向上，其板间缝隙不应大于3mm，与墙之间应留8～12mm空隙，表面应刨平。

（4）实木地板面层铺设时，面板与墙之间应留8～12mm缝隙。

（5）采用实木制作的踢脚线，背面应抽槽并做防腐处理。

（6）如地面环境潮湿，要进行防潮处理。

（7）地板与地板的接口不能用胶水粘结，必须要用地板钉从启口处45°定在龙骨上。

5．学生操作评定（表4-21）

表4-21　学生操作评定标准

序号	项　　目	评定方法	满分	得分
1	绘制平面示意图	比例、线条、标注错误一处扣2分	5	
2	构造做法详图	比例、线条、标注错误一处扣2分	5	
3	交界处的节点详图	比例、线条、标注错误一处扣2分	5	
4	基层处理	不平整一处扣2分	10	
5	弹线	位置错误一处扣5分	10	
6	木搁栅安装	不牢固一处扣5分；安装方法错误一处扣2分	15	
7	接缝	不严密、不平整一处扣2分	10	

续表

序号	项 目	评定方法	满分	得分
8	面层铺设	铺设方法不正确扣 5 分；不合理一处扣 5 分	15	
9	踢脚线	收边不整齐一处扣 5 分	15	
10	实训总结报告	检查，报告每缺一项扣 2 分	10	
11	合 计		100	

实训项目二　地毯装饰装修工程实训

1. 地毯面装饰装修实训

1）实训目的与要求

实训目的：熟悉地毯的类型、特点，结合房间功能，确定其楼地面的构造类型。掌握卡条式固定地毯做法，熟练绘制出地毯的装饰施工图，了解地毯铺设质量验收要点，并能正确指导现场施工，能进地毯铺设的施工操作。

实训要求：4 人一组完成不少于 10m² 的地毯铺设。

2）实训的条件、内容及深度

利用现有的实训教学空间如图 4.24 所示绘制平面示意图，并根据空间的功能要求，用 2 号制图样，以铅笔或墨线笔或用软件 AutoCAD 绘制下列各图，比例自定。要求达到装饰施工图深度，符合国家制图标准，并能进行施工。

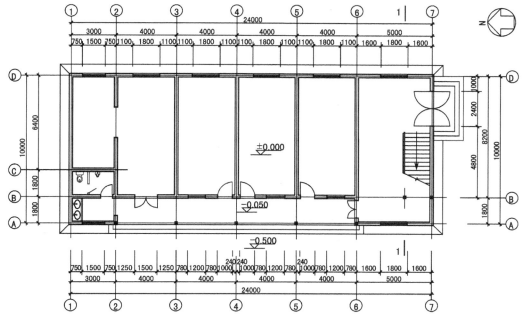

图 4.24　办公平面布置图

绘制踢脚、门洞口、不同材质交界处的节点详图。

2. 实训准备

1）主要材料

面层材料：整幅成卷地毯，厚度应符合设计要求。

辅助材料有倒刺板、铝合金倒刺条、地毯胶粘剂、地毯接缝带、地毯垫层。

2）作业条件

（1）在地毯铺设之前，室内装饰必须完毕。

（2）准备地毯、衬垫、倒刺板、铝压条或锑条、胶粘剂和接缝带或其他接缝材料。等进场后应检查核对数量、品种、规格、颜色、图案等是否符合设计要求。

（3）铺设地毯的房间、走道等四周的踢脚板做好。踢脚板下口均离地面 8mm 左右，或比地毯厚度大 2~3mm。以便将地毯毛边掩入踢脚板。

（4）木地板上铺地毯，应检查有无松动的木板块及有无突出的钉头，必要时应作加固或更换。

（5）成卷地毯应在铺设前 24h 运到铺设现场，打开、展平，消除卷曲应力，以便铺设。

3）主要机具

张紧器、裁边机、切割刀、裁剪剪刀、漆刷、熨斗、弹线粉袋、扁铲、压棍、直尺、钢卷尺、锤子、吸尘器等。

3. 施工工艺

基层清扫处理→地毯裁割→钉倒刺板→铺垫层→接缝→拉伸、固定地毯→细部处理及清理。

4. 施工质量控制要点

（1）水泥类面层（或基层）表面应坚硬、平整、光洁、干燥，无凹坑、麻面、裂缝，并应清除油污、钉头和其他突出物。

（2）海绵衬垫应满铺平整，地毯拼缝处不露底衬。

（3）固定地毯用的金属卡条（倒刺板）、金属压条、专用双面胶带等必须符合设计要求。

（4）铺设的地毯张拉应适宜，四周卡条固定牢；门口处应用金属压条等固定。

（5）地毯周边和踢脚线之间的缝中应塞入卡条。

（6）如地面环境潮湿，要进行防潮处理。

5. 学生操作评定（表 4-22）

表 4-22　学生操作评定标准

序号	项　　目	评定方法	满分	得分
1	交界处的节点详图	比例、线条、标注错误一处扣 2 分	10	
2	基层处理	不平整一处扣 1 分	5	
3	地毯裁割	方法错误一处扣 1 分	5	
4	钉倒刺板	不牢固一处扣 5 分；安装方法错误一处扣 5 分	20	

续表

序号	项 目	评定方法	满分	得分
5	铺垫层	不严密、不平整一处扣1分	5	
6	接缝	不正确不严密一处扣2分	10	
7	拉伸、固定地毯	铺设方法不正确扣5分；不合理一处扣5分	20	
8	细部处理	收边不整齐一处扣5分	15	
9	实训总结报告	检查，报告每缺一项扣2分	10	
10	合 计		100	

复习思考题

1. 楼地面的基本构造层次有哪些？

2. 楼地面有哪些装饰类型？

3. 楼地面常用的装饰材料有哪些？

4. 水泥砂浆地面的构造做法哪些？

5. 绘制陶瓷地砖地面的构造做法示意图。

6. 陶瓷地砖的施工工艺及操作要点有哪些？

7. 石材地面的施工工艺及操作要点有哪些？

8. 木地板有哪些类型？实木地板的施工工艺有哪些？

9. 地毯施工有哪些铺设方式？

10. 地毯有哪些种类？如何进行地毯的收边处理？

11. 活动地板适用在什么范围？其施工工艺有哪些？

12. PVC塑胶地面施工条件有哪些？

项目 **5**

轻质隔墙工程施工技术

学习目标

    了解隔墙的基本功能及在现时空间设计中用途及作用。了解现在一般隔墙的种类及材质选择。加强对隔墙结构的理解。重点掌握轻钢龙骨隔墙及木龙骨纸面石膏板隔墙的施工技术，并能对隔墙装饰工程进行质量验收。

学习要求

工程过程	能力目标	知识要点	相关知识	重点
施工准备	选用隔墙材料施工机具的能力	隔墙材料、隔墙施工机具	隔墙材料规格、性能、技术指标 隔墙材料鉴别及运用 隔墙工程机具安全操作	
施工实施	隔墙工程的施工操作及指导技能	隔墙工程施工工艺及方法	隔墙工程内部构造 隔墙工程施工工艺流程 隔墙工程施工操作要点	●
施工完成	隔墙工程质量验收技能	隔墙工程质量验收标准	隔墙工程质量验收标准 隔墙工程质量检验方法	●

**任务概述**

现代建筑，其框架式结构越来越需要室内设计的专业人员进行重新分区，而装饰施工过程中，隔墙工程不仅起到这样的作用，还更好地为室内空间服务。本项目将全面讲述各种轻质隔墙种类及其施工工艺，使学生了解各类轻质隔墙材料的性能及特点，根据不同的设计效果和环境要求，选择合理的材料及施工方法。

隔墙主要作用为分隔空间。要求其自重轻，厚度薄，刚度大。有些还要求隔声、耐火、耐温、耐腐蚀以及通风、采光、便于拆卸等。按使用状况分永久性隔墙（适用于公共建筑的隔墙需要）、可拆装隔断墙和可折叠隔断墙三种形式。按构造方式分块材式隔断墙（砖、砌块、玻璃砖等）、主筋式隔断墙（龙骨式隔断墙）和板材式隔断墙（加气混凝土条板砖、石膏板），这些都属于永久性隔断墙。

当然，现在施工技术及材料科技的发展，推柱式隔断和多功能活动半隔断墙也是近期发展的新型隔断形式。像多功能活动半隔断是由许多个矮隔断板进行拼装起来的一种新型办公设施，主要适用于大型开放式办公空间等。

任务 5.1　轻钢龙骨纸面石膏板隔墙施工

轻钢龙骨纸面石膏板隔墙，是机械化施工程度较高的一种干作业墙体，具有施工速度快、成本低、劳动强度小、装饰美观及防火、隔声性能好等特点。因此是目前应用较为广泛的一种隔墙。它的施工方法不同于使用传统材料的施工方法，因而合理使用原材料，正确使用施工机具，以达到高效率、高质量的目的。

5.1.1　轻钢龙骨隔墙材料和工具

1. 材料

（1）纸面石膏板具有轻质、高强、抗震、防火、防蛀、隔热、保温、隔声性能好、良好的可加工性等特点。一般施工中使用纸面石膏板。其大致分类：普通纸面石膏板（不宜用于厨房、卫生间及超市环境），防火纸面石膏板，防水纸面石膏板等。

（2）隔墙龙骨一般为 C 型系列，以 C50 为居多，如图 5.1 所示。用于层高 3.5m 以下的隔墙。对于施工要求及使用需求较高的空间，可以采用 C70 或 C100 等主龙骨系列。

（3）紧固材料：主要通过射钉、膨胀螺钉、自攻螺钉、螺钉等进行连接加固，如图 5.2 所示。

（4）垫层材料：橡胶条、填充材料有玻璃棉、矿面板等。

2. 工具

隔墙施工中一般会使用到的工具有气钉枪、电钻、墨斗、气泵、木锯等。

机具介绍请参考附录。

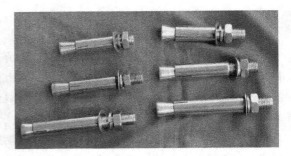

图 5.1　龙骨　　　　　　　图 5.2　各型号膨胀螺钉

5.1.2　轻钢龙骨施工

1. 施工条件

（1）轻钢骨架、石膏罩面板隔墙施工前应先完成基本的验收工作，石膏罩面板安装应待屋面、顶棚和墙抹灰完成后进行。

（2）设计要求隔墙有地枕带时，应待地枕带施工完毕，并达到设计要求后，方可进行轻钢龙骨安装。

2. 施工工艺

轻钢龙骨施工工艺为基层处理与清理→墙位放线→墙垫施工→轻钢龙骨安装→安装石膏板→暗接缝处理。施工流程的正确性可以保证工程的顺利进行。隔墙施工截面如图 5.3 所示。

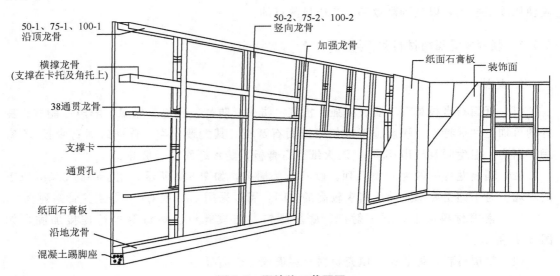

图 5.3　隔墙施工截面图

（1）放线。根据图样，在室内地上放出墙的位置线，并将线引至顶棚和侧墙。在地上放墙线应放双线，即墙的两个垂面在地面的投影线。

（2）做墙垫。先对墙垫与楼、地面接触部位进行清理后涂涮 YJ-302 界面处理剂一

道，随即打 C20 素混凝土墙垫。墙垫上表面应平整、两侧应垂直。

（3）轻钢龙骨骨架安装。固定沿地、沿顶龙骨可采用射钉或钻孔用膨胀螺栓固定，中距一般以 900mm 为宜。射钉的位置应避开已敷设的暗管。

竖龙骨的间距应根据设计按隔墙限制高度的规定选用。当采用暗接缝时，则龙骨间距应增加 6mm，如 450mm 或 600mm 龙骨间距则为 453mm 或 603mm。如采用明接缝宽度确定，卫生间隔墙用于墙中有吊挂各种物件的要求，则龙骨间距一般为 300mm。

竖龙骨应由墙的一端开始排列，当最后一根龙骨距离墙（柱）边的尺寸大于规定的龙骨间距时，必须增设一根龙骨。竖龙骨上下端应与沿地、沿顶龙骨用铆钉固定。现场需截断龙骨时，应一律从龙骨的上端开始，冲孔位置不能颠倒，并保证各龙骨冲孔高度在同一水平。

（4）安装门口立柱。根据设计确定的门口立柱形式进行组合，在安装立柱的同时，应将门口与立柱一并就位固定，如图 5.4 所示。

图 5.4　龙骨加固洞口

（5）水平龙骨的连接。当隔墙高度超过石膏板的长度时，应设水平龙骨。其连接方式有采用沿地、沿顶龙骨与竖向龙骨连接；或采用竖向龙骨用卡托和角托连接于竖向龙骨四种，如图 5.5 所示。

图 5.5　连接龙骨与龙骨的连接卡件

（6）安装通贯横撑龙骨必须与竖向龙骨的冲孔保持在同一水平上，并卡紧牢固，不得松动。

（7）固定件的位置。当隔墙中设置配电盘、消火栓、脸盆、水箱时，各种附墙设备及吊挂件，均应按设计要求在安装骨架时预先将连接件与骨架连接牢固，如图 5.6 所示。

（8）安装石膏板。石膏板安装应用竖向排列，龙骨两侧的石膏板错缝排列。石膏板用自攻螺钉固定，顺序是从板的中间向两边固定。

12mm 厚石膏板用长 25mm 螺钉，两层 12mm 厚石膏板时用长 35mm 螺钉。自攻螺钉在纸面石膏板上的固定位置是离纸包边的板边大于 10mm，小于 16mm，离切割边的板边至少 15mm。板边的螺钉距 250mm，边中的螺钉距 300mm。螺母略埋入板内，不得损坏纸面。隔墙下端的石膏板不应直接与地面接触，应留 10～15mm 缝隙，并用密封膏嵌严。卫生间等湿度较大的房间隔墙应做墙垫并采用防水石膏板，石膏板下端与踢脚间留缝 5mm，并用密封膏嵌严。纸面石膏板上开孔。开圆孔较大时应用由花钻开孔，开方孔应用钻钻孔后用锯条修边，如图 5.7 所示。

图 5.6 线路连接固定

图 5.7 纸面石膏板开孔

（9）暗接缝处理。嵌接缝腻子。打尽缝中浮尘，用小开刀将腻子嵌入缝内与板缝取平。上述腻子凝固后，刮约 1mm 厚腻子并粘玻璃纤维接缝带，再在开刀处从上往下一个方向压、刮平，使多余腻子从接缝带网眼中挤出。随即用大开刀刮腻子，将接缝带埋入腻子中，此遍腻子应将石膏板之楔形棱边填满找平，如图 5.8 所示。

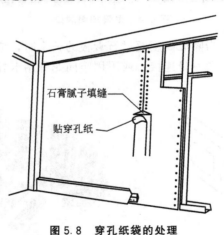

石膏腻子填缝

贴穿孔纸

图 5.8 穿孔纸袋的处理

5.1.3 其他形式隔墙施工注意事项

1. 双排龙骨双面双层隔墙

双排龙骨双面双层隔墙具有较高的隔声、保温、防震、防火的功能特点，其质量轻、安装简便、工期短，适合用于医院、学校、宾馆、电影院、会议室的轻质隔墙施工等。

（1）施工要点。双排龙骨的安装与单排龙骨安装方式相同，结构组成：50 竖向龙骨、

38 通贯龙骨、双层 12mm 标准纸面石膏板、岩棉等。双排轻钢龙骨石膏板隔墙的龙骨之间是不需要连接固定的。双排龙骨双面双层隔墙示意图，如图 5.9 所示。

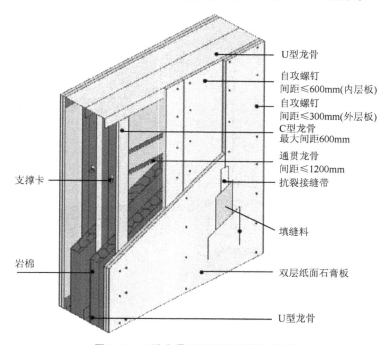

图 5.9 双排龙骨双面双层隔墙示意图

隔墙由四层石膏板安装在龙骨上，可安装保温层、埋线，如图 5.10 所示。

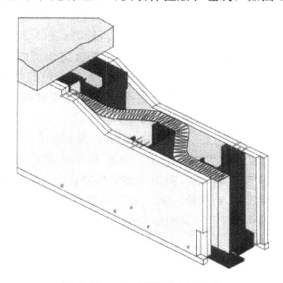

图 5.10 四层石膏板内部结构

（2）双层石膏板的安装。第一层与单层石膏板的安装方法相同。第二层石膏板的板缝不能与第一层石膏板的板缝错落在同一根龙骨上，即与第一层石膏板错开安装。其他具体的安装方法与单层板相同，在使用自攻螺钉打时，应当选择 35mm 高强度自攻螺钉固定第二层石膏板。除使用自攻螺钉固定第二层石膏板外，还可以采用粘结石膏或其他黏度较高的胶材料。但使用有机胶材料，应用于通风良好的区域，以免引起对人体的伤害或由于火灾致人窒息，如图 5.11、图 5.12 所示。

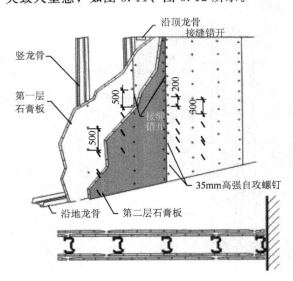

图 5.11 双层石膏板隔墙安装示意图　　图 5.12 单、双层石膏板自攻螺钉安装示意图

2. 圆弧形墙施工要点

（1）画线找规矩。在地面和顶棚上分别画出圆弧墙基准线。此基准线应是双线，即为沿地沿顶龙骨的边缘线，画线方法同一般轻钢龙骨纸面石膏板墙画线方法。

（2）加工圆弧沿地、沿顶龙骨。将沿地、沿顶龙骨切割缺口后再弯曲成所要求的弧度。

（3）龙骨安装。将 U 型沿地、沿顶龙骨按所需弧度弯出圆弧后，使圆弧边紧靠弧形基线，用射钉固定于地面和顶板上。C 型竖向龙骨用自攻螺钉或抽芯铆钉与沿地、沿顶龙骨连接牢固，竖向龙骨间距依据设计要求。如果没有设计要求则依圆弧长度计算确定。原则是每块圆弧石膏板应作力于三根竖向龙骨上。

（4）弧形石膏板加工与安装。一般来说，纸面石膏板需单面割口便于弯曲成所需弧度，才能紧贴在龙骨上。且不产生回弹应力。方法是将纸面石膏板背面等距离割出 2～3mm 宽，板厚 2～5mm 深度的口（割口间距依圆弧半径确定，圆弧半径较大者甚至可以不割口）。安装时，将割口的面靠于龙骨，从一头开始逐渐弯曲石膏板，使其紧贴龙骨的弧面圆顺，然后用自攻螺钉将其固定。其固定方法及规定同一般轻钢龙骨纸面石膏板墙。

3. 折线形墙施工要点

折线形墙龙骨安装方法同一般轻钢龙骨纸面石膏板墙，折角处竖龙骨应靠紧。

在安装纸面石膏板后，折角处的阳角应特殊处理：在折角阳角位置贴 50mm 宽玻璃纤维接缝带，然后在接缝带外粘贴 100mm×0.5mm 金属条两根，并用嵌缝腻子刮平。

轻钢龙骨纸面石膏板折线形墙（圆弧形墙）纸面石膏板面层接缝处理同一般平面墙体做法。

5.1.4　石膏板隔墙与其他墙体区别

其主要区别之一是存在若干种板缝，主要有板与板之间的接缝，有无缝、压缝、凹缝这三种做法。另外还有石膏板与楼地面的上下接缝与阴阳角接触，如图 5.13 所示。

（1）无缝做法。板与板之间的接缝处，嵌专用胶液调配的石膏腻子与墙面找平，并贴上接缝纸带 5cm 宽，而后用石膏腻子找平。

（2）压缝做法。在接缝处压进木压条、金属压条或塑料压条，对板缝的开裂，可起到掩饰作用。适用于公共建筑、宾馆、大礼堂等。

（3）凹缝做法。明缝做法，用特制工具将板与板之间的立缝勾成凹缝。

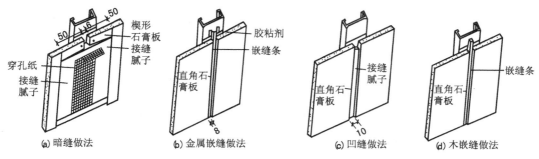

图 5.13　板缝处理

特别提示

1. 轻钢龙骨隔墙成品保护

（1）轻钢龙骨隔墙施工中，工种间应保证已完工项目不受损坏，墙内电管及设备不得碰动错位及损伤。

（2）轻钢骨架及纸面石膏板入场，存放使用过程中应妥善保管，保证不变形、不受潮、不污染、无损坏。

（3）施工部位已安装的门窗、地面、墙面、窗台等应注意保护，防止损坏。

（4）已安装完的墙体不得碰撞，保持墙面不受损坏和污染。

2. 轻钢龙骨隔墙应注意的质量问题

（1）墙体收缩变形及板面裂缝，原因是竖向龙骨紧顶上下龙骨，没留伸缩量，超过 2m 长的墙体未做控制变形缝，造成墙面变形。隔墙周边应留 3mm 的空隙，这样可以减少因温度和湿度影响产生的变形和裂缝。

（2）轻钢骨架连接不牢固，原因是局部节点不符合构造要求，安装时局部节点应严格按图规定处理。钉固间距、位置、连接方法应符合设计要求。如施工中遇到自攻螺钉偏移正确做法是应将自攻螺钉取出，在水平前方 40mm 的地方再次安装，如图 5.14、图 5.15 所示。

（3）墙体罩面板不平，多数由两个原因造成：一是龙骨安装横向错位，二是石膏板厚度不一致。

（4）明凹缝不均，纸面石膏板拉缝未很好掌握尺寸；施工时注意板块分档尺寸，保证板间拉缝一致。

再次安装点

错误点

图 5.14　符合国标规定的面板安装效果　　　图 5.15　自攻螺钉再次安装效果

任务 5.2　木龙骨隔墙

实际工程案例中，除了轻钢龙骨隔墙外，木龙骨隔墙也被广泛使用。木龙骨隔墙是主要采用木龙骨和木质罩面板、石膏板及其他一些板材组装的一种形式。其特点在于安装方便、成本低、使用价值高等优点，广泛被用在家装及普通空间，如图 5.16、图 5.17 所示。

图 5.16　木龙骨隔断　　　　　　　　图 5.17　木龙骨

5.2.1　木龙骨隔墙材料及工具

1. 材料

隔墙木骨架采用的木材、材质等级、含水率以及防腐、防虫、防火处理，必须符合设计要求和《建筑装饰装修工程质量验收规范》（GB 50210—2001）规定。常用骨架木材有落叶松、云杉、硬木松、水曲柳、桦木等。

隔墙木骨架由上槛（沿顶龙骨）、下槛（沿地龙骨）、立筋（立柱、沿墙龙骨、竖龙骨）及横撑（横挡、横龙骨及斜撑）等组成。隔墙木骨架有单层木骨架和双层木骨架两种结构形式。单层木骨架以单层方木为骨架，其厚度一般不小于 100mm；其上、下槛，立柱及横撑的断面可取 50mm×70mm、50mm×100mm、45mm×90mm，立筋间距一般为 400～600mm；横撑的垂直间距为 1200～1500mm。双层木骨架以两层方木组成骨架，骨架之间

用横杆进行连接，其厚度一般为 120～150mm。常用 25cm×30cm 带凹槽木方作双层骨架的框体，每片规格为 300mm×300mm 或 400mm×400mm。

木隔墙工程常用罩面板，有纸面石膏板(简称石膏板)、胶合板、纤维板，以及石膏增强空心条板。

2．工具

钳子、锯、电钻、钢锤、手推刨等。

5.2.2 木龙骨隔墙施工工艺流程

木龙骨隔墙施工工艺为墙位放线→木龙骨处理→安装木龙骨→粘钉石膏板→护缝及护角处理。

（1）墙位放线。施工时首先应找规矩，在需要固定木隔墙的地面和建筑墙面上，弹出隔墙的边缘线和中心线，画出固定点的位置。

（2）木龙骨处理。以间距 300mm、400mm 开槽，槽口深为木龙骨截面的 1/2 左右，如图 5.18 所示。

（3）安装木龙骨。首先用冲击钻在地上弹线的交叉点位置上钻孔。孔距 600mm 左右，深度不小于 60mm，在钻出的孔中打入木楔。通过校正、固定、调整等使木楔安装稳固。如果遇到木骨架与墙面有缝隙，用木片或木块垫实，如图 5.19、图 5.20 所示。

（4）粘钉石膏板。石膏板用自攻螺钉固定。沿石膏板周边螺钉间距不应大于 200mm，中间部分螺钉间距不应大于 300mm，螺钉与板边缘的距离应为 10～16mm，如图 5.21 所示。

（5）护缝及护角处理。石膏板一般要求倒边，成半角或半弧角，有便于嵌缝于水胶带的施工。

图 5.18　木龙骨处理

图 5.19　木龙骨拼接

图 5.20　木龙骨安装

图 5.21　隔墙初步效果

特别提示

（1）木骨架固定通常是在沿墙、沿地、沿顶面处。对隔墙来说，主要是靠地面和端头的建筑墙面固定。如端头无法固定，常用铁件来加固端头，加固部位主要在地面与竖木之间。对于木隔墙的门框、竖向木方，均用铁件加固。

（2）在施工墙，一般检查墙体的平整度与垂直度。基本要求墙面平整度误差 *10mm* 以内的墙体（对于质量要求高的工程，必要时进行重新抹灰浆修正）。遇到误差大于 *10mm* 的，需要加木垫来调整。

任务5.3　玻 璃 隔 墙

玻璃隔墙主要作用就是使用玻璃作为隔墙，将空间根据需求划分，更加合理地利用好空间，满足各种家装和工装用途。玻璃隔墙具有抗风压性、寒暑性、冲击性等优点，所以较为安全，固牢和耐用，而且玻璃打碎后对人体的伤害比普通玻璃小很多。优质的玻璃隔断工程应该是采光好、隔声好、防火佳、环保、易安装，并且玻璃可重复利用。

玻璃隔墙从施工技术可分薄板型与砌块型，是近几年比较流行的做法，广泛使用在公共空间中，如图 5.22～图 5.25 所示。

图 5.22　普通办公空间玻璃隔墙

图 5.23　高级会所磨砂玻璃隔墙

图 5.24　有框玻璃砖隔墙

图 5.25　卫生间玻璃砖隔墙

5.3.1 玻璃板隔墙安装

玻璃板隔墙主要用骨架材料来固定和镶装玻璃。玻璃板隔墙中骨架材料一般有木骨架和金属骨架两种类型。

1. 材料与机具

按玻璃所占比例又可以分半玻璃及全玻型。

玻璃隔墙的主要材料准备：平板玻璃、磨砂玻璃、压花玻璃、彩绘玻璃。

1）平板玻璃

平板玻璃(图 5.26)又称白片玻璃或净片玻璃，是建筑中使用最多、应用最广泛的玻璃。主要有如下两种。

图 5.26 平板玻璃

（1）普通平板玻璃。普通平板玻璃按其外观质量分特选品、一等品和二等品三个等级。其规格厚度有 2mm、3mm、4mm、5mm、6mm 五种。也可根据用户要求生产出 8mm、10mm、12mm。最大尺寸可达 2000mm×2500mm（厚度大于 5mm）。主要用于门窗及室内隔断、橱窗、橱柜、玻璃门等。

（2）浮法玻璃。浮法玻璃表面平整、厚度均匀、光学畸变小，性能优于普通平板玻璃，目前已逐渐取代普通平板玻璃。

浮法玻璃按其外观质量分优等品、一级品和合格品三等。其规格厚度有 3mm、4mm、5mm、6mm、8mm、10mm、12mm。尺寸一般不小于 1000mm×1200mm，不大于 2500mm×3000mm。

2）钢化玻璃

钢化玻璃是普通玻璃热处理而制成的，其强度比未处理的玻璃提高 3～4 倍，具有良好的抗冲击、抗折和耐急冷性能。钢化玻璃使用安全，当玻璃破碎时，不含尖锐的锐角，极大地减少了玻璃碎片对人体产生伤害的可能性，提高了使用安全性，如图 5.27 所示。

 特别提示

钢化玻璃一旦制成，就不能再进行任何冷加工处理，因此玻璃的成型、打孔，必须在钢化前完成，钢化前尺寸为最终产品尺寸。

图 5.27　钢化玻璃

3）镜面玻璃

镜面玻璃，也叫涂层玻璃或镀膜玻璃，有单层涂和双面涂。常用的有金色、银色、灰色、古铜色等。这种玻璃具有视线的单向穿透性，即视线只能从有镀层的一侧观向无镀层的一侧。

4）其他装饰玻璃

（1）压花玻璃。压花玻璃又称"滚花玻璃"，是在玻璃硬化前，经过刻有花纹的滚筒，在玻璃单面或两面压铸深浅不同的各种花纹图案而制成的。它透光不透视，能起到窗帘的作用。

常用于需要装饰并应遮挡视线的场所，如卫生间、浴室、走廊、会议室和公共场所的分隔室的门窗玻璃及隔断等。

（2）磨砂玻璃。磨砂玻璃又称"毛玻璃"，是用机械喷砂、手工研磨或氢氟酸溶蚀等方法，将普通平板玻璃表面处理成均匀毛面而制成的。它只能透光不能透视，能使室内光线柔和而不刺目。常用于透光不透视的门窗、卫生间、浴室、办公室、隔断等。

（3）彩绘玻璃。带有彩绘图案的玻璃称为彩绘玻璃。彩绘玻璃的原片可以是透明玻璃，也可以是玻璃镜。彩绘玻璃的制作分为两个步骤：其一是在玻璃表面上绘制图案；其二是涂布颜色涂料，一般是手工工艺。其装饰特性是色彩艳丽、极具立体感。可用于饭店、舞厅、商场、酒吧、教堂等建筑的窗，门，天顶，隔断及屏风等。各玻璃实例如图 5.28 所示。

(a) 压花玻璃

(b) 磨砂玻璃

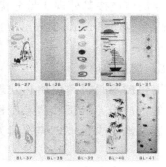
(c) 彩绘玻璃

图 5.28　玻璃实例

5）工具

电焊机、冲击电钻、手枪钻、切割机、玻璃吸盘、直尺、水平尺、注胶枪等。

2．玻璃板隔墙的施工工艺

玻璃板隔墙施工工艺为弹线放样→木龙骨、金属龙骨下料组装→固定框架→安装玻璃→嵌缝打胶。

（1）弹线放样。先弹出地面位置线，在用垂直线法弹出墙、柱上的位置线、高度线和沿顶位置线。

（2）木龙骨、金属龙骨下料组装。按施工图样尺寸与实际情况，用专业工具对木龙骨、金属龙骨采割、组装。

（3）固定框架。木质框架与墙、地面固定可通过预埋木砖或定木楔使框架与之固定。铝合金框架与墙、地面固定可通过铁脚件完成。

（4）安装玻璃。用玻璃吸盘把玻璃吸牢，现将玻璃插入上框槽口内，然后轻轻落下，放入下框槽口内。如多块玻璃组装，玻璃之间接缝时应留 2～3mm 缝隙或留出与玻璃肋厚度相同的缝。

（5）嵌缝打胶。玻璃就位后，校正平整度、垂直度，同时用聚苯乙烯泡沫条嵌入槽口内，使玻璃与金属槽结合平伏、紧密，然后打硅酮结构胶。

3．玻璃屏风安装施工

玻璃屏风是建筑装饰工程中常见的装饰形式，一般是以单层玻璃板安装在框架上，常用的框架为木骨架和不锈钢骨架。

1）木骨架玻璃屏风的施工

在木骨架玻璃屏风施工中，主要应注意以下事项。

（1）玻璃与骨架木框的结合不能过于紧密，玻璃放入木框后，在木框的上部和侧面应留有 3mm 左右的缝隙，该缝隙是为玻璃热胀冷缩而设置的。对于大面积玻璃板来说，留缝是非常重要的，否则在受热膨胀时发生开裂。

（2）在玻璃正式安装时，要检查玻璃的四角是否方正，检查木框的尺寸是否准确，是否有变形的现象。在校正好的木框内侧，定出玻璃安装的位置线，并固定好玻璃板靠位线条，如图 5.29 所示。

（3）把玻璃装入木框内，其两侧距木框的缝隙应当相等，并在缝隙中注入玻璃胶，然后钉上固定压条，固定压条最好用钉枪钉牢。

（4）对于面积较大的玻璃板，安装时应用玻璃吸盘器吸住玻璃，再用手握吸盘器将玻璃提起来进行安装，如图 5.30 所示。

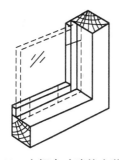
图 5.29　木框内玻璃的安装方式

图 5.30　大面积玻璃用吸盘器安装

（5）木压条的安装形式有多种多样，在建筑装饰工程中常见的安装形式，如图 5.31 所示。

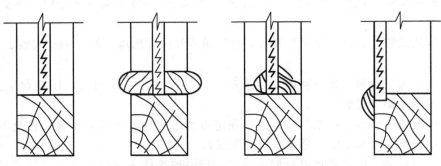

图 5.31　木压条固定玻璃的常见形式

2）金属骨架玻璃屏风的施工

在金属骨架屏风的施工中，主要应当注意以下事项。

（1）玻璃与金属框架安装时，先要安装玻璃靠位线条，靠位线条可以是金属角线，也可以是金属槽线。固定靠位线条通常是用自攻螺钉。

（2）根据金属框架的尺寸裁割玻璃，玻璃与框架的结合不能太紧密，应该按小于框架 3～5mm 的尺寸裁割玻璃。

（3）玻璃安装之前，在框架下部的玻璃放置面上涂一层厚度为 2mm 的玻璃胶，如图 5.32 所示。玻璃安装后，玻璃的底边压在玻璃胶层上，或者放置一层橡胶垫，玻璃底边压在橡胶垫上。

（4）把玻璃放入框内，并靠在靠位线条上。如果玻璃的面积比较大，应使用玻璃吸盘器进行安装。玻璃板距金属框两侧的缝隙距离应当相等，并在缝隙中注入玻璃胶，然后安装封边压条。

（5）如果封边压条是金属槽，而且为了表面美观不能直接用自攻螺钉固定时，可先在金属框上固定木条，然后在木条上涂万能胶，把不锈钢槽条或铝合金槽条卡在木条上，以达到装饰的目的。玻璃的安装方式如图 5.33 所示。

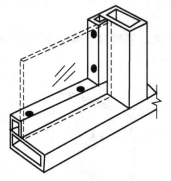

图 5.32　玻璃靠位线条及底边涂玻璃胶

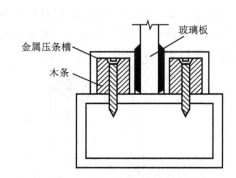

图 5.33　金属框架上的玻璃安装

4. 墙面、柱面装饰玻璃安装

用玻璃作为墙面饰面可以分为大面积铺设和局部铺设两种。

应用案例

某宾馆商务工作间玻璃墙面，其装饰设计形式如图5.34所示。

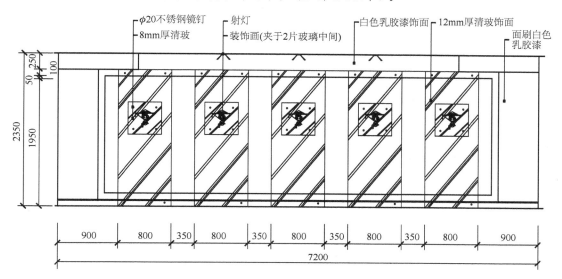

图 5.34　玻璃饰面墙面

1）大面积玻璃饰面墙构造

大面积玻璃墙的基本构造包括：龙骨、木衬板和饰面玻璃，如图5.35所示。

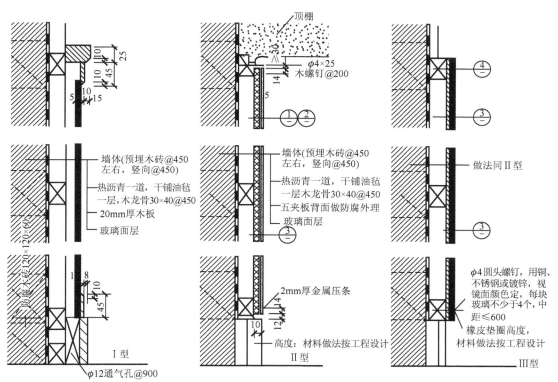

图 5.35　大面积玻璃墙饰面构造

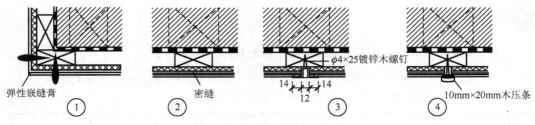

图 5.35　大面积玻璃墙饰面构造(续)

2）墙面、柱面装饰玻璃安装

玻璃的固定安装方法主要有四种，即钉固法、粘贴法、嵌钉法、托压固定法。

（1）钉固法。在玻璃上钻孔，用不锈钢螺钉直接把玻璃固定在墙筋（或衬板）上，适用于 $1m^2$ 以下的小镜，如图 5.36 所示。

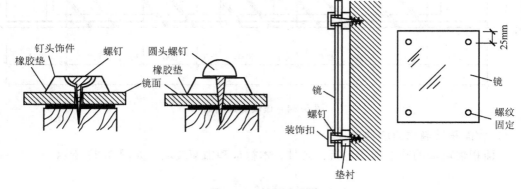

图 5.36　钉固法安装

（2）粘贴法。将饰面玻璃用环氧树脂、玻璃胶直接粘在木衬板（镜垫）上，适用于 $1m^2$ 以下的玻璃饰面。在柱子上进行玻璃面装饰时，多用此法，比较方便。

（3）嵌钉法。将嵌钉钉在墙筋上，将饰面玻璃的四个角压紧固定，如图 5.37 所示。安装时，从下往上进行，安装第 1 排时，嵌钉应临时固定，装好第 2 排后再拧紧。

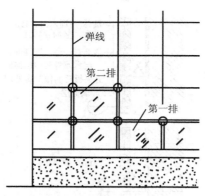

图 5.37　嵌钉法安装

（4）托压固定法。托压固定主要靠压条压和边框托将饰面玻璃托压在墙上。压条和边框有木材、塑料和金属型材，如图 5.38 所示。

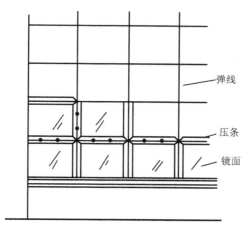

图 5.38　托压固定法安装

5.玻璃栏板施工安装

玻璃栏板又称"玻璃栏河"，是以大块透明的安全玻璃为栏板，以不锈钢、铜或木制扶手立柱为骨架，固定于楼地面基座上，用于建筑回廊(跑马廊)或高级宾馆的主楼梯栏板等部位。

玻璃栏板上安装的玻璃，其规格、品种由设计而定，而且强度、刚度、安全性均应作计算，以满足不同场所使用的要求。

 应用案例

某宾馆大厅回廊走道玻璃栏板饰面，其装饰设计形式，如图 5.39 所示。

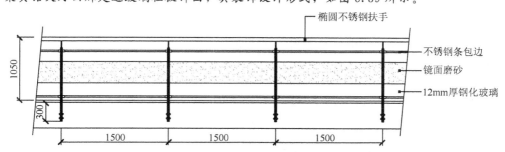

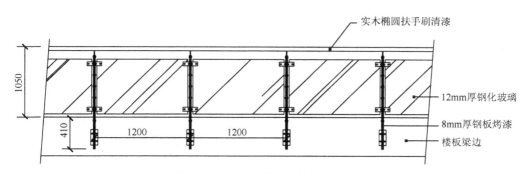

图 5.39　回廊走道玻璃栏板立面图

回廊栏板施工安装工艺如下。回廊栏板由三部分组成：扶手、玻璃栏板、栏板底座。

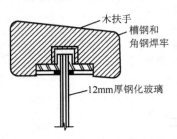

图 5.40　木质扶手与玻璃板的连接

（1）扶手安装。扶手固定必须与建筑结构相连且必须连接牢固，不得有变形。同时扶手又是玻璃上端的固定支座。一般用膨胀螺栓或预埋件将扶手的两端与墙或柱连接在一起，扶手的尺寸、位置和表面装饰依据设计确定。

（2）扶手与玻璃的固定。木质扶手、不锈钢扶手和黄铜扶手与玻璃板的连接，一般做法是在扶手内加设型钢，如槽钢、角钢或 H 型钢等。如图 5.40、图 5.41（a）所示为木扶手及金属扶手内部设置型钢与玻璃栏板相配合的构造做法。有的金属圆管扶手在加工成型时，即将嵌装玻璃的凹槽一次制成，这样可减少现场焊接工作量，如图 5.41（b）所示。

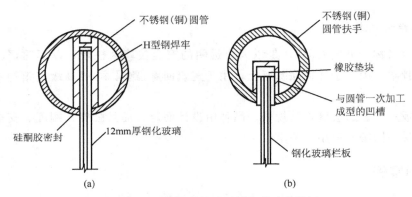

图 5.41　金属扶手加设型钢安装玻璃栏板

（3）玻璃栏板单块间的拼接。玻璃栏板单块与单块之间，不得拼接过于太紧，一般应留出一定的间隙。玻璃与其他材料的相交部位也不能贴靠过紧。

对于夹板式玻璃栏板与立柱的连接，应通过专用的玻璃驳接件或通过玻璃上开孔用螺栓与外夹钢板连接牢固，如图 5.42 所示。

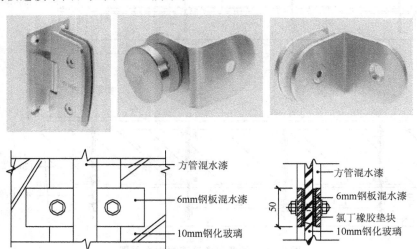

图 5.42　夹板式玻璃栏板与立柱的连接构造

（4）玻璃栏板底座的做法。玻璃栏板底座的做法，主要是解决玻璃栏板的固定和踢脚部位的饰面处理。固定玻璃的做法非常多，一般是采用角钢焊成的连接铁件，两条角钢之间留出适当的间隙，即玻璃栏板的厚度再加上每侧 3～5mm 的填缝间隙，如图 5.43 所示。此外，也可采用角钢与钢板相配合的做法，即一侧用角钢，另一侧用同角钢长度相等的 6mm 厚的钢板。钢板上钻 2 个孔并设自攻螺纹，在安装玻璃栏板时，在玻璃和钢板之间垫设氯丁橡胶胶条，拧紧螺钉，将玻璃固定。

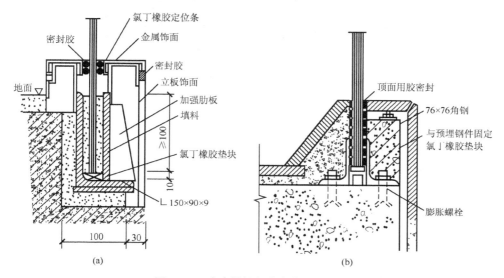

图 5.43　玻璃栏板与底座的连接做法

 **特别提示**

玻璃栏板的下端不能直接坐落在金属固定件或混凝土地面上，应采用橡胶垫块将其垫起。玻璃板两侧的间隙，可填塞氯丁橡胶定位条将玻璃栏板夹紧，而后在缝隙上口注入聚硅氧烷胶密封。

5.3.2　空心玻璃砖隔墙安装

目前，装饰装修工程中采用的玻璃砖砌筑隔墙，是一种强度高，外观整洁、易清洗、防火、光洁明亮、透光不透明等特点。玻璃砖主要用于室内隔墙或其他局部墙体，它不仅能分割空间，而且还可以作为一种采光的墙壁，具有较强的装饰效果。尤其是透光与散光现象所形成的视觉效果，使装饰部位别具风格，因而被广泛使用，如图 5.44 所示。

1. 材料与机具

（1）玻璃砖有实心砖和空心砖之分，当前应用最广泛的是空心玻璃砖。

空心玻璃砖是采用箱式模具压制而成的两块凹形玻璃熔接或胶结成整体的，具有一个或两个空腔的玻璃制品。空腔中充以干燥空气或其他绝热材料，经退火、最后涂饰侧面而成。

空心玻璃砖规格通常为 115mm × 115mm × 95mm、140mm × 140mm × 95mm、145mm×140mm×95mm、190mm×190mm×95mm、240mm×240mm×95mm 等，并有白、茶、蓝、绿、灰等色彩及各种精美条纹图案。

图 5.44　空心玻璃砖样式

（2）电钻、水平尺、橡胶榔头、砌筑和勾缝工具等。

2．施工方法

（1）弹线

（2）调制砂浆，具体配置(1∶1)的(白色砂浆∶细沙)。

（3）基层处理底角厚度 40mm 或 70mm。

（4）立框框架固定在地坪与隔墙面上。

（5）安装玻璃砖，施工中基本采用镶入式做法，如图 5.45 所示。

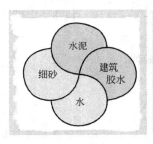

(a) 白水泥∶细砂∶建筑胶水∶水，
按10∶10∶0.3∶3比例拌匀成砂浆

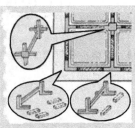

(b) 安装"+"型或"T"型定位架

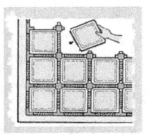

(c) 用砂浆砌玻璃砖，自上而下，
逐层叠加

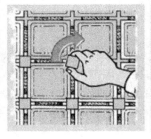

(d) 砌完后，去掉定位支架上多余
的板块

(e) 用腻刀勾缝，并去除多
余的砂浆

(f) 及时用潮湿的抹布擦去玻璃砖
上的砂浆

图 5.45　空心玻璃转隔墙安装

3．施工要点

玻璃砖应砌筑在配有两根 $\phi 6 \sim \phi 8$ 钢筋增强的基础上。基础高度不应大于 150mm，宽度应大于玻璃砖厚度 20mm 以上。

　　玻璃砖分隔墙顶部和两端应用金属型材，其槽口宽度应大于砖厚度 10～18mm。当隔断长度或高度大于 1500mm 时，在垂直方向每两层设置一根钢筋（当长度、高度均超过 1500mm 时，设置两根钢筋）；在水平方向每隔三个垂直缝设置一根钢筋。钢筋伸入槽口不小于 35mm。用钢筋增强的玻璃砖隔断高度不得超过 4m。

　　玻璃分隔墙两端与金属型材两翼应留有宽度不小于 4mm 的滑缝，缝内用油毡填充；玻璃分隔板与型材腹面应留有宽度不小于 10mm 的膨胀缝，以免玻璃砖分隔墙损坏。

　　玻璃砖最上面一层砖应伸入顶部金属型材槽口 10～25mm，以免玻璃砖因受刚性挤压而破碎。

　　玻璃砖之间的接缝不得小于 10mm，且不大于 30mm。

　　玻璃砖与型材、型材与建筑物的结合部，应用弹性密封胶密封，其构造做法，如图 5.46 所示。

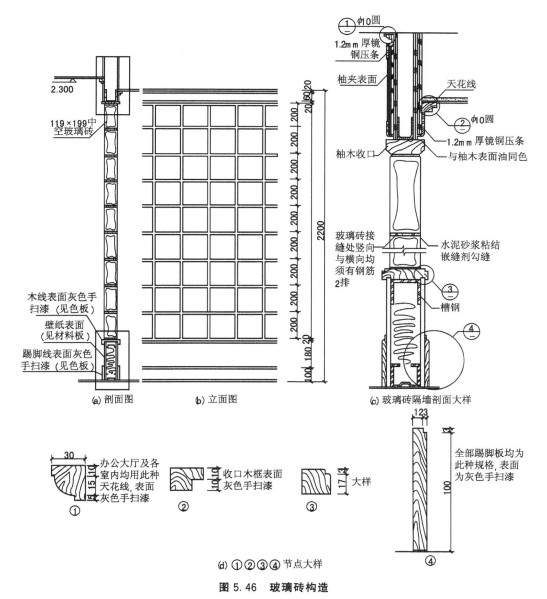

图 5.46　玻璃砖构造

任务 5.4 砌 块 隔 墙

在室内分隔空间时，为了减轻隔墙自重和节约用砖，经常也采用轻质砌块隔墙。砌块隔墙常采用加气混凝土砌块、粉煤灰硅酸盐砌块以及水泥炉渣空心砖等砌筑隔墙。砌块隔墙具有轻质、高强、隔声、隔热、防火、无毒、无辐射、节约占地空间、施工便捷、经济合理等特点。产品广泛应用于住宅、办公楼、商业、厂房、医院、学校等工业和民用建筑，是目前我国积极推广的绿色环保新型墙体建材，如图 5.47 所示。

图 5.47 切块隔墙样式

砌块隔墙厚度由砌块尺寸决定，一般为 90～290mm。砌块墙吸水性强，故在砌筑时应先在墙下部实砌 3～5 皮粘土砖再砌砌块。砌块不够整块时宜用普通粘土砖填补，如图 5.48 所示。

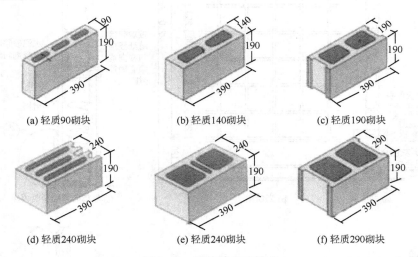

(a) 轻质90砌块　　(b) 轻质140砌块　　(c) 轻质190砌块

(d) 轻质240砌块　　(e) 轻质240砌块　　(f) 轻质290砌块

图 5.48 切块砖尺寸样式

5.4.1 砌块隔墙施工

1. 施工前准备

（1）材料准备。轻骨料混凝土空心砌块砌筑时，其产品龄期应超过 28 天。砖在运输、

装卸过程中，严禁倾倒和抛掷。经验收的砖，应分类堆放整齐，堆置高度不超过2m，堆垛上应设有标志，堆垛间应留有通道。严禁使用破损的砌块，不得使用被雨水淋湿的砌块。并应防止砌块被油污等污染。

砌墙的前一天应将砌块墙与结构墙相连接的部位洒水湿润，保证砌体粘接牢固。砌筑墙体时，应向砌筑面适量浇水。

（2）机具准备。陶粒混凝土砌块施工用具包括砂浆搅拌机、切割机、冲击钻、大铲、刨锛、靠尺板、扫帚、小水桶、錾子、手锤、小手铲、小方尺、窄手推车、筛子、浆桶等。

（3）作业条件准备。基础、楼（地）面施工完毕，作业面清理干净，遇有穿墙管线，应预先核实其位置、尺寸，以预留为主，减少事后剔凿，损害墙体。

2. 施工工艺

砌块隔墙的施工工艺为弹线放样→砌块浇水、砌块排列→铺砂浆→挂线砌筑→局部处理→梁底补砌。

3. 砌块施工方法

1）放线

根据建筑平面图放出砌体中心线及边线、门窗洞口位置线，门窗洞口位置线用十字对角线表述，并标明门窗型号，门窗边线引出墙体边线便于复核检查。垂直方向在已浇筑的混凝土墙体上画出砌体皮数控制线、配筋带位置线、窗台及窗盘标高位置线、过梁位置线。对于无混凝土墙体的一边必须制作皮数杆，皮数杆用20mm×40mm木杆制作，皮数杆的要求与混凝土墙体上放皮数线相同，皮数线和皮数杆的画制应确定水平灰缝厚度，根据陶粒混凝土空心砌块砌筑标准要求，水平灰缝厚度为10mm，如图5.49所示。

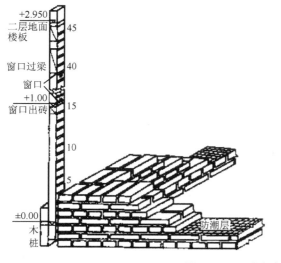

图5.49 立皮数杆

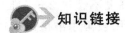 **知识链接**

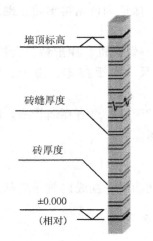

图 5.50 立皮数杆示意图

立皮数杆是指划有每皮砖和砖缝厚度，以及门窗洞口、过梁、楼板、梁底、预埋件等标高位置的一种木制标杆，如图 5.50 所示。

其在围墙砌筑中主要标示：砖和砖缝厚度和墙高。

作用：控制清水砖墙的水平砖缝位置，同时可以保证清水砖墙水平缝水平。

方法：立于围墙端头、墙垛或转角处，每隔 10～15m 立一根；其标志±0.000 处应与地面或楼面相对±0.000 处相吻合。

2）基层清理及砌块湿润

将砌筑陶粒空心砌块部位的楼（地）面剔除撂底面的残余灰浆，并清扫干净，洒水湿润。所用砌块应隔夜浇水润湿，保证砌筑时砌体灰缝饱满度。

3）排砖撂底

砌筑前先行试摆，不足整个砌块的，使用半头砌块；不足半头砌块处可用普通粘土砖补砌；第二层的第一块为半块，以后皆为整块。砌块按孔洞竖向立砌，孔洞开口朝下，以便坐灰找平，注意上下层之间错缝砌筑，如图 5.51 所示。

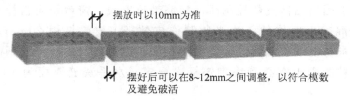

摆放时以10mm为准

摆好后可以在8~12mm之间调整，以符合模数及避免破活

图 5.51 排砖样式

4）铺底灰

砌筑前先铺砂浆，底灰的铺灰厚度为 20mm 左右，铺底灰时将基层找平。

5）挂线砌筑

（1）挂线。采用外手双面挂线，可照顾墙体两面平整，为下道工序控制抹灰厚度奠定基础。

（2）砌筑。各层灰缝厚度为 10～12mm；垂直缝宽 12～15mm，砌块按孔洞竖向立砌，孔洞开口朝下，在砌块上砌筑上层砌体时，先用小手铲满铺灰浆，铺灰厚度 10～12mm，长度不大于 500mm，在砌块端头两边刮满灰浆，将砌块挤至与下层砌块挤紧，用小手锤将砌块敲至与线相平，相邻两块砌块之间的缝隙用灰刀将砂浆灌满。如图 5.52～图 5.54 所示。

图 5.52　抹灰砌筑(一)

图 5.53　抹灰砌筑(二)

图 5.54　砌筑

在操作中随砌随时刮去从灰缝中挤出的灰浆，砌筑时保证"上跟线，下跟线，左右要看平"每层都要穿线看平。每砌三皮砌块应及时用靠尺板检查砌体的垂直度及平整度，发现偏差及时调整。砌块砌筑要做到横平竖直、灰缝饱满，上下皮错缝搭接，搭接长度不小于90mm，窗洞口两侧砌块，面向洞口者为无槽一端。按要求设置窗框固定用的混凝土锚固块。

 特别提示

组砌方法：砌块砌体采用全顺法。①砌砖，砌筑前应先根据墙长进行排砖，不够整块时可以用分头块或锯成需要的尺寸，但不得小于200mm。②应选择棱角整齐，无弯曲、裂纹，规格一致的砌块。③每皮砌块应使其底面朝上砌筑。④砌筑时满铺满挤，上下错缝，搭接长度不宜小于砌块长度的1/3，转角处相互咬砌搭接。⑤砌砖采用一铲灰、一块砖、一挤揉的"三一"砖砌法，砌砖时砖要放平。⑥砌块应对孔错缝搭砌，个别情况下无法对孔砌筑时，允许错孔砌筑，但搭接长度不应小于90mm。⑦在操作过程中出现偏差应及时纠正，如图 5.55所示。

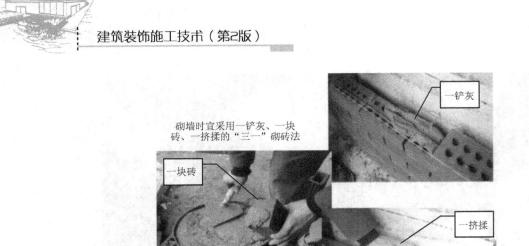

砌墙时宜采用一铲灰、一块砖、一挤揉的"三一"砌砖法

一铲灰

一块砖

一挤揉

图 5.55　组砌

6）局部处理

（1）窗框两边的处理。所有外墙窗均为铝合金窗，砌块砌筑时需预埋固定铝合金窗的锚固块，锚固块用强度等级不低于 C20 的混凝土制作，尺寸为 90mm×190mm×190mm，最下一块锚固块设于距窗台的第二皮砌块位置，最上一块锚固块设于距窗顶的第二皮砌块位置，中间每隔两皮砌块设置一块锚固块。

（2）门洞两侧抱框处理。根据结构设计要求，填充墙上门洞口两侧设置抱框，抱框沿高每 600mm 设两根 ϕ6 拉结筋伸入墙内 700mm。当门宽超过 2100mm 时，抱框直通到墙体顶部，上端钢筋须在梁板相应位置上用射钉枪打入埋件与之焊接，抱框下端钢筋锚入楼地面层内。抱框内配筋为 2ϕ12，拉结筋为 ϕ6@200，下端钢筋锚入楼地面混凝土结构层内，采用连接件连接。抱框尺寸为 100×墙厚，混凝土强度等级为 C20。抱框用竹胶合板作模板支模，如图 5.56 所示。

图 5.56　门洞口处理

7）梁底补砌

填充墙砌至接近梁、板底时，应留一定空隙，待填充墙砌筑完并至少间隔 7 天，再用

页岩砖斜砌，砖倾斜度为 60°左右，砂浆应饱满，如图 5.57 所示。

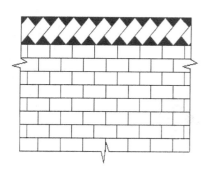 

图 5.57　梁底补砌处理效果

 **特别提示**

　　墙高超过 $4m$ 时应进行加固处理，根据结构设计说明，非承重隔墙墙高超过 $4m$ 时，应在墙高中部或门洞顶部设置一道圈梁，圈梁配筋为 $4\phi12$，箍筋为 $\phi6@200$，圈梁断面宽度同墙厚，高度为 $200mm$。当墙高超过 $4m$，且墙长大于 $5m$ 时，尚需设置构造柱，构造柱断面尺寸为 $240\times$ 墙厚，纵筋为 $4\phi12$，箍筋为 $\phi6@200$，混凝土强度等级为 C20。构造柱主筋锚入混凝土梁或板中。

任务5.5　其他隔墙

　　在室内装饰中各种隔断也是常见的装饰手法。隔断除具有分割空间的功能外，还具有很强的装饰性。它不受隔声和遮透的限制，可高可低、可空可透、可虚可实、可静可动，选材多样。与隔墙相比，隔断更具灵活性，更能增加室内空间的层次和深度，用隔断来划分室内空间，可产生灵活而丰富的空间效果。

　　现代建筑隔断的类型很多，按隔断的固定方式分，有固定式隔断和活动式隔断；按隔断的开启方式分，有推拉式隔断、折叠式隔断、直滑式隔断、拼装式隔断；按隔断材料分，有木隔断、竹隔断、玻璃隔断等。另外，还有硬质隔断、软质隔断、家具割断等。下面介绍几种常用的隔断安装。

5.5.1　空透式隔断安装

　　空透式隔断包括花格、落地罩、隔扇和博古架等各种花格隔断。这类隔断所用的材料有木制、竹制及金属等。

　　竹制、木制花格空透式隔断是仿中国传统室内装饰的一种隔断形式。它自重轻，加工方便，制作简单，运用传统图案可雕刻成各种花纹并容易与绿化相配合，形成一种自然古朴的风格，如图 5.58、图 5.59 所示。

图 5.58　木制花格空透式隔断

图 5.59　竹制花格空透式隔断

金属花格空透式隔断是通过金属拼接（焊接）组装的一种形式。利用金属自身材质的特点或与其他材质搭配组合如玻璃等，形成一种现代简洁的装饰风格，如图 5.60 所示。

图 5.60　金属花格空透式隔断

5.5.2　活动式隔断安装

活动式隔断又称移动式隔断，其特点是使用时灵活多变，可随时打开和关闭，使相邻的空间形成一个大空间或几个小空间。根据使用和装配方法不同，主要有拼装式活动隔断、折叠式隔断、帷幕式隔断等。

（1）拼装式活动隔断是用可装拆的壁板或隔扇拼装而成，不设滑轮和导轨。为装卸方便，隔断上、下设长槛，如图 5.61 所示。

图 5.61　拼装式活动隔断

（2）折叠式隔断是将拼装式隔断独立扇用滑轮挂置在轨道上，可沿轨道推拉移动折叠的隔断。下部不宜装导轨和滑轮，以免垃圾堵塞导轨。隔断板的下部可用弹簧卡顶着地板，以免晃动，如图 5.62 所示。

图 5.62　折叠式隔断

任务 5.6　轻质隔墙工程质量验收标准

5.6.1　一般规定

（1）本验收标准适用于板材隔墙、骨架隔墙、活动隔墙、玻璃隔墙等分项工程的质量验收。

（2）轻质隔墙工程验收时应检查下列文件和记录。

① 轻质隔墙工程的施工图、设计说明及其他设计文件。

② 材料的产品合格证书、性能检测报告、进场验收记录和复验报告。

③ 隐蔽工程验收记录。

④ 施工记录。

（3）轻质隔墙工程应对人造木板的甲醛含量进行复验。

（4）轻质隔墙工程应对下列隐蔽工程项目进行验收。

① 骨架隔墙中设备管线的安装及水管试压。

② 木龙骨防火、防腐处理。

③ 预埋件或拉结筋。

④ 龙骨安装。

⑤ 填充材料的设置。

（5）各分项工程的检验批应按下列规定划分。

同一品种的轻质隔墙工程每 50 间（大面积房间和走廊按轻质隔墙的墙面 30m² 为一间）应划分为一个检验批，不足 50 间也应划分为一个检验批。

（6）轻质隔墙与顶棚和其他墙体的交接处应采取防开裂措施。

（7）民用建筑轻质隔墙工程的隔声性能应符合现行国家标准《民用建筑隔声设计规范》（GB 50118—2010）的规定。

5.6.2 板材隔墙工程

本任务适用于复合轻质墙板、石膏空心板、预制或现制的钢丝网水泥板等板材隔墙工程的质量验收。

板材隔墙工程的检查数量应符合下列规定：每个检验批应至少抽查10％，并不得少于3间；不足3间时应全数检查。

质量要求及检验方法，见表5-1和表5-2。

表5-1 板材隔墙工程质量要求和检验方法

项目	项次	质量要求	检验方法
主控项目	1	隔墙板材的品种、规格、性能、颜色应符合设计要求。有隔声、隔热、阻燃、防潮等特殊要求的工程，板材应有相应性能等级的检测报告	观察；检查产品合格证书、进场验收记录和性能检测报告
	2	安装隔墙板材所需预埋件、连接件的位置、数量及连接方法应符合设计要求	观察；尺量检查；检查隐蔽工程验收记录
	3	隔墙板材安装必须牢固。现制钢丝网水泥隔墙与周边墙体的连接方法应符合设计要求，并应连接牢固	观察；手扳检查
	4	隔墙板材所用接缝材料的品种及接缝方法应符合设计要求	观察；检查产品合格证书和施工记录
一般项目	5	隔墙板材安装应垂直、平整、位置正确，板材不应有裂缝或缺损	观察；尺量检查
	6	板材隔墙表面应平整光滑、色泽一致、洁净，接缝应均匀、顺直	观察；手摸检查
	7	隔墙上的孔洞、槽、盒，应位置正确、套割方正、边缘整齐	观察
	8	板材隔墙安装的允许偏差和检验方法应符合表5-2的规定	—

表5-2 板材隔墙安装的允许偏差和检验方法

项次	检验项目	允许偏差/mm				检验方法
		复合轻质墙板		石膏空心板	钢丝网水泥板	
		金属夹心板	其他复合板			
1	立面垂直度	2	3	3	3	用2m垂直检测尺检查
2	表面平整度	2	3	3	3	用2m靠尺和塞尺检查
3	阴阳角方正	3	3	3	4	用直角检测尺检查
4	接缝高低差	1	2	2	3	用钢直尺和塞尺检查

5.6.3 骨架隔墙工程

（1）本任务适用于以轻钢龙骨、木龙骨等为骨架，以纸面石膏板、人造木板、水泥纤维板等为墙面板的隔墙工程的质量验收。

（2）骨架隔墙工程的检查数量应符合下列规定：每个检验批应至少抽查10%，并不得少于3间；不足3间时应全数检查。

质量要求及检验方法，见表5-3和表5-4。

表5-3 骨架隔墙工程质量要求和检验方法

项目	项次	质量要求	检验方法
主控项目	1	骨架隔墙所用龙骨、配件、墙面板、填充材料及嵌缝材料的品种、规格、性能和木材的含水率应符合设计要求。有隔声、隔热、阻燃、防潮等特殊要求的工程、材料应有相应性能等级的检测报告	观察；检查产品合格证书、进场验收记录、性能检测报告和复验报告
	2	骨架隔墙工程边框龙骨必须与基体结构连接牢固，并应平整、垂直、位置正确	手扳检查；尺量检查；检查隐蔽工程验收记录
	3	骨架隔墙中龙骨间距和构造连接方法应符合设计要求。骨架内设备管线的安装、门窗洞口等部位加强龙骨应安装牢固、位置正确，填充材料的设置应符合设计要求	检查隐蔽工程验收记录
	4	木龙骨及木墙面板的防火和防腐处理必须符合设计要求	检查隐蔽工程验收记录
	5	骨架隔墙的墙面板应安装牢固，无脱层、翘曲、折裂及缺损	观察；手扳检查
	6	墙面板所用接缝材料的接缝方法应符合设计要求	观察
一般项目	7	骨架隔墙表面应平整光滑、色泽一致、洁净、无裂缝，接缝应均匀、顺直	观察；手摸检查
	8	骨架隔墙上的孔洞、槽、盒，应位置正确，套割吻合、边缘整齐	观察
	9	骨架隔墙内的填充材料应干燥，填充应密实、均匀、无下坠	轻敲检查；检查隐蔽工程验收记录
	10	骨架隔墙安装的允许偏差和检验方法应符合表5-4的规定	—

表 5-4　骨架隔墙安装的允许偏差和检验方法

项次	检验项目	允许偏差/mm		检验方法
		纸面石膏板	人造木板 水泥纤维板	
1	立面垂直度	3	4	用 2m 垂直检测尺检查
2	表面平整度	3	3	用 2m 靠尺和塞尺检查
3	阴阳角方正	3	3	用直角检测尺检查
4	接缝直线度	—	3	拉 5m 线，不足 5m 拉通线，用钢直尺检查
5	压条直线度	—	3	拉 5m 线，不足 5m 拉通线，用钢直尺检查
6	接　缝　高	1	1	用钢直尺和塞尺检查

5.6.4　活动隔墙工程

（1）本任务适用于各种活动隔墙工程的质量验收。

（2）活动隔墙工程的检查数量应符合下列规定：每个检验批应至少抽查 20%，并不得少于 6 间；不足 6 间时应全数检查。

质量要求及检验方法见表 5-5。

表 5-5　活动隔墙工程质量要求和检验方法

项目	项次	质量要求	检验方法
主控项目	1	活动隔墙所用墙板和配件等材料的品种、规格、性能和木材的含水率应符合设计要求。有阻燃、防潮等特性要求的工程，材料应有相应性能等级的检测报告	观察；检查产品合格证书、进场验收记录、性能检测报告和复验报告
	2	活动隔墙轨道必须与基体结构连接牢固，并应位置正确	尺量检查；手扳检查
	3	活动隔墙用于组装、推拉和制动的构配件必须安装牢固，位置正确，推拉必须安全、平稳、灵活	尺量检查；手扳检查；推拉检查
	4	活动隔墙制作方法、组合方式应符合设计要求	观察
一般项目	5	活动隔墙表面应色泽一致、平整光滑、洁净，线条应顺直、清晰	观察；手摸检查
	6	活动隔墙上的孔洞、槽、盒，应位置正确、套割吻合、边缘整齐	观察；尺量检查
	7	活动隔墙推拉应无噪声	推拉检查
	8	活动隔墙安装的允许偏差和检验方法应符合表 5-6 的规定	—

表5-6 活动隔墙安装的允许偏差和检验方法

项次	检验项目	允许偏差/mm	检验方法
1	立面垂直度	3	用2m垂直检测尺检查
2	表面平整度	2	用2m靠尺和塞尺检查
3	接缝直线度	3	拉5m线，不足5m拉通线，用钢直尺检查
4	接缝高低差	2	用钢直尺和塞尺检查
5	接缝宽度	2	用钢直尺检查

5.6.5 玻璃隔墙工程

（1）本任务适用于玻璃砖、玻璃板隔墙工程的质量验收。

（2）玻璃隔墙工程的检查数量应符合下列规定：每个检验批应至少抽查20%，并不得少于6间；不足6间时应全数检查。

质量要求及检验方法，见表5-7。

表5-7 活动玻璃隔墙工程质量要求和检验方法

项目	项次	质量要求	检验方法
主控项目	1	玻璃隔墙工程所用材料的品种、规格、性能、图案和颜色应符合设计要求。玻璃板隔墙应使用安全玻璃	观察；检查产品合格证书、进场验收记录和性能检测报告
	2	玻璃砖隔墙的砌筑或玻璃板隔墙的安装方法应符合设计要求	观察
	3	玻璃砖隔墙砌筑中埋设的拉结筋必须与基体结构连接牢固，并应位置正确	手扳检查；尺量检查；检查隐蔽工程验收记录
	4	玻璃板隔墙的安装必须牢固。玻璃板隔墙胶垫的安装应正确	观察；手推检查；检查施工记录
一般项目	5	玻璃隔墙表面应色泽一致、平整洁净、清晰美观	观察
	6	玻璃隔墙接缝应横平竖直，玻璃应无裂痕、缺损和划痕	观察
	7	玻璃板隔墙嵌缝及玻璃砖隔墙勾缝应密实平整、均匀顺直、深浅一致	观察
	8	玻璃隔墙安装的允许偏差和检验方法应符合表5-8规定	—

表 5-8 玻璃隔墙安装的允许偏差和检验方法

项次	检验项目	允许偏差/mm		检验方法
		玻璃砖	玻璃板	
1	立面垂直度	3	2	用 2m 垂直检测尺检查
2	表面平整度	3	—	用 2m 靠尺和塞尺检查
3	阴阳角方正	—	2	用直角检测尺检查
4	接缝直线度	—	2	拉 5m 线，不足 5m 拉通线，用钢直尺检查
5	接缝高低差	3	2	用钢直尺和塞尺检查
6	接缝宽度	—	1	用钢直尺检查

本项目小结

通过本项目的学习及实训，能对施工节点有较多认识，能熟练的选用施工机具、装饰材料，并能编制轻钢龙骨隔墙施工工艺，并能正确指导现场施工，能进行隔墙施工的操作（操作的动作速度、动作准确性、安全性）能对隔墙装饰工程进行质量验收。

 任 务 训 练

任务 1 隔墙施工图识读、翻样

（1）目的：掌握隔墙施工图识读基本知识与能力。

（2）要求：通过对轻钢龙骨隔墙施工图识读，能确定隔墙的类型、隔墙内部构造、隔墙设计材料及机具。发现问题及时解决。

（3）准备：由教师选择现成的成套隔墙施工图，或由专业教师根据训练要求自行设计绘制成套隔墙施工图样。

任务 2 编制轻钢龙骨隔墙施工工艺流程图及施工工艺操作要点

（1）目的：能编制轻钢龙骨隔墙施工工艺流程及施工工艺操作要点。

（2）要求：编制整个轻钢龙骨隔墙安装的施工工艺流程图，即包括天、地龙骨安装，各龙骨插件，连接件的安装，饰面层安装的全过程，以及在施工过程中应注意的操作规范，工艺方法、安全要求等。

实训项目　轻钢龙骨纸面石膏板隔墙工程实训

1. 轻钢龙骨装饰石膏板隔墙实训

（1）实训目的。熟悉轻钢龙骨及纸面石膏面板的类型、特点，掌握轻钢龙骨隔墙的施工工艺主要质量控制要点，并能正确指导现场施工，能进行隔墙施工的操作（操作的动作速度、动作准确性、灵活性）。

（2）实训要求。5人一组，完成高2.8 m，宽5 m的轻钢龙骨纸面石膏板隔墙工程。

2. 实训准备

1）主要材料

轻钢龙骨可选用30、50系列U型龙骨，或C型龙骨，及相关的连接件、插接件等配件。

按要求选用花篮螺栓、射钉、自攻螺钉等零配件。

按设计要求选用边长2440mm，宽为1220mm，厚度为9mm的装饰石膏板及钢铝压缝条或塑料压缝条等。

2）作业条件

施工图样已审查，施工方案已制定。施工所用的一切材料已准备就绪。

3）主要机具

电锯、无齿锯、手枪钻、射钉枪、冲击电锤、电焊机、拉铆枪、手锯、手刨子、钳子、螺钉旋具、扳手、钢尺、钢水平尺、线坠等。

3. 施工工艺

轻钢龙骨纸面石膏板隔墙的施工工艺流程为墙位放线→将管线纠正到墙内→墙垫施工→安装沿地、沿顶龙骨→安装竖龙骨→固定各种洞口及门→安装通贯横撑龙骨→安装墙的一面石膏板→水暖、电气等钻孔下管线→验收墙内各种管线→（隔声墙填塞充材料）→安装墙的另一面石膏板→接缝处理、连接固定、设备电气→踢脚板安装。

4. 施工质量控制要点

隔墙龙骨必须牢固平整，隔墙面层必须平整。施工前应弹线，饰面板安装必须上下左右错缝安装。

5. 学生操作评定（表5-9）

表5-9　学生评定标准

序号	评定项目	评定方法	满分	得分
1	隔墙的材质、规格、安装间距及连接方式应符合设计要求	检查产品合格证书、性能检测报告、进场验收记录，每缺一项扣2分；尺量检查，超过标准规定误差每一处扣2分；检查产品合格证书、性能检测报告、进场验收记录	10	

序号	评定项目	评定方法	满分	得分
2	龙骨的材质、规格、安装间距及连接方式应符合设计要求	验收记录，每缺一项扣2分；尺量检查，超过标准规定误差每一处扣2分	10	
3	饰面材料的材质、品种、规格、图案和颜色应符合设计要求	检查产品合格证书、性能检测报告、进场验收记录，每缺一项扣2分	10	
4	天、地、墙龙骨的安装必须牢固	观察；手扳检查；每不牢固一处扣3分	15	
5	隔墙厚度、尺寸和造型应符合设计要求	观察；尺量检查，每超过标准规定一处扣2分	15	
6	饰面材料的安装应稳固严密；饰面材料表面应洁净、色泽一致，不得有翘曲、裂缝及缺损；压条应平直、宽窄一致	观察；手扳检查，每一处缺陷扣2分	10	
7	饰面板上的开关、插座等设备的位置应合理、美观，与饰面板交接应吻合、严密	观察；尺量检查，每一处缺陷扣5分	20	
8	实训总结报告	检查，报告每缺一项扣2分	10	
9	合　计		100	

复习思考题

1. 隔墙的功能及类型有哪些？
2. 隔墙与隔断有哪些区别？
3. 简述轻钢龙骨隔墙的施工工艺及操作要点。
4. 绘制轻钢龙骨骨架与墙、楼地板之间的连接构造方式。
5. 简述木龙骨隔墙的施工工艺及操作要点。
6. 空心玻璃砖隔墙安装要点有哪些？
7. 依据轻质隔墙工程质量验收规范的内容，请说出骨架隔墙的验收要求及规范。

项目 6

门窗工程施工技术

学习目标

通过本项目的学习和实训，了解各类门窗材料的构造以及施工安装过程，熟悉木质门窗、金属门窗和特殊门窗的材料特性，掌握各类门窗的质量要求、检查项目和施工质量验收标准。要求能够安全地使用各种工具及对各种材质的应用完成门窗工程的施工，并达到验收标准。

学习要求

工程过程	能力目标	知识要点	相关知识	重点
施工准备	能熟练地选用装饰门窗的材料、施工机具	装饰门窗施工机具及材料	装饰木门、铝合金门窗、塑钢门窗、特种门窗等常用材料及机具	●
施工实施	能进行装饰木门、铝合金窗施工操作及技术指导	装饰木门、铝合金门窗施工工艺及方法	装饰木门施工操作要点及质量要求 铝合金门窗施工操作要点及质量要求 特种门窗施工操作要点及质量要求	●
施工完成	能对装饰门窗工程进行质量验收	装饰门、窗工程质量验收标准、质量通病及防止措施	装饰木门工程、铝合金、塑铝钢门窗工程、特种门窗工程质量检验方法，质量通病及防止方法	●

任务概述

门窗是建筑物不可缺少的组成部分，门窗除具有采光、交通和通风的作用外，还有隔热和防止热量散失的功能。由于门窗制作和安装不当，在使用中往往会出现各种问题，必须引起足够的重视，加强控制。本项目以分别从木门窗、铝合金门窗、塑钢门窗和特种门窗来介绍门窗工程的材料构造及施工过程。

任务 6.1 门窗的基本知识

门窗包括固定部分（框）和一个或一个以上的可开启部分（扇）及五金配件，门的功能是允许或禁止出入，窗的功能是采光和通风。

6.1.1 门窗的分类

1. 按材质分

按材质大致分为木门窗、铝合金门窗、钢门窗、塑料（及塑钢）门窗、断桥铝门窗、特殊门窗、玻璃门窗等，钢门窗又有普通钢窗、彩板钢窗和渗铝钢窗三种，如图 6.1 所示。

(a) 塑钢门窗   (b) 铝合金门   (c) 特殊门

图 6.1 不同材质门窗示意图

2. 按开启方式分

按开启方式大致分为平开门、弹簧门、推拉门、旋转门、卷帘门、折叠门、转门等，如图 6.2 所示。

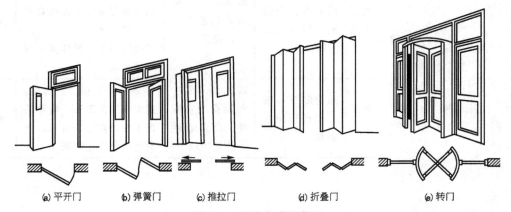

(a) 平开门   (b) 弹簧门   (c) 推拉门   (d) 折叠门   (e) 转门

图 6.2 开启方式示意图

窗大致分为平开窗、推拉窗、固定窗、上悬窗、中悬窗、下悬窗等，如图6.3所示。

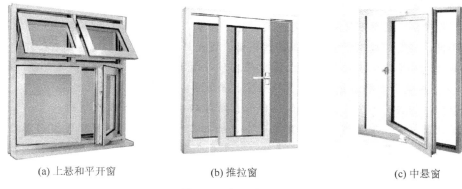

(a) 上悬和平开窗　　　(b) 推拉窗　　　(c) 中悬窗

图6.3　窗开启示意图

3. 按不同功能分

按功能不同大致分为普通门窗、保温门窗、隔声门窗、防火门窗、防盗门窗、防爆门窗、装饰门窗、安全门窗、自动门窗等。

6.1.2　门窗的功能

1. 门的作用

（1）通行与疏散。门是对内外联系的重要洞口，供人从此处通行，联系室内外和各房间；如果有事故发生，可以供人紧急疏散用。

（2）围护作用。在北方寒冷地区，外门应起到保温防雨作用；门要经常开启，是外界声音的传入途径，关闭后能起到一定的隔声作用；此外，门还起到防风沙的作用。

（3）美化作用。作为建筑内外墙重要组成部分的门，其造型、质地、色彩、构造方式等，对建筑的立面及室内装修效果影响很大。

2. 窗的作用

1）通风采光

各类不同的房间，都必须满足一定的照度要求。在一般情况下，窗口采光面积是否恰当，是以窗口面积与房间地面净面积之比来确定的，各类建筑物的使用要求不同，采光标准也不相同。

为确保室内外空气流通，在确定窗的位置、面积大小及开启方式时，应尽量考虑窗的通风功能。

2）节能环保

现代室内居室中，窗的密闭性的要求，是节能设计中的重要内容，因此应具有保温、隔热、隔声、防风的节能环保作用。

知识链接

很多人在买房子时并不关注住宅建筑的门窗、玻璃，只是从外观上感觉"漂亮"就行了。业内人士指出，门窗和玻璃不仅是建筑物的眼睛，还是建筑节能的关键结构所在。

窗体越大越不节能，窗体散热，大面积是玻璃，而不是窗框，玻璃占不同类型窗面积的70%～90%。建筑中常用的窗型一般为推拉窗、平开窗和固定窗。

推拉窗的结构决定了它不是理想的节能窗；从结构上讲，平开窗要比推拉窗有明显的优势。固定窗的窗框嵌在墙体内，玻璃直接安在窗框上，用密封胶把玻璃和窗框接触的四边密封。正常情况下，有良好的水密性和气密性，空气很难通过密封胶形成对流，因此对流热损失极少。

任务6.2　装饰木门

随着人们生活水平的提高和追求生活质量的理念不断深入，木门在现代居室装饰中的比重越来越大。做工精细，尊贵典雅的木门，具有质感柔和、隔声性能好、色泽自然、纹理淳朴等特点，给人以亲和力温和情感。尤其是室内卧室门、书房门等，不少家庭选择木门，配以实木地板，给人以返璞归真的自然感觉。所以，尽管在门窗多元化的发展时期，木门仍以其不可替代的优点，非常适应当今崇尚自然、环保、节能的潮流，并对提高装饰品位起了至关重要的作用，在建筑行业的应用备受青睐。

装饰木门的形式较多，常见的如图6.4所示。

图6.4　装饰木门的形式

图 6.4　装饰木门的形式(续)

6.2.1　装饰木门的两大类

实木门与实木复合门以其品种丰富、造型多变、天然的纹理、装饰性强等特点是现代居室装饰常采用的两类门。

1．实木门

1）什么是实木门

实木门是指制作木门的材料取自森林的天然原木或者实木集成材(也称实木指接材或实木齿接材)，经过烘干、下料、刨光、开榫、打眼、高速铣形、组装、打磨、上油漆等工序科学加工而成，大家也熟称实木门为烤漆门。

2）实木门的材料

实木门常采用实木的材料有杉木、松木、核桃木、楸木、桃花芯、沙比利、红翅木、花梨木、红木等。实木门的价格因其木材用料、纹理等不同而有所差异。

3）实木门的特性

经加工后的成品门具有不变形、耐腐蚀、无裂纹及隔热保温等特点。同时，实木门因具有良好的吸声性，而有效地起到了隔声的作用。

实木门天然的木纹纹理和色泽，对崇尚回归自然的装修风格的家庭来说，无疑是最佳的选择。实木门自古以来就透着一种温情，不仅外观华丽，雕刻精美，而且款式多样。

 知识链接

一般高档的实木门在脱水处理的环节中做得较好，相对含水率约为8%，这样成型后的木门不容易变形、开裂，使用的时间也会较长。

2. 实木复合门

1）什么是实木复合门

实木复合门的门芯多以松木、杉木或进口填充材料等黏合而成，外贴密度板和实木木皮，经高温热压后制成，并用实木线条封边。

2）实木复合门的结构

一般高级的实木复合门，从内到外依次是门芯（实木板）→高密度板（8mm的澳松板或E1级板材）→木皮（40丝天然木皮）→油漆（三道底漆，两道面漆，华润或大宝的PU漆）。实木复合门结构示意图如图6.5所示。

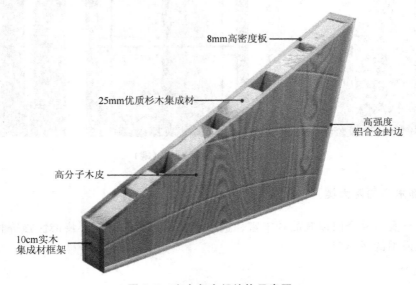

图6.5　实木复合门结构示意图

3）实木复合门特性

一般高级的实木复合门，其门芯多为优质白松，表面则为实木单板。由于白松密度小、质量轻，且较容易控制含水率，因而成品门的质量都较轻，也不易变形、开裂。另外，实木复合门还具有保温、耐冲击、阻燃等特点，而且隔声效果同实木门基本相同。

由于实木复合门的造型多样，款式丰富，或精致的欧式雕花，或中式古典的各色拼花，或时尚现代，不同装饰风格的门给予消费者广阔的挑选空间。除此之外，现代木门的饰面材料以木皮和贴纸较为常见。木皮木门因富有天然质感，且美观、抗冲击力强，而价格相对较高；贴纸的木门也称"纹木门"，因价格低廉，是较为大众化的产品，缺点是较容易破损，且怕水。实木复合门具有手感光滑、色泽柔和的特点，它非常环保、坚固耐用。

知识链接

选购装饰木门时，应该主要抓住7个要点。

（1）风格。内门是整个家居环境的"面子"，与整个家居设计风格相一致是选配内门的基础。

（2）门板与门套。有消费者认为越厚越好，其实不对。实木复合门采取天然实木，重量轻，可以达到同等规格纯实木门重量的50%。

（3）门芯板。在实木网格龙骨、填充瓦楞纸、框架填充聚泡沫、桥洞力学板等中，以桥洞力学板的综合能力最佳。

（4）五金件。锁具、合页等小细节也将直接影响内门的使用舒适度。

（5）内门专用密封条。国内仅有少数大品牌提供内门专用密封条。

（6）使用胶。看是否采用门窗专用膨胀胶。

（7）售后服务。小品牌一般无保修和售后，正规品牌整体内门保修一年以上，五金件为半年。

注：桥洞力学板是近几年采用的门芯板的一种新技术，起到保温、隔声、耐冲击不变形、环保、阻燃、稳定性好的作用。桥洞力学板结构示意图如图6.6所示。

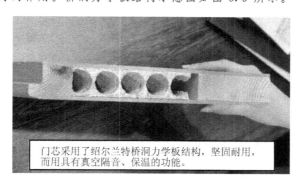

图6.6　桥洞力学板结构示意图

6.2.2　装饰木门的安装

目前，在现场制作木门的传统方式已淘汰，装饰中采用的各种木门基本都是由专业生产厂家制作成成品（即为套装门），可直接选用即可。

装饰木门一般由门框、门扇、五金配件、门套等组成。当门的高度超过2.1m时，还要增加上窗结构（又称亮子、幺窗），门的各部分名称，如图6.7所示。

1. 套装门安装的基本条件

先预留出门洞，待地面工程作业如地面砖、木地板铺设完毕，墙面涂料作业完成后方可安装，无需砌口。

2. 主要机具

一般应备粗刨、细刨、裁口刨、单线刨、锯锤子、斧子、改锥、线勒子、扁铲、塞尺、线锤、红线包、墨汁、木钻、小电锯、担子扳、扫帚等。

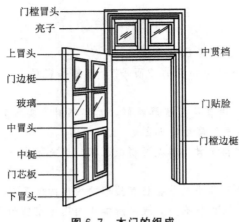

图 6.7　木门的组成

3. 安装步骤

按照安装的先后顺序分为门框的组合、门洞的安放、门扇的入洞三大部分。

4. 安装工艺流程

套装门安装工艺流程为校对洞口→拆包→组装门框→定位门框→门框注胶→安装门扇→安装门套线→安装五金。

1）校对洞口

洞口尺寸是否符合安装要求，不符合要求应予以必要的处理。

2）拆包

检查门框、门套线、挡门条、密封条，零部件是否齐全，如图 6.8 所示。

3）组装门框

门框组装时竖框与横框搭接处必须涂胶，然后用钉枪予以固定，如图 6.9 所示。

图 6.8　拆包验收

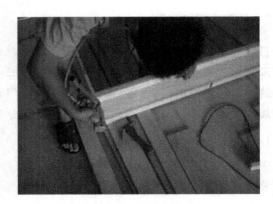

图 6.9　组装门框

4）定位门框

门框按室内标高线就位，先用木楔从门框周围夹紧门框，再用工装和木楔从门框内口撑紧门框，通过夹门框内外木楔，调整门框竖直度、水平度及门框内径尺寸，使其达到设

计要求(门框与门扇间隙2.5～3mm/边,门扇与地面5～8mm)。保持上下框宽度一致,如图6.10所示。

5)门框注胶

门框与墙体间填充发泡胶前首先要清理干净墙体,用喷壶湿润墙面,填充发泡胶,注意发泡胶填充要适量,多余发泡胶用刀片切平,如图6.11所示。

图6.10 安装门框

图6.11 门框注胶

6)安装门扇

装饰木门的门扇按其骨架和面板拼装方式,一般分为镶板式门扇和贴板式门扇两类。镶板式的面板一般用实木板、纤维板、木屑板等,如图6.12、图6.13所示。贴板门的面板通常采用胶合板和纤维板等,如图6.14所示。

安装门扇首先要找准装合页的扇边,以安装三个合页为好。上下两个从竖框端点到200mm处及中间取三点开出合页槽。用电钻引孔,木螺钉拧牢合页;将门扇作180°开启状放置门框上。先在竖框上端即距横框203mm处取合页点;用一条"间隙尺"(自制)将门扇垫好,连续将三个合页引孔加固,把门扇作关闭状翻回框内。另外安装时要注意门的开启方向,如图6.15所示。

7)安装门套线

待4～6h发泡胶固化后,卸下工装和木楔,在门框嵌槽内涂胶,然后将门套线嵌入门框,轻轻敲紧压实使门套线与墙体紧密贴合,如图6.16所示。

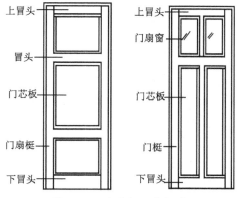

图6.12 实木板门扇构造

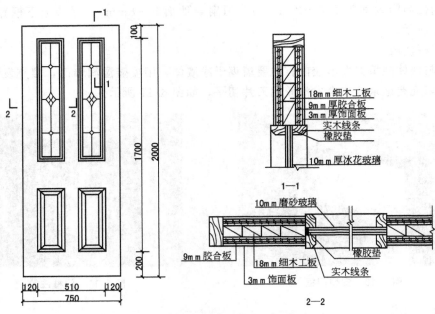

图 6.13　镶玻璃的实木复合门构造

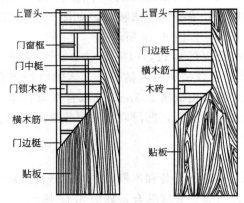

图 6.14　贴面式门扇构造

图 6.15　安装门扇

图 6.16　安装门套线

8）安装五金

（1）安装门锁。在距门 900～1000mm 处开锁孔，并分两面同心钻孔。在操作过程不得损伤套装门装饰表面，如图 6.17 所示。

（2）安装门吸。门吸的安装方式有两种，一种是安装在地面上，还有一种是安装在墙面或者踢脚线板上，如图 6.18 所示。

图 6.17　安装门锁

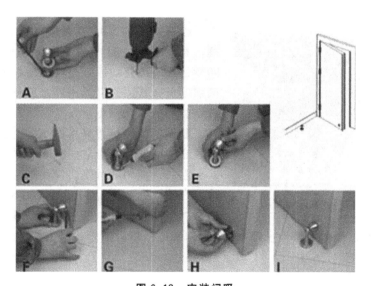

图 6.18　安装门吸

知识链接

　　闭门器是门头上一个类似弹簧的液压器，当门开启后能通过压缩后释放，将门自动关上，有像弹簧门的作用，可以保证门被开启后，准确、及时地关闭到初始位置。

　　闭门器主要用在商业和公共建筑物中，但也有在家中使用的情况。它们有很多用途，其中最主要的用途是使门自行关闭，来限制当发生火灾时候的火势蔓延和大厦内的通风，如图 6.19 所示。

图 6.19　闭门器示意图

任务 6.3　断桥铝门窗

目前，随着生活质量的不断提高，人们对住宅质量与性能有了明确要求，铝合金门窗慢慢地淡出市场，使用高档的断桥隔型材铝合金门窗，已逐渐成为许多高档建筑用窗的首选产品。

图 6.20　断桥铝窗示意图

断桥铝门窗，采用隔热断桥铝型材和中空玻璃，具有节能、隔声、防噪、防尘、防水等功能。断桥铝合金门窗的原理是利用塑料型材，将室内外两层铝合金既隔开又紧密连接成一个整体，构成一种新的隔热型的铝型材。

断桥铝门窗热传导系数 K 值为 $3W/m^2 \cdot K$ 以下，比普通门窗热量散失减少一半，降低取暖费用 30% 左右。使用断桥铝门窗无老化问题、无气体污染。在建筑达到寿命周期后，门窗可以回收利用，不会产生环境污染。断桥铝门窗隔声量达 29dB 以上，水密性、气密性良好，均达国家 A1 类窗标准。所以断桥铝门窗被确定为"绿色环保"产品，如图 6.20 所示。

6.3.1　断桥铝门窗材料

断桥铝门窗材料特点如下。

1）降低热量传导

采用隔热断桥铝合金型材，其热传导系数为 $1.8\sim3.5W/m^2 \cdot K$，大大低于普通铝合金型材 $140\sim170W/m^2 \cdot K$；采用中空玻璃结构，其热传导系数为 $2.0\sim3.59W/m^2 \cdot K$ 大大低于普通铝合金型材 $6.69\sim6.84W/m^2 \cdot K$，有效降低了通过门窗传导的热量。

2）防止冷凝

带有隔热条的型材内表面的温度与室内温度接近，降低室内水分因过饱和而冷凝在型材表面的可能性。

3）节能

在冬季，带有隔热条的窗框能够减少 1/3 的通过窗框的散失的热量；在夏季，如果是在有空调的情况下，带有隔热条的窗框能够更有效地减少能量的损失，如图 6.21 所示。

4）保护环境

通过隔热系统的应用，能够减少能量的消耗，同时减少了由于空调和暖气产生的环境辐射。

5）降低噪声

采用厚度不同的中空玻璃结构和隔热断桥铝型材空腔结构，能够有效降低声波的共振效应，阻止声音的传递，可以降低噪声 30dB 以上，如图 6.22 所示。

图 6.21　断桥铝窗截面图　　　　　图 6.22　断桥铝型材空腔结构

6）颜色丰富多彩

采用阳极氧化、粉末喷涂、氟碳喷涂表面处理后可以生产不同颜色的铝型材，经滚压组合后，使隔热铝合金门窗产生室内、室外不同颜色的双色窗户，如图 6.23 所示。

图 6.23　双色彩窗

 知识链接

断桥铝门窗加工制作应在工厂内进行，不得在施工现场制作，门窗制作应符合设计和断桥铝合金门窗安装及验收规范要求，断桥铝合金门窗框应安装牢固门窗应推拉、开启灵活，窗台

处应有泄水孔，并应设置限位装置。紧固件应符合有关技术规程的规定；五金件型号、规格和性能均应符合国家现行标准的规定。

6.3.2　断桥铝门窗的组成与安装

1. 断桥铝门窗的组成

断桥铝门窗主要由铝型材、胶条材料、五金配件和中空玻璃组成。

1）铝型材

断桥铝型材是断桥铝门窗的骨架，型材的内外两面，可以是不同断面的型材，也可以是不同表面处理方式的不同颜色型材。其质量如何关系到门窗的质量。

2）胶条材料

断桥铝门窗安装密封材料品种很多，其特性和用途也各不相同。使用时根据断桥铝门窗安装密封性和用途选定。胶条要选用进口三元乙丙产品，其使用寿命达30年，如图6.24所示。

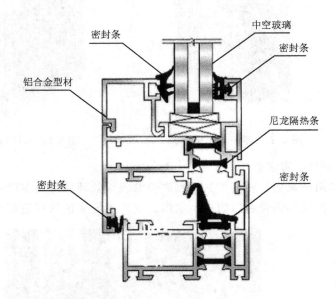

产品规格断面示意图：

图6.24　胶条材料示意图

3）五金配件

五金配件是组装断桥铝门窗不可缺少的部件，也是实现门窗使用功能的重要组成，如图6.25所示。

4）中空玻璃

优先选用优质中空玻璃，原片是浮法玻璃，厚度标准是 5mm。两片玻璃之间的铝和条，厚度为 12 ～ 15mm。这要根据门窗型材规格设定。门窗中空玻璃面积大于 1.5m² 需钢化处理。

2. 断桥铝门窗的制作与安装

1）作业条件

（1）墙体结构质量经验收合格，工种之间办好交接手续。

（2）按图示尺寸弹好窗中线，并弹好室内＋50cm 平线，校核窗洞口位置尺寸及标高是否符合设计图样要求，如有问题提前剔凿处理，划出正确的洞口标高线。

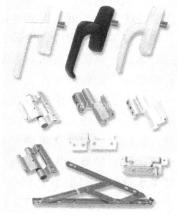

图 6.25　门窗五金配件

（3）检查断桥铝窗两侧连接铁脚位置与墙体预留孔洞位置是否吻合，若有问题应提前处理，并将预留孔洞内杂物清净。

（4）断桥铝窗的拆包、检查：将窗框周围包扎布拆去，按图样要求核对型号和检查外观质量，如发现有劈棱窜角和翘曲不平，偏差超标、严重损伤、外观色差大等缺陷，应找有关人员协商解决，经修整鉴定合格后才能安装。

（5）提前检查断桥铝窗，如保护膜破损者应补粘后再安装。

（6）根据室内安装窗框的具体高度及现场具体情况，提前准备好操作用的高凳及架子，高凳及架子要离墙面 200～250mm，以便于操作。

（7）整个工程全面安装前，应确定施工方案，经验收合格后正式施工。

2）断桥铝门窗安装的施工工艺

断桥铝门窗安装的施工工艺主要包括：窗框就位→窗框固定→拼樘料与洞口的连接→填塞缝隙→安装五金配件→安装玻璃→打胶→清理。

断桥铝合金门窗安装工艺如下。

（1）窗框就位。断桥铝窗安装必须牢固，预埋件的数量、位置、埋设连接方法必须符合设计要求，用于固定每根增强型钢的紧固件不得小于 3 个，其间距应不大于 300mm，距型钢端头应不大于 100mm；增强型钢、紧固件及五金件除不锈钢外，其表面均应经耐腐蚀镀膜处理。

（2）窗框固定。窗与墙体固定时，应先固定上框，后固定边框。混凝土洞口应采用射钉或塑料膨胀螺栓固定；砖墙洞口应采用塑料膨胀螺栓固定，并不得固定在砖缝处；设有预埋铁件的洞应采用焊接的方法固定，或先在预埋件上按紧固件规格打基孔，然后用紧固件固定。

（3）拼樘料与洞口的连接。拼樘料与混凝土过梁或柱子的连接应设预埋铁件，采用焊接的方法固定，或在预埋件上按紧固件打基孔，然后用紧固件固定；拼樘料与砖墙连接时，应先将拼樘料两端插入预留洞口中，然后用 C20 细石混凝土浇灌固定；应将两窗框与拼樘料卡接，卡接后用紧固件双向拧紧，其间距应不大于 400mm。紧固件端头及拼樘料与窗杠间的间隙采用密封条进行密封处理。

（4）填塞缝隙。门框固定好以后，应进一步复查其平整度和垂直度，确认无误后，清扫边框处的浮土，洒水湿润基层，用1∶2的水泥砂浆将门口与门框间的缝隙分层填实。

（5）安装五金配件。安装五金件时，应先在扇杆件上钻出略小于螺钉直径的孔眼，然后用配套的自攻螺钉拧入，严禁将螺钉用锤直接打入。固定铰链的螺钉应至少穿过塑料型材的两层中空腔壁。

（6）安装玻璃。断桥铝窗必须是中空玻璃 5mm＋9A＋5mm 双面钢化玻璃，玻璃夹层四周应嵌入中隔条，中隔条应保证密封、不变形、不脱落；玻璃槽及玻璃内表面应干燥、清洁；镀膜玻璃应装在玻璃的最外层；单面镀膜层应朝室内。窗框下横边必须有至少两个排水槽，排水槽最小尺寸为直径 5mm×12mm。内外侧排水槽应横向错开约 50mm，同侧相邻排水槽最大间距小于 600mm。

（7）打胶。窗框与洞口之间的伸缩缝内腔应采用闭孔泡沫塑料、发泡聚苯乙烯等弹性材料分层填塞，表面用密封胶密封。对保温、隔声要求较高的工程，应采用相应的隔热、隔声材料填塞。

（8）清理。门窗表面洁净，无划痕，碰伤、无锈蚀；涂胶表面光滑，平整、厚度均匀，无气孔；严禁在门窗框、扇、梃上安装脚手架或悬挂重物，并严禁蹬踩窗框、窗扇或窗梃；门窗表面如沾有油污等，宜用水溶性洗涤剂清洗，忌用粗糙或腐蚀性强的化学液体擦洗。

 特别提示

施工要点如下。

（1）各楼层窗框安装时均应横向、竖向拉通线，各层水平一致，上下顺直。

（2）窗框与墙体固定时，先固定上框，后固定边框，采用塑料膨胀螺栓固定。

（3）门窗及玻璃的安装应在墙体湿作业法完工且硬化后进行，门窗应采用预留洞口法预留洞口法安装；当门窗安装时，其环境温度不宜低于 5℃。

 知识链接

钛镁合金门是现代装饰材料中新出现的合金门，以质量轻、抗腐蚀、坚固、防潮、隔声及环保等特点迅速占据了市场。它不仅易安装、占用空间小，而且还有很好的装饰作用，是现代居室厨房、卫生间、阳台的首选用门，如图 6.26 所示。

图 6.26　钛镁合金门

任务6.4　塑钢门窗

塑钢门窗是以聚氯乙烯（UPVC）树脂或其他树脂为主要原料，以轻质碳酸钙为填料，添加适量助剂和改性剂，经挤压成型的各种截面的空腹塑料门窗异型材，在型材空腔内添加钢衬，再根据不同的品种规格选用不同截面异型材组装而成。

塑钢门窗是目前最具有气密性、水密性、耐腐蚀性、隔热保温、隔声、耐低温、阻燃、电绝缘性、造型美观等优异综合性能的门窗制品。实践证明：其气密性为木窗的3倍，为铝合金门窗的1.5倍；热导率是金属门窗的1/12～1/8，可节约暖气费20%左右；其隔声效果也比铝合金门窗高30dB以上。另外，塑料本身的耐腐蚀性和耐潮性优异，在化工建筑、地下工程、卫生间及浴室内都能使用，是一种应用广泛的建筑节能产品。

 特别提示

塑钢门窗防火性能略差，如果在防火要求条件比较高的情况下，推荐使用铝合金材料。塑钢材料脆性大，相比铝合金要重些，燃烧时会有毒排放。

塑钢门窗的种类很多，根据原材料的不同，塑钢门窗可以分为以聚氯乙烯树脂为主要原料的钙塑门窗（又称"PVC-U门窗"）；以改性聚氯乙烯为主要原料的改性聚氯乙烯门窗（又称"改性PVC门窗"）；以合成树脂为基料、以玻璃纤维及其制品为增强材料的玻璃钢门窗等，如图6.27所示。

图6.27　塑钢门窗

6.4.1　塑钢门窗材料

1. 塑钢门窗常用材料

1）塑钢门用异型材

塑钢门用异型材可分为门框异型材、门扇异型材、增强异型材三类，如图6.28所示。

门框异型材主要包括主门框异型材和门盖板异型材两个部分。主门框异型材断面上向外伸出部分的作用是遮盖门边。门盖板的作用则是遮盖门洞口的其余外露部分。

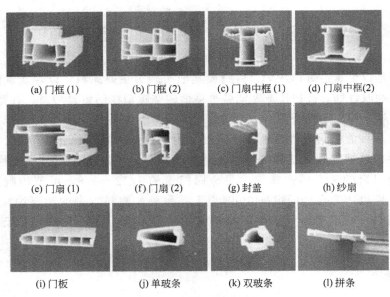

(a) 门框(1)　　　(b) 门框(2)　　　(c) 门扇中框(1)　　(d) 门扇中框(2)

(e) 门扇(1)　　　(f) 门扇(2)　　　(g) 封盖　　　　(h) 纱扇

(i) 门板　　　　(j) 单玻条　　　　(k) 双玻条　　　　(l) 拼条

图 6.28　塑钢门异型材

2）塑料窗用异型材

窗用异型材可分为窗框异型材、窗扇异型材和辅助异型材三类，如图 6.29 所示。

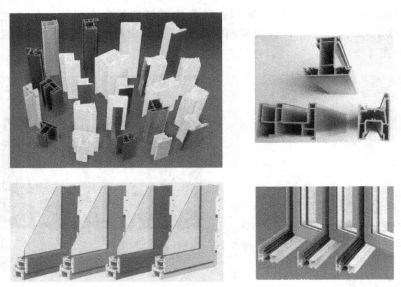

图 6.29　塑钢窗异型材

2. 塑钢门窗材料质量要求

1）门窗塑钢异型材及密封条

塑料门窗采用的塑料异型材、密封条等原材料，应符合现行的国家标准《门、窗用未增塑聚氯乙烯（PVC - U）型材》（GB/T 8814—2004）和《塑料门窗用密封条》（GB 12002—1989)的有关规定。

2）塑钢门窗套配件

塑钢门窗采用的紧固件、五金件、增强型钢、金属衬板及固定片等，应符合以下要求。

（1）紧固件、五金件、增强型钢、金属衬板及固定片等，应进行表面防腐处理。

（2）五金件的型号、规格和性能，均应符合国家现行标准的有关规定；滑撑铰链不得使用铝合金材料。

（3）全防腐型塑钢门窗，应采用相应的防腐型五金件及紧固件。

（4）固定片的厚度不小于 1.5mm，最小宽度不小于 15mm，其材质应采用 Q235 - A 冷轧钢板，其表面应进行镀锌处理。

3）材料相容性

与聚氯乙烯型材直接接触的五金件、紧固件、密封条、玻璃垫块、嵌缝膏等材料，其性能与 PVC 塑料具有相容性。

4）门窗洞口框墙间隙密封材料

门窗洞口框墙间隙密封材料，一般常为嵌缝膏（建筑密封胶），应具有良好的弹性和粘结性。

6.4.2 塑钢门窗安装施工

1. 安装施工准备

1）安装材料及工具

塑钢门窗多为工厂制作的成品，并有齐全的五金配件。其他材料主要有木螺钉、平头机螺钉、塑料胀管螺钉、自攻螺钉、钢钉、木楔、密封条、密封膏、抹布等。

塑钢门窗在安装时所用的主要机具有冲击钻、射钉枪、螺钉旋具、锤子、吊线锤、钢尺、灰线包等。

2）现场准备

门窗洞口质量检查。按设计要求检查门窗洞口的尺寸，若无具体的设计要求，一般应满足下列规定：门洞口宽度＝门框宽＋50mm；门洞口高度＝门框高＋20mm；窗洞口宽度＝窗框宽＋40mm，窗洞口高度＝窗框高＋40mm。

门窗洞口尺寸的允许偏差值为：洞口表面平整度允许偏差 3mm；洞口正、侧面垂直度允许偏差 3mm；洞口对角线允许偏差 3mm。

检查洞口的位置、标高与设计要求是否符合，若不符合应立即进行改正。

检查洞口内预埋木砖的位置和数量是否准确。

按设计要求弹好门窗安装位置线，并根据需要准备好安装用的脚手架。

2. 塑钢门窗的安装

1）塑钢门窗安装施工工艺

塑钢门窗安装施工工艺流程为门窗洞口处理→找规矩→弹线→安装连接件→塑钢门窗安装→门窗四周嵌缝→安装五金配件→清理。

2）塑钢门窗安装施工要点

（1）门窗框与墙体的连接。塑钢门窗框与墙体的连接固定方法，常见的有连接件法、直接固定法和假框法三种。

① 连接件法。这是用一种专门制作的铁件将门窗框与墙体相连接，是我国目前运用较多的一种方法。连接件法的做法是先将塑料门窗放入门窗洞口内，找平对中后用木楔临时固定。然后，将固定在门窗框型材靠墙一面的锚固铁件用螺钉或膨胀螺钉固定在墙上，如图 6.30 所示。

② 直接固定法。在砌筑墙体时，先将木砖预埋于门窗洞口设计位置处，当塑钢门窗安入洞口并定位后，用木螺钉直接穿过门窗框与预埋木砖进行连接，从而将门窗框直接固定于墙体上，如图 6.31 所示。

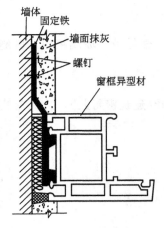
图 6.30　连接件法

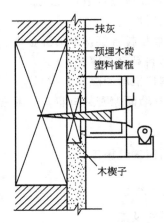
图 6.31　直接固定法

③ 假框法。先在门窗洞口内安装一个与塑料门窗框配套的镀锌铁皮金属框，或者当木门窗换成塑钢门窗时，将原来的木门窗框保留不动，待抹灰装饰完成后，再将塑钢门窗框直接固定在原来的框上，最后再用盖口条对接缝及边缘部分进行装饰，如图 6.32 所示。

（2）连接点位置的确定。在确定塑钢门窗框与墙体之间的连接点的位置和数量时，应主要从力的传递和 PVC 窗的伸缩变形两个方面来考虑，如图 6.33 所示。

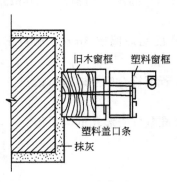
图 6.32　假框法

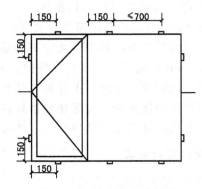
图 6.33　框墙连接点布置图

（3）框与墙间缝隙的处理。由于塑料的膨胀系数较大，所以要求塑钢门窗与墙体间应留出一定宽度的缝隙，以适应塑料伸缩变形。框与墙间的缝隙宽度，一般可取 10～20mm。框与墙间的缝隙，应用泡沫塑料条填塞，填塞不宜过紧，以免框架发生变形。

特别提示

框与墙间缝隙的处理中不论采用何种填缝方法，均要注意以下问题。

（1）门窗框四周的内外接缝缝隙不能采用嵌填水泥砂浆的做法。

（2）嵌填封缝材料应当能承受墙体与框间的相对运动，并且保持其密封性能，雨水不能由嵌填封缝材料处渗入。

（3）嵌填封缝材料不应对塑钢门窗有腐蚀、软化作用，尤其是沥青类材料对塑料有不利作用，不宜采用。

（4）塑钢门窗安装五金配件时，必须先在杆件上进行钻孔，然后用自攻螺钉拧入，严禁在杆件上直接锤击钉入。

知识链接

鉴别塑钢门质量的三个要素如下所述。

首先要看材质，也就是 UPVC 型材。好的 UPVC 型材应该是多腔体，设计合理，壁比较厚实。优质 UPVC 型材的配方中因为添加了抗老化剂和防紫外线助剂，它的外表的颜色应该是白中泛青，抚摸起来比较光滑。这样的 UPVC 型材才能在户外环境中保持不老化、不变色、不变形。

质量较差的型材由于其配方中含钙太多，一般表现为白中泛黄，防晒能力很弱，很容易老化、开裂。在购买塑钢门窗的时候，可以将不同型材的横切面放在一起进行对比，通过颜色和手感来进行初步鉴别。

其次，可以从五金配件上鉴别塑钢门窗的质量优劣。优质塑钢门窗的五金配件都是金属制造的，强度高，而一些劣质塑钢门窗则选用塑料材质的五金件，这对门窗的质量和使用寿命都会造成不良影响。

最后，可以多观察一下塑钢门窗的细节处，如焊角是否整齐，推拉窗或者平开窗在使用的时候是否灵活自如、门窗密封是否严密等。

任务 6.5　特 种 门 窗

特种门窗包括防火门、卷帘门、全玻璃门、金属旋转门、自动等。特种门窗不仅具有普通门窗的作用，还在制作材料、使用功能、开启方式或驱动方式等方面具有独特性，因而各种特种门的构造方式、施工工艺也不同于普通门。

6.5.1　防火门的安装施工

防火门是具有特殊功能的一种新型门，是为了解决高层建筑的消防问题而发展起来的，目前在现代高层建筑中应用比较广泛，并深受使用者的欢迎。

1. 防火门的种类

1）根据耐火极限不同分类

根据国际标准（ISO），防火门可分为甲、乙、丙三个等级。

（1）甲级防火门。甲级防火门以防止扩大火灾为主要目的，它的耐火极限为 1.2h，一般为全钢板门，无玻璃窗。

（2）乙级防火门。乙级防火门以防止开口部火灾蔓延为主要目的，它的耐火极限为 0.9h，一般为全钢板门，在门上开一个小玻璃窗，玻璃选用 5mm 厚的夹丝玻璃或耐火玻璃。性能较好的木质防火门也可以达到乙级防火门。

（3）丙级防火门。它的耐火极限为 0.6h，为全钢板门，在门上开一小玻璃窗，玻璃选用 5mm 厚夹丝玻璃或耐火玻璃。大多数木质防火门都在这一范围内。

2）根据门的材质不同分类

根据防火门的材质不同，最常见的有木质防火门和钢质防火门两种，目前还有玻璃防火门，如图 6.34 所示。

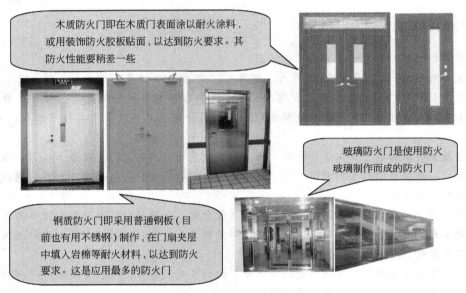

木质防火门即在木质门表面涂以耐火涂料，或用装饰防火胶板贴面，以达到防火要求。其防火性能要稍差一些

玻璃防火门是使用防火玻璃制作而成的防火门

钢质防火门即采用普通钢板（目前也有用不锈钢）制作，在门扇夹层中填入岩棉等耐火材料，以达到防火要求。这是应用最多的防火门

图 6.34　防火门的种类

2. 防火门的安装施工

1）施工工艺流程

防火门的施工工艺流程：定位弹线→清查预埋件→安装门框→洞口封边收口→安装门扇及附件。

2）施工技术要点

（1）定位弹线。按施工图设计要求，在门洞口处弹出防火门门框的安装位置线及其标高线。

（2）清查预埋件。按放线位置，核对预埋铁件的位置、数量是否符合要求，不符合的应及时调整；无预埋铁件时，应按门框安装位置线，根据钢门框上连接铁脚的位置，在门洞口相应位置上钻 $\phi 12$ 膨胀螺栓孔，装入膨胀螺栓。

（3）安装门框。安装时，先拆除门框下部的固定板，凡框内口高度大于门扇高度 30mm 的，洞口两侧地面须预留凹槽。门框一般应埋入楼地面（地面标高）以下 20mm，并须保持框口上下尺寸相同，允许误差小于 1.3mm，对角线允许误差小于 2mm。

（4）洞口封边收口。门框周边缝隙，用 1：2 水泥砂浆或 C25 细石混凝土填嵌密实，经养护，凝结硬化达到设计强度后，即可进行洞口和墙体抹灰。

（5）安装门扇及附件。先把合页临时固定在门扇的合页槽内，然后将门扇塞入门框内，将合页的另一页嵌入门框上合页槽内，调整门扇的垂直度、平整度和缝隙，检查合格后，将合页上螺钉全部拧紧。

 **特别提示**

门扇安装完毕后，要求开闭灵活轻便，门缝均匀平正，松紧适度，无反弹、翘曲、走扇、关闭不严等缺陷，如发现问题应进行必要调整。

6.5.2 卷帘门的安装施工

1. 卷帘门的类型

（1）根据传动方式的不同，卷帘门可分为电动卷帘门、手动卷帘门、遥控电动卷帘门和电动手动卷帘门窗，如图 6.35、图 6.36 所示。

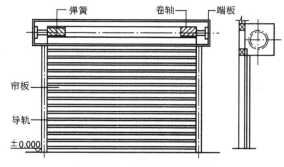

图 6.35 手动卷帘门图示

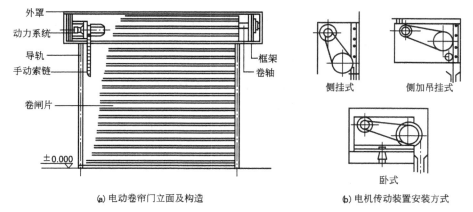

(a)电动卷帘门立面及构造 　　　(b)电机传动装置安装方式

图 6.36 电动卷帘门图示

（2）根据外形的不同，卷帘门可分为全鳞网状卷帘门、真管横格卷帘门、帘板卷帘门和压花帘卷帘门四种，如图 6.37 所示。

（3）根据材质的不同，卷帘门可分为铝合金卷帘门、电化铝合金卷帘门、镀锌铁板卷帘门、不锈钢钢板卷帘门和钢管及钢筋卷帘门五种。

（4）根据门扇结构的不同，卷帘门可分为帘板结构卷帘门、通花结构卷帘门两种。

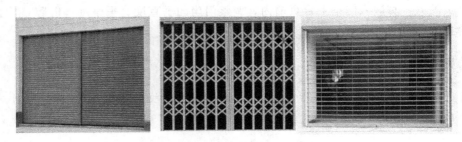

图 6.37　卷帘门的类型

（5）根据性能的不同，卷帘门可分为普通型、防火型卷帘门和抗风型卷帘门三种。

2. 卷帘门的安装施工

1）安装施工工艺流程

手动卷帘门的安装施工工艺流程：定位放线→安装导轨→安装卷筒→安装手动机构→帘板与卷筒连接→试运转→安装防护罩。

电动卷帘门的安装施工工艺流程：定位放线→安装导轨→安装卷筒→安装电机、减速器→安装电气控制系统→空载试车→帘板与卷筒连接→试运转→安装防护罩。

2）安装施工技术要点

（1）定位放线。根据设计要求，在门洞口处弹出两侧导轨垂直线及卷筒中心线，并测量洞口标高。

（2）预埋铁件。定位放线后，应按要求埋入预埋铁件。

（3）安装导轨。按放线位置安装导轨，应先找直、吊正轨道，轨道槽口尺寸应准确，上下保持一致，对应槽口应在同一平面内，然后将连接件与洞口处的预埋铁件焊接牢固。

（4）安装卷筒。安装卷筒时，应使卷轴保持水平，并与导轨的间距应两端保持一致，卷筒临时固定后应进行检查，调整、校正合格后，与支架预埋铁件焊接牢固。

（5）帘板安装。将帘板安装在卷筒上，帘板叶片插入轨道不得少于 30mm，以 40～50mm 为宜。门帘板有正反，安装时要注意，不得装反。

（6）试运转。电动卷帘门安装后，应先手动试运行，再用电动机启闭数次，调整至无卡住、阻滞及异常噪声等现象出现为合格。

（7）安装卷筒防护罩。卷筒上的防护罩可做成方形或半圆形，一般由产品供应方提供。

（8）锁具安装。锁具安装位置有两种，轻型卷帘门的锁具应安装在座板上，门锁具也可安装在距地面约 1m 处。

 特别提示

卷筒安装后应转动灵活。电动卷帘门中电动机、减速器、电气控制系统等必须按说明书要求安装。

6.5.3 全玻璃门的安装

在现代装饰工程中，采用全玻璃装饰门的施工日益普及。全玻璃门具有整体感强、光亮明快、采光性能优越等特点，用于主入口或外立面为落地玻璃幕墙的建筑中，更增强室内外的通透感和玻璃饰面的整体效果，因而广泛用于高级宾馆、影剧院、展览馆、银行、大型商场等，如图6.38所示。

图6.38 全玻璃门实例

1. 全玻璃门的构造组成

全玻璃门由固定玻璃和活动门扇两部分组成。固定玻璃与活动门扇的连接方法有两种：一是直接用玻璃门夹进行连接，其造型简洁，构造简单；另一种是通过横框或小门框连接，如图6.39、图6.40所示。

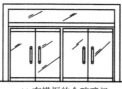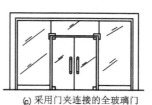

(a) 有小门框的全玻璃门　(b) 有横框的全玻璃门　(c) 采用门夹连接的全玻璃门

图6.39 全玻璃门示意图

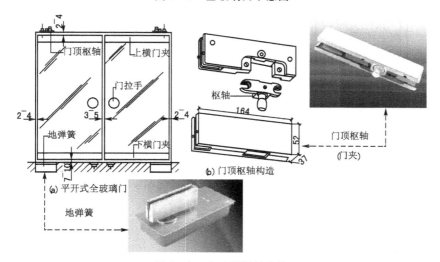

图6.40 全玻璃门的构造

2. 全玻璃门的安装

全玻璃无框地弹门的施工顺序：定位放线→安装门框顶限位槽→安装竖向边框及中横框、小门框→装木底托→安装固定玻璃→注玻璃胶封口→安装门底地弹簧和门顶枢轴→玻璃门扇安装上、下门夹→门扇安装→安装拉手。

全玻璃门的施工安装技术要点如下。

1）固定玻璃部分的安装

（1）定位放线。根据施工图设计要求，弹出全玻璃门的安装位置中心线以及固定玻璃部分、活动门扇的位置线。

（2）安装门框顶部限位槽。限位槽的宽度应大于玻璃厚度2～4mm，槽深为10～20mm，如图6.41所示。

（3）安装竖向边框及中横框、小门框。按弹好的中心线和门框边线，钉立竖框方木。竖框方木上部抵顶部限位槽方木，下埋入地面30～40mm，并与墙体预埋木砖钉接牢固。

（4）装木底托。按放线位置，先将方木条固定在地面上，方木条两端抵住门洞口竖向边框，用钢钉将方木条直接钉在地面上。

（5）裁割玻璃。厚玻璃的安装尺寸，应从安装位置的底部、中部、顶部进行测量，选择最小尺寸为玻璃板宽度的裁割尺寸；如上、中、下测量尺寸相等，玻璃板的宽度裁割尺寸应为实测尺寸减去3～5mm。玻璃裁割后，应在其周边作倒角处理。

（6）安装玻璃。用玻璃吸盘机把裁割好的厚玻璃吸住提起，移至安装位置，先将玻璃上部插入门框顶部的限位槽，随后玻璃板的下部放到底托上。

（7）玻璃固定。在底托方木上钉两根方木条，把厚玻璃夹在中间，方木条距厚玻璃面3～4mm，注意缝宽及槽深应与门框顶部一致。然后在方木条上涂刷万能胶，将压制成型的不锈钢饰面板粘固在方木上，如图6.42所示。固定部分的玻璃安装构造，如图6.43所示。

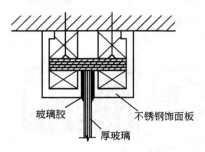

图6.41 门框顶部限位槽

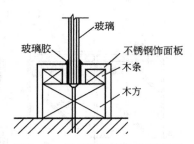

图6.42 不锈钢饰面木底托做法

（8）注玻璃胶封口。在玻璃准确就位后，在顶部限位槽处和底托固定处，以及玻璃板与框柱的对缝处，均注入玻璃密封胶，如图6.44所示。

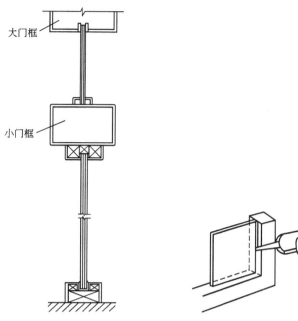

图 6.43　玻璃门竖向安装构造示意图

图 6.44　注胶封口操作示意图

2）活动门扇的安装

活动门扇的启闭由地弹簧进行控制。地弹簧同时又与门扇的上部、下部金属横挡进行铰接，如图 6.45 所示。

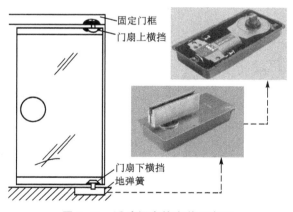

图 6.45　活动门扇的安装示意图

（1）安装门底地弹簧和门顶枢轴。先安装门顶枢轴，轴心通常固定在距门边框 70～73mm 处，然后从轴心向下吊线，定出地弹簧的转轴位置，在地面上凿槽安装地弹簧，安装时必须用吊线坠反复校正，确保地弹簧转轴与门顶枢轴的轴心在同一垂直线上。地弹簧位置和水平度符合要求后，用水泥砂浆灌缝，表面抹平。

（2）玻璃门扇安装上、下门夹。把上下金属门夹分别装在玻璃门扇上、下两端，金属门夹一般采用成品，金属门夹的构造与安装，如图 6.46 所示。把上、下横挡（多采用镜面不锈钢成型材料）分别装在厚玻璃门扇的上端和下端，并进行门扇高度的测量。如果门扇高度不足，即其上、下边距门横及地面的缝隙超过规定值，可在上、下横挡内加垫胶合板条进行调节，如图 6.47 所示。门扇高度确定后，即可固定上、下横挡，如图 6.48 所示。

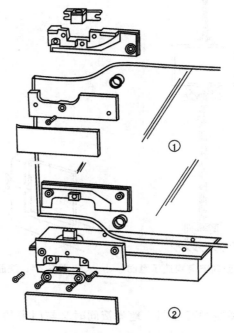

图 6.46　玻璃门扇上、下门夹安装

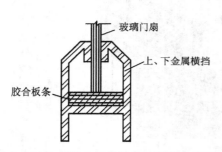

图 6.47　加垫胶合板条调节玻璃门高度尺寸

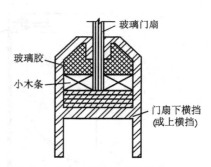

图 6.48　门扇玻璃与金属横挡的固定

（3）门扇安装。先将门框横梁上的定位销本身的调节螺钉调出横梁平面 1～2mm，再将玻璃门扇竖起来，把门扇下横挡内的转动销连接件的孔位对准地弹簧的转动销轴，并转动门扇将孔位套在销轴上。然后把门扇转动 90°使之与门框横梁成直角，把门扇上横挡中的转动连接件的孔对准门框横梁上的定位销，将定位销插入孔内 15mm 左右，如图 6.49 所示。

（4）安装拉手，全玻璃门扇上扇拉手孔洞一般是订购时就加工好的，拉手连接部分插入孔洞拧紧螺钉即可，如图 6.50 所示。

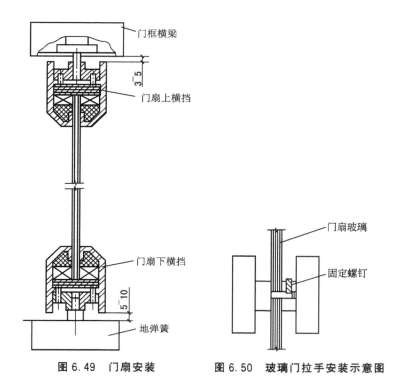

图 6.49　门扇安装　　　　图 6.50　玻璃门拉手安装示意图

6.5.4　金属旋转门的安装

1. 金属旋转门的种类

（1）按材质分类。主要有铝质旋转门，钢质旋转门等。

（2）按驱动方式分类。主要有：①人力推动旋转门，开启时由人力推动旋转；②自动旋转门，用小功率电动机驱动，通过减速机、转柱，自动开启门扇。

（3）按门扇的数量分类。主要有四扇式、三扇式，如图 6.51 所示。

图 6.51　旋转门的分类

2. 金属旋转门的构造组成

金属旋转门由外框、圆顶、固定扇和活动扇(三扇或四扇)四部分组成，如图 6.52 所示。

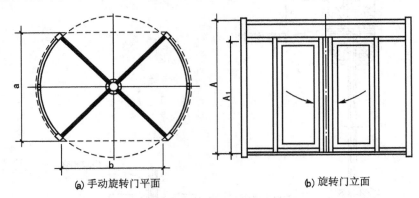

(a) 手动旋转门平面　　　　　(b) 旋转门立面

图 6.52　旋转门的平面及立面示意图

 知识链接

普通旋转门的标准尺寸见表 6-1。

表 6-1　普通旋转门的标准尺寸(单位：mm)

直径	a	b	A_1	直径	a	b	A_1
1800	1200	1520	2000	2080	1420	1600	2400
1980	1350	1550	2200	2130	1440	1650	2400
2030	1370	1580	2200	2240	1520	1695	2600

3. 金属旋转门的施工工艺

1) 施工工艺流程

金属旋转门施工工艺流程：定位弹线→清理预埋件→桁架固定→安装转轴、固定底座→安装转门顶与转壁→安装门扇→调整转壁→焊接固定→安装玻璃→表面处理。

2) 金属旋转门安装施工技术要点

金属旋转门一般由生产厂家供应成品，因类型较多，安装方法也不尽相同，一般由生产厂家派专业人员负责安装，调试合格后交付验收。下面简要介绍普通金属旋转门的安装施工技术要点。

(1) 在金属转门开箱后，检查各类零部件是否齐全、正常，门槛外形尺寸是否符合门洞口尺寸，以及转壁位置要求，预埋件位置和数量。

(2) 桁架固定。将桁架的连接件与预埋铁件或膨胀螺栓焊接固定。

(3) 安装转轴、固定底座。将底座就位，底座下要垫平垫实，使转轴垂直于地面。

(4) 安装转门顶与转壁。先安装圆转门顶，再安装转壁。

（5）安装门扇。安装转门扇时，门扇应保持 90°（四扇式）或 120°（三扇式）夹角，且上下要留出一定宽度的缝隙。

（6）调整转壁。根据门扇安装位置调整转壁，以保证门扇与转壁之间有适当的缝隙，并用尼龙毛条密封，如图 6.53 所示。

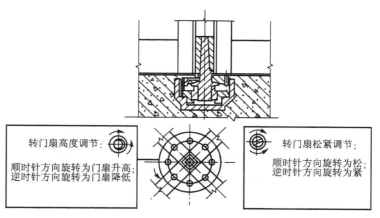

图 6.53　金属转门调节示意图

（7）焊接固定。先将上部的轴承座焊接牢固，然后用混凝土固定底座，埋入插销下壳并固定转壁。

（8）安装玻璃。铝合金转门应用橡胶条干法安装玻璃；钢质转门应用油面腻子固定玻璃。

（9）表面处理。铝制转门安装好后，应撕掉保护膜，钢质转门应按设计要求喷涂面漆，并将门扇、转壁等清理干净。

任务6.6　门窗工程质量验收标准

6.6.1　木门窗安装工程质量验收

1.木门窗安装质量要求

木门窗制作的允许偏差和检验方法，见表 6-2。

表 6-2　木门窗制作的允许偏差和检验方法

项次	检验项目	构件名称	允许偏差/mm		检验方法
			普通	高级	
1	翘曲	框	3	2	将框、扇放在检查平台上，用塞尺检查
		扇	2	2	
2	对角线长度差	框、扇	3	2	用钢尺检查，框量裁口里角，扇量外角

续表

项次	检验项目	构件名称	允许偏差/mm		检验方法
			普通	高级	
3	表面平整度	扇	2	2	用1m靠尺和塞尺检查
4	高度、宽度	框 扇	0，−2 2，0	0，−1 1，0	用钢尺检查，框量裁口里角，扇量外角
5	裁口、线条结合处高低差	框	1	0.5	用钢直尺和塞尺检查
6	相邻棂子两端间距	扇	2	1	用钢直尺检查

2. 木门窗质量验收标准（表6-3）

表6-3　木门窗制作与安装工程的质量验收标准

项目	项次	质量要求	检验方法
主控项目	1	木门窗的木材品种、材质等级、规格、尺寸、框扇的线型及人造木板的甲醛含量应符合设计要求	观察；检查材料进场验收记录和复验报告
	2	木门窗应采用烘干的木材进行制作，含水率应符合（JG/T 122）《建筑木门、木窗》的规定	检查材料进场验收记录
	3	木门窗的防火、防腐、防虫处理应符合设计要求	观察；检查材料进场验收记录
	4	木门窗的结合处和安装配件处，不得有木节或已填补的木节；木门窗如有允许限值以内的死节及直径较大的虫眼时，应用同一材质的木塞加胶填补；对于清漆制品，木塞的木纹和色泽应与制品一致	观察检查
	5	门窗框和厚度大于50mm的门窗扇应用双榫连接；榫槽应采用胶料严密嵌合，并应用胶楔加紧	观察；手扳检查
	6	胶合板门、纤维板门和模压门不得脱胶；胶合板不得刨透表层单板，不得有戗槎；制作胶合板门、纤维板门时，边框和横楞应在同一平面上，面层、边框及横楞应加压胶结，横楞和上下冒头应各钻两个以上的透气孔，透气孔应通畅	观察检查
	7	木门窗的品种、类型、规格、开启方向、安装位置及连接方式应符合设计要求	观察；尺量检查；检查成品门的生产合格证
	8	木门窗框的安装必须牢固；预埋木砖的防腐处理、木门窗框固定点的数量、位置及固定方法应符合设计要求	观察；手扳检查；检查隐蔽工程验收记录和施工记录
	9	木门窗扇必须安装固定，并应开关灵活，关闭严密，无倒翘	观察；开启和关闭检查；手扳检查
	10	木门窗配件的型号、规格、数量应符合设计要求，安装应牢固，位置应准确，功能应满足使用要求	观察；开启和关闭检查；手扳检查

续表

项目	项次	质量要求	检验方法
一般项目	11	木门窗表面应洁净，不得有刨痕、锤印	观察检查
	12	木门窗的割角、拼缝应严密平整；门窗框、扇裁口应顺直，刨面应平整	观察检查
	13	木门窗上的槽、孔应边缘整齐，无毛刺	观察检查
	14	木门窗与墙体间缝隙的填嵌材料应符合设计要求，填嵌应饱满；寒冷地区外门窗或门窗框与砌体间的空隙应填充保温材料	轻敲门窗框检查；检查隐蔽工程验收记录和施工记录
	15	木门窗披水、盖口条、压缝条、密封条的安装应顺直，与门窗结合应牢固、严密	观察；手扳检查
	16	木门窗安装的允许偏差和检验方法应符合表6-4的规定	—

6.6.2 断桥铝门窗安装工程质量验收

1. 断桥铝门窗安装质量验收标准

表6-4 断桥铝门窗安装工程质量验收标准

项目	项次	质量要求	检验方法
主控项目	1	断桥铝门窗的品种、类型、规格、尺寸、性能、开启方向、安装位置、连接方式及断桥铝门窗的型材壁厚，均应符合设计要求；金属门窗的防腐处理及填嵌、密封处理应符合设计要求	观察；尺量检查；检查产品合格证书、性能检测报告、进场检收记录和复检报告；检查隐蔽工程验收记录
	2	断桥铝门窗框和副框的安装必须牢固；预埋件的数量、位置、埋设方式、与框的连接方式必须符合设计要求	手扳检查；检查隐蔽工程验收记录
	3	断桥铝门窗扇必须安装牢固，并应开关灵活、关闭严密，无倒翘；推拉门窗扇必须有防止脱落措施	观察；开启和关闭检查；手扳检查
	4	断桥铝门窗配件的型号、规格、数量应符合设计要求，安装应牢固，位置应正确，功能应满足使用要求	观察；开启和关闭检查；手扳检查
一般项目	5	断桥铝门窗表面应清洁、平整、光滑、色泽一致，无锈蚀；大面应无划痕、碰伤；涂膜或保护层应连续	观察检查
	6	断桥铝门窗的推拉门窗扇开关力不大于100N	用弹簧秤检查
	7	断桥铝门窗框与墙体之间的缝隙应填嵌饱满，并采用密封胶进行密封；密封胶表面应光滑、顺直，无裂纹	观察；轻敲门窗框检查；检查隐蔽工程验收记录
	8	断桥铝门窗扇的橡胶密封条或毛毡密封条应安装完好，不得有脱槽现象	观察；开启和关闭检查
	9	有排水孔的金属门窗，排水孔应畅通，位置和数量应符合设计要求	观察检查
	10	断桥铝门窗安装的允许偏差和检查方法见表6-5	—

2. 断桥铝门窗安装的允许偏差和检查方法

表 6-5　　断桥铝门窗安装的允许偏差和检查方法

项次	检查项目		允许偏差/mm	检查方法
1	门窗槽口宽度、高度	≤1500	1.5	用钢尺检查
		>1500	2.0	
2	门窗槽口对角线长度差	≤2000	3.0	用钢尺检查
		>2000	4.0	
3	门窗框的正面、侧面垂直度		2.5	用垂直检查尺检查
4	门窗横框的水平度		2.0	用1m水平尺和塞尺检查
5	门窗横框的标高		5.0	用钢尺检查
6	门窗竖向偏离中心		5.0	用钢尺检查
7	双层门窗内外框间距		4.0	用钢尺检查
8	推拉门窗扇与框的搭接量		1.5	用钢直尺检查

6.6.3　特殊门窗安装工程质量验收

本规定适用于防火门、防盗门、自动门、全玻门、旋转门、金属卷帘门等特种门安装工程的质量验收。

1. 特种门工程质量验收要求

(1) 特种门工程验收时应检查下列文件和记录。

① 施工图、设计说明及其他设计文件。

② 材料的产品合格证书、性能监测报告、进场验收记录、人造木板和胶粘剂甲醛含量的复验报告。

③ 隐蔽工程验收记录。

④ 施工记录。

⑤ 特种门及其附件的生产许可文件。

(2) 特种门工程应对下列隐蔽工程项目进行验收。

① 预埋件和锚固件。

② 隐蔽部位的防腐、填嵌处理。

(3) 特种门工程应分批检验，每个检验批应有检验批质量验收记录。

① 检验批划分。同一品种、类型和规格的特种门每50樘应划分为一个检验批，不足50樘也应划分为一个检验批。

② 检查数量应符合下列规定。特种门每个检验批至少应抽查50%，并不得少于10樘，不足10樘时应全数检查。

2. 特种门工程质量验收标准(表6-6)

表6-6　特种门工程质量验收标准

项目	项次	质量要求	检验方法
主控项目	1	特种门的质量和各项性能应符合设计要求	检查生产许可证、产品合格证书和性能检测报告
	2	特种门的品种、类型、规格、尺寸、开启方向、安装位置及防腐处理应符合设计要求	观察；尺量检查；检查进场验收记录和隐蔽工程验收记录
	3	带有机械装置、自动装置或智能化装置的特种门，其机械装置、自动装置或智能化装置的功能应符合设计要求和有关标准的规定	启动机械装置、自动装置或智能化装置，观察
	4	特种门的安装必须牢固。预埋件的数量、位置、埋设方式、与框的连接方式必须符合设计要求	观察、手扳检查、检查隐蔽工程验收记录
	5	特种门的配件应齐全，位置应正确，安装应牢固，功能应满足使用要求和特种门的各项性能要求	观察、手扳检查，检查产品合格证书、性能检测报告和进场验收记录
一般项目	6	特种门的表面装饰应符合设计要求	观察
	7	特种门的表面应洁净，无划痕、碰伤	观察
	8	金属转门安装的允许偏差和检验方法应符合表6-7的规定	—

表6-7　金属转门安装的允许偏差和检验方法

项次	检验项目	允许偏差/mm	检验方法
1	门扇的正、侧面垂直度	1.5	用1m垂直检测尺检查
2	门扇对角线长度差	1.5	用钢尺检查
3	相邻扇高度差	1	用钢尺检查
4	扇与圆弧边留缝	1.5	用塞尺检查
5	扇与上顶间留缝	2	用塞尺检查
6	扇与地面间留缝	2	用塞尺检查

本项目小结

　　本任务对目前常用的门窗种类及其安装工艺做了全面的讲述，主要内容包括装饰木门、断桥铝门窗、塑钢门窗、特种门窗、门窗工程质量验收、门窗工程质量通病及防止措施等。

建筑装饰施工技术（第2版）

装饰木门、断桥铝门窗是本任务的学习重点，应熟悉掌握装饰木门、断桥铝门窗的材料选择、制作和施工安装工艺过程及安装要点，掌握质量控制、验收标准。熟悉断桥铝门窗下料组装的方法和安装后的成品保护方法。塑钢门窗应侧重安装施工工艺流程、质量标准及施工操作技术要点。熟悉特种门窗的特点及应用，了解其组成构造及基本原理，掌握特种门窗施工安装中工艺流程、质量验收标准等。熟悉门窗工程施工工程质量通病及防止措施。

实训项目一　断桥铝门窗制作及安装

应用案例

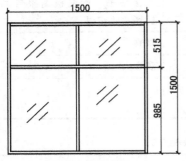

图 6.54　断桥铝 C1 窗尺寸

某职业技术学院教学楼新建图书馆装修装饰工程中，窗全部采用断桥铝推拉窗，其中 C1 窗如图 6.54 所示。作业条件如下。

(1) 主体结构经有关质量部门验收合格。工种之间已办好交接手续。

(2) 检查门窗洞口尺寸及标高符合设计要求。

(3) 按图样要求尺寸弹好门窗中线，并弹好室内 50cm 水平线。

(4) 断桥铝窗制作的各种材料齐备且产品合格。

(5) 断桥铝窗制作的各种设备工、机具齐全。

(6) 安装施工场所的安全措施已落实到位。

1. 实训目的及要求

实训目的：掌握断桥铝门窗的制作要领，熟悉所使用的设备与工具的操作方法，了解断桥铝门窗的安装过程及主要质量控制要点，同时了解一些安全、环保的基本知识。

实训要求：4 人一组，制作加工一个 1500mm×1500mm 的 90 系列推拉窗，并将该窗安装到指定的窗洞口。

2. 实训准备

1) 主要材料

(1) 断桥铝。用于上滑、窗框边柱、窗下方、钩中柱、下滑、窗上方、窗扇边柱、中饰柱。

(2) 五金配件。滑轮、锁扣、密封胶条以及型材连接件等。

2) 主要工具

断桥铝切割机、组角机、压力机、大型玻璃切割台、玻璃组装台、断桥铝切割机、电锤、活扳手、水平尺、螺钉旋具、手电钻及小型的冲孔模具等。

3. 施工工艺及操作要点

施工工艺流程：确定下料尺寸→下料→断桥铝窗制作→断桥铝窗安装。

1）对设计图样进行识读、翻样，确定下料尺寸

根据设计图的式样和规格确定所需的断桥铝型材，然后按选料并画线。计算下料尺寸、画线是断桥铝窗制作的第一道工序，也是关键的工序，如果考虑不周，会造成较大的尺寸误差。画线时误差值应控制在 1mm 以内。

 **知识链接**

（1）窗框是由两条边封铝型材和上、下滑道铝型材组成。两条边封型材长度尺寸等于全窗高减去上窗部分的高度；上、下滑道的尺寸等于窗框宽度减去两个边封铝型材的厚度。

（2）窗扇在装配后既要在上、下滑道内滑动，又要进入边封槽内，通过挂钩把窗扇锁住。故窗扇的边框和带钩边框为同一长度，其长度是窗框边封的长度减 45～50mm；窗扇的上、下横梁为同一长度，其长度为窗框宽度的一半再加 5～8mm。

2）下料

用断桥铝切割机将所需的各种型材锯断，锯割时注意如下两点。

（1）切割过程中，切割机的刀口位置应在画线以外，并留出画线痕迹。

（2）锯割前，要把型材夹紧，使型材处于水平位置，以保证切割尺寸的精度。

3）断桥铝窗制作与安装

具体操作工艺参见 6.2.3 节断桥铝门窗的制作与安装所述。

4. 施工质量控制要点

（1）断桥铝门窗保护膜要封闭好再进行安装。

（2）断桥铝门窗连接、固定件最好用不锈钢件。

（3）门窗表面如有胶状物，应用棉球蘸专用溶剂擦净。

（4）用水泥浆堵缝时，门窗与水泥浆接触面应涂刷防腐剂进行防腐处理。

（5）填塞缝隙时，框外边的槽口应待粉刷干燥后，清除浮灰再塞入密封膏。

5. 安全环境文明措施

（1）进入现场必须戴安全帽。严禁穿拖鞋、高跟鞋等进入现场。

（2）高空作业应系安全带。

（3）装用的梯子应牢固可靠，不应缺档，梯子放置不应过陡，其与地面夹角以 60°为宜。

（4）料要堆放平稳。工具要随手放入工具袋内。上下传递物件工具时，不得抛掷。

（5）电器具应安装触电保护器，以确保施工人员安全。

（6）常检查锤把是否松动，电焊机、电钻是否漏电。

（7）使用有噪声的电动工具施工时，应在规定的时间内进行，防止噪声污染。

（8）废弃物应按环保要求分类堆放及销毁。

6. 学生操作评定（表 6-8）

表 6-8　断桥铝窗制作安装实训操作考核评定表

姓名：　　　　　　　　　　　　学号：　　　　　　　　　　　　得分：

序号	考核项目及内容		评定方法	满分	得分
1	操作技能操作规范	下料符合设计要求	尺量检查，超过误差要求一处扣 2 分	10	
2		窗框制作	观察，铆接不牢一处扣 2 分；尺量检查，超过误差规定一处扣 2 分	15	
3		窗扇制作	观察，铆接不牢一处扣 2 分；尺量检查，超过误差规定一处扣 2 分	10	
4		断桥铝窗安装	观察，有不牢固、窗框不在同一个垂直面扣 15 分	15	
5		密封情况	观察，每一处密封不严扣 10 分，密封胶涂封不均匀一处扣 2 分	10	
6		安全、文明操作	观察，违规一次扣 2 分	10	
7		工效	不在额定时间完成扣 10 分	10	
8	心智技能	现场问题回答	过程提问，回答不出扣 5 分，回答不完整扣 2 分	10	
9		实训总结报告	检查，内容不完整每缺一项扣 2 分	10	
10	合　　计			100	

考评员：　　　　　　　　　　　　　　　　　　　　　　日期：

实训项目二　塑钢门窗安装

 应用案例

　　某企业办公楼装修装饰工程施工，门窗工程装饰施工窗全部采用塑钢窗，其中 C2 窗外观，如图 6.55 所示。为保证塑钢窗的施工质量，该项目的塑钢窗制作由供货专业工厂进行，施工现场进行安装。作业条件如下。

　　(1) 主体结构经有关质量部门验收合格。工种之间已办好交接手续。

　　(2) 检查门窗洞口尺寸及标高符合设计要求。

　　(3) 工程项目所用塑钢窗按设计图样要求规格，专业工厂制作完成。

　　(4) 塑钢窗供货运输到施工现场，通过进场验收，制作材料符合国家标准，规格符合设计要求，施工安装配套附件齐全，塑钢窗具有产品合格证。

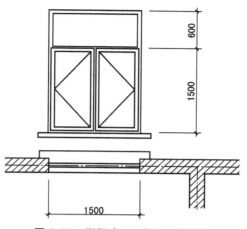

图 6.55　塑钢窗 C2 窗洞口的墙体

（5）塑钢窗安装的各种设备工、机具齐全。

（6）安装施工场所的安全措施已落实到位。

1. 实训目的及要求

实训目的：掌握塑钢门窗的组成、熟悉塑钢门窗的制作要领，掌握塑钢窗安装所使用的设备与工具的操作方法，学会塑钢窗的安装过程及主要质量控制要点，同时了解一些安全、环保的基本知识。

实训要求：4 人一组，对专业化工厂生产的塑钢窗进行进场验收，并分组实施 C2 窗（1500mm×2100mm）的安装，如图 6.55 所示。

2. 实训准备

1）塑钢窗安装前质量检查

（1）塑钢窗使用的主材应符合国家标准的规定，五金配件配套齐全，并具有出厂合格证、材料检验报告书并加盖厂家印章。

（2）塑钢窗的规格、尺寸、开启方向、安装位置、连接方式及填嵌密封处理应符合设计要求，内衬增强型钢质量应符合标准。

（3）塑钢窗框保护膜应保持完好，在未完成安装前，不得破坏窗表面保护材料。

2）窗洞口尺寸检查

洞口宽度和高度尺寸偏差要求，见表 6-9。

表 6-9　洞口宽度和高度尺寸偏差要求(单位：mm)

洞口宽度或高度 墙体表面	<2400	2400~4800	>4800
未粉刷墙面	±10	±15	±20
已粉刷墙面	±5	±10	±15

3. 施工工艺及操作要点

1）安装工艺流程

塑钢窗外观检查→窗洞口处理、找规矩→弹线→安装连接件→塑钢窗安装→嵌缝→安装五金配件→清理。

2）施工安装

施工安装操作要点，详见 6.4.1 节塑钢门窗的安装内容。

4. 施工质量控制要点

(1) 填塞洞口墙体与连接铁件之间的缝隙时，密封胶应冒出铁件 1～2mm。

(2) 不可用含沥青的材料填缝，以防塑钢窗框架变形。

(3) 严禁用锋利的器械刮塑钢窗框和扇上的污物。

(4) 用木楔固定窗框时，应固定在能受力的部位。

(5) 塑钢窗安装时，应将窗扇先放入窗框内进行找正。

(6) 窗扇应开关灵活、关闭严密，无倒翘，同时必须有防脱落措施。

5. 安全环境文明措施

安全环境文明措施，参见"实训项目一：断桥铝门窗"相应条款。

6. 学生操作评定（表 6-10）

表 6-10　塑钢窗安装实训操作考核评定表

姓名：　　　　　　　　　　　学号：　　　　　　　　　　　得分：

序号	评定项目	评定方法	满分	得分
1	安装准备工作（核对安装的塑钢型号、规格、尺寸、位置）	设计图样核查、尺量检查，超过误差要求一处扣 2 分	10	
2	塑钢窗安装	观察，有不牢固、窗框不在一铅直面扣 15 分	30	
3	开启灵活情况	观察，开启不灵活扣 10 分	10	
4	密封情况	观察，每一处密封不严扣 10 分；密封胶涂封不均匀一处扣 2 分	10	
5	安全、文明操作	观察，违规一次扣 2 分	10	
6	工效	不在额定时间完成扣 10 分	10	
7	安全、环保检查	观察，违规一次 5 分	10	
8	实训总结报告	检查，内容不完整每缺一项扣 2 分	10	
9	合　　计		100	

考评员：　　　　　　　　　　　　　　　　　　　　日期：

复习思考题

1. 说明平开木门由哪几部分组成。
2. 绘制无门框装饰木门构造示意图。
3. 简述装饰木门的安装操作要点。
4. 断桥铝门窗在选购材料时应注意哪些要求？
5. 断桥铝门窗由哪几部分组成？简述断桥铝门的制作与安装工艺。
6. 绘制断桥铝门框的安装示意图。
7. 简述断桥铝窗的制作与安装工艺。
8. 塑钢门窗有什么特点？塑钢门窗材料质量要求有哪些？
9. 简述塑钢门窗安装施工工艺。
10. 根据耐火极限不同，防火门有哪些种类？
11. 简述防火门的安装施工工艺。
12. 简述全玻璃门的施工安装工艺要点。

项 目 **7**

幕墙工程施工技术

学习目标

熟悉建筑幕墙的常见类型及其特点。熟练识读幕墙工程施工图。了解各种幕墙施工机具的性能，掌握施工机具的使用方法。熟悉幕墙工程的施工工艺流程和施工过程的检查项目，掌握幕墙施工操作技能。熟悉幕墙工程质量验收标准，掌握幕墙工程质量检验的方法。能灵活运用各相关知识，解决幕墙工程施工过程中的实际问题。

学习要求

工程过程	能力目标	知识要点	相关知识	重点
施工准备	选用幕墙施工机具的能力	幕墙工程施工机具	幕墙工程常用机具	
施工实施	幕墙工程的施工操作及指导技能	幕墙工程施工工艺及方法	幕墙工程施工工艺流程 幕墙工程施工操作要点	●
施工完成	幕墙工程质量验收技能	幕墙工程质量验收标准	幕墙工程质量验收标准 幕墙工程质量检验方法	●

任务 7.1　玻　璃　幕　墙

 实例引用

上海浦东金茂大厦 88 层，420m，为正方形古塔式建筑，采用玻璃-铝板幕墙。其裙房则采用背栓式、胶缝开敞式花岗石幕墙。这些玻璃幕墙、铝板幕墙、花岗石幕墙等不同的类型在建筑装饰工程中被广泛应用。

玻璃幕墙是指在建筑物主体外设置骨架并镶嵌玻璃，形成的整片玻璃墙面。玻璃幕墙多用于混凝土结构体系的建筑物，建筑框架主体建成后，外墙面用铝合金，不锈钢或型钢制成骨架与框架主体的柱、梁、板连接固定，骨架外再安装玻璃组成玻璃幕墙，如图 7.1 所示。

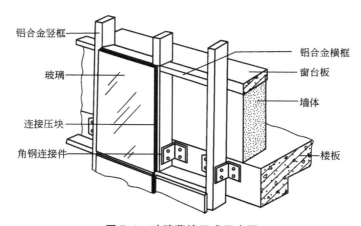

图 7.1　玻璃幕墙组成示意图

7.1.1　材料及机具

1. 玻璃幕墙材料

玻璃幕墙材料包括骨架及连接材料、幕墙玻璃和其他相关辅助材料，如建筑密封材料、发泡双面胶带、填充材料、隔热保温材料、防水防潮材料、硬质有机材料垫片、橡胶片等，如图 7.2 所示。

(a) 铝合金型材　　　　　(b) 型钢型材　　　　　(c) 不锈钢连接材料

图 7.2　玻璃幕墙材料

1）骨架和连接材料

常见的玻璃幕墙骨架材料有铝合金型材、型钢型材、不锈钢材料、紧固件和连接件等。

（1）铝合金型材一般为经特殊挤压成型的铝合金型材，常常用做立柱（竖向杆件）和横挡（横向杆件）。铝合金型材应进行表面阳极氧化处理。铝型材的品种、级别、规格、颜色、断面形状、表面阳极氧化膜厚度等，必须符合设计要求，其合金成分及机械性能应有生产厂家的合格证明，并应符合现行国家有关标准。进入现场要进行外观检查，要平直规方，表面无污染、麻面、凹坑、划痕、翘曲等缺陷，并分规格、型号分别码放在室内木方垫上。

（2）型钢型材应符合国家现行标准要求。采用钢绞线做点支撑玻璃幕墙拉杆时，钢绞线应进行镀锌处理；钢管应为镀锌的无缝钢管。

（3）不锈钢材料应符合国家现行标准要求。点支撑玻璃幕墙，拉杆、钢爪应为不锈钢制品。

（4）紧固件主要有膨胀螺栓、螺母、钢钉、铝铆钉与射钉等。为了防止腐蚀，紧固件表面须镀锌处理；紧固件与预埋在混凝土梁、柱、墙面上的埋件固定时，应采用不锈钢或镀锌螺栓；紧固件的规格尺寸应符合设计要求，并有出厂证明。

（5）连接件通常由角钢、槽钢或钢板加工而成。随幕墙不同的结构类型、骨架形式及安装部位而有所不同。连接件均要在厂家预制加工好，材质及规格尺寸要符合设计要求。

2）幕墙玻璃

常见的幕墙玻璃有热反射镀膜玻璃、中空玻璃、夹层玻璃、夹丝玻璃等。另外还使用普通平板玻璃、浮法玻璃、钢化玻璃、吸热平板玻璃等。幕墙玻璃的外观质量和光学性能应符合现行的国家标准。此外，幕墙玻璃还应满足抗风压、采光、隔热、隔声等性能要求。所有幕墙玻璃均应进行边缘处理，如图7.3所示。

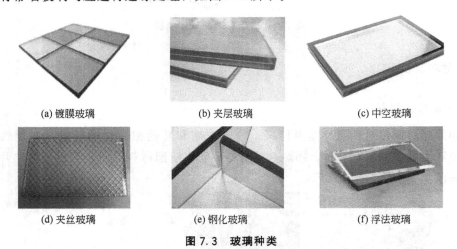

| (a) 镀膜玻璃 | (b) 夹层玻璃 | (c) 中空玻璃 |

| (d) 夹丝玻璃 | (e) 钢化玻璃 | (f) 浮法玻璃 |

图7.3 玻璃种类

热反射镀膜玻璃应采用真空磁控阴极油射镀膜玻璃或在线热喷薄涂镀膜玻璃。玻璃幕墙的中空玻璃应采用双道密封；明框幕墙的中空玻璃的密封胶应采用聚硫密封胶和丁基密封腻子；半隐框幕墙的中空玻璃的密封胶应采用结构硅酮密封胶和丁基密封腻子；玻璃

幕墙中空玻璃的干燥剂宜采用专用设备装填。玻璃幕墙采用夹层玻璃时，应采用聚乙烯醇缩丁醛（PVB）胶片干法加工合成的夹层玻璃。玻璃幕墙采用夹丝玻璃时，裁割后玻璃的边缘应及时进行修理和防腐处理。当加工成中空玻璃时夹丝玻璃应朝室内一侧。

要根据设计要求选用玻璃类型，制作厂家对玻璃幕墙应进行风压计算，要提供出厂质量合格证明及必要的试验数据；玻璃进场后要开箱抽样检查外观质量，玻璃颜色一致，表面平整，无污染、翘曲，镀膜层均匀，不得有划痕和脱膜。整箱进场要有专用钢制靠架，如拆箱后存放，要立式放在室内特制的靠架上。

3）幕墙辅助材料

幕墙辅助材料很多，如建筑密封材料、发泡双面胶带、填充材料、隔热保温材料、防水防潮材料、硬质有机材料垫片、橡胶片等。

（1）建筑密封材料。通常说的建筑密封胶多指聚硫密封胶、氯丁密封胶和硅酮密封胶，是保证幕墙具有防水性能、气密性能和抗震性能的关键。其材料必须有很好的防渗透、抗老化、抗腐蚀性能，并具有能适应结构变形和温度胀缩的弹性，因此应有出厂证明和防水试验记录。

玻璃幕墙一般采用三元乙丙橡胶、氯丁橡胶密封材料；密封胶条应挤出成型，橡胶块应压模成型。若用聚硫密封胶，其应具有耐水、耐溶剂和耐大气老化性，并应有低温弹性与低透气性等特点。耐候硅酮密封胶应是中性胶，凡是用在半隐框、隐框玻璃幕墙上与结构胶共同工作时，都要进行建筑密封胶与结构胶之间相容性试验，由胶厂出示相容性试验报告，经允许方可使用。点式玻璃幕墙密封胶为单组分酸性硅酮结构密封胶。聚硫密封胶与硅酮胶结构胶相容性能差，不宜配合使用。硅酮结构密封胶应采用高模数中性胶；硅酮结构密封胶应在有效期内使用，过期的硅酮密封结构胶不得使用。

（2）发泡双面胶带。通常根据玻璃幕墙的风荷载、高度和玻璃的大小，可选用低发泡间隔双面胶带。

（3）填充材料。主要用于幕墙型材凹槽两侧间隙内的底部，起填充作用。聚乙烯发泡材料作填充材料，其密度不应大于 $0.037g/cm$，也可用橡胶压条。一般还应在填充料上部使用橡胶密封材料和硅酮系列的防水密封胶。

（4）隔热保温材料。岩棉、矿棉、玻璃棉、防火板等不燃烧性或是难燃烧性材料作隔热保温材料。隔热保温材料的导热系数、防水性能和厚度要符合设计要求。

（5）防水防潮材料。一般用铝箔或塑料薄膜包装的复合材料作防水和防潮材料。

（6）硬质有机材料垫片。主体结构与玻璃幕墙构件之间耐热的硬质有机材料垫片。

（7）橡胶片。玻璃幕墙立柱与横梁之间的连接处橡胶片等。应有耐老化阻燃性能试验出厂证明，尺寸符合设计要求，无断裂现象。

2. 主要机具

玻璃幕墙施工的主要机具：垂直运输机、电焊机、砂轮切割机、电锤、电动改锥、焊钉枪、氧气切割设备、电动真空吸盘、手动吸盘、热压胶带电炉、电动吊篮、经纬仪、水准仪、激光测试仪等。

7.1.2 玻璃幕墙的类型

玻璃幕墙按其结构类型及立面外观情况，可分为隐框玻璃幕墙、半隐框玻璃幕墙（竖

显横隐幕墙、竖隐横显幕墙)、明框玻璃幕墙、全玻璃幕墙等。

1. 隐框玻璃幕墙

隐框玻璃幕墙，其玻璃与金属框之间完全靠结构胶粘结。结构胶要承受板块的自重、风荷载和地震作用力及温度变化的影响。金属框全部隐藏在玻璃后面，形成大面积全玻璃镜面反射屏幕墙，故而称其为隐框玻璃幕墙，如图 7.4、图 7.5 所示。

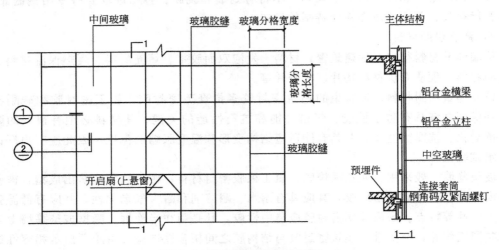

图 7.4　隐框玻璃幕墙示意图(一)

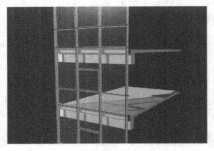
(a)隐框玻璃幕墙展示(一)

(b)隐框玻璃幕墙展示(二)

图 7.5　隐框玻璃幕墙示意图(二)

2. 半隐框玻璃幕墙

将玻璃两边对嵌在铝框内，另两对边用结构胶粘在铝框上，形成半隐框玻璃幕墙。立柱外露、横梁隐蔽的为竖显横隐幕墙；横梁外露、立柱隐蔽的为竖隐横显幕墙，如图 7.6 所示。

3. 明框玻璃幕墙

将玻璃镶嵌在铝框内，成为四边有铝框的幕墙构件，幕墙构件镶嵌在横梁上，形成整个幕墙平面上都显示竖横铝合金框架的立面。幕墙玻璃与金属之间必须留有空隙，以满足温度变化和主体结构位移所必需的活动空间。明框玻璃幕墙是一种传统的幕墙形式，性能可靠，相对于隐框幕墙，容易满足施工技术水平上的要求，如图 7.7 所示。

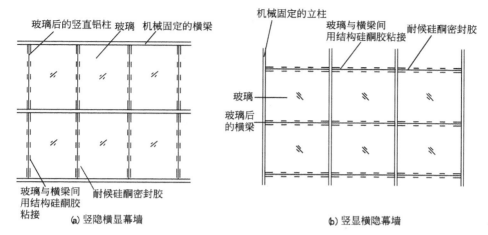

(a) 竖隐横显幕墙   (b) 竖显横隐幕墙

图 7.6　半隐框玻璃幕墙示意图

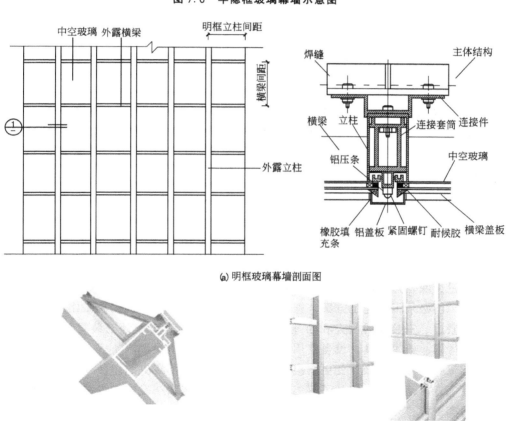

(a) 明框玻璃幕墙剖面图

(b) 明框玻璃幕墙效果图

图 7.7　明框玻璃幕墙示意图

4. 全玻璃幕墙

全玻璃幕墙是不采用金属框架，而采用玻璃肋或点式钢爪作为支撑体系的一种全透明、全视野的玻璃幕墙，如图 7.8 所示。

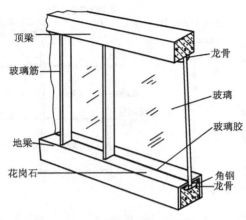

图 7.8　全玻璃幕墙示意图

7.1.3　有框玻璃幕墙施工

有框玻璃幕墙施工是指明框玻璃幕墙、隐框玻璃幕墙、半隐框玻璃幕墙的施工。

1. 安装施工工艺流程

有框玻璃幕墙施工工艺流程如下：施工人员进场→放线→复检预埋件→偏差修正处理→安装钢支座→安装立柱→支座校正、焊接紧固→避雷系统安装→防火材料安装→安装横梁（明框）→安装玻璃板块（明框）→安装幕墙单元→固定角码→幕墙嵌缝打胶→清洁→自检→验收。

2. 施工前的准备工作

（1）有框玻璃幕墙在施工前，首先要做好施工前的设计、技术交底工作。要参加设计单位主持的设计交底会议。并应在会前仔细阅读施工图样，以便在设计交底会议上充分理解幕墙设计人员的陈述，同时能向幕墙设计人员提出自己的疑问。施工前还必须进行全面的技术和质量交底，熟悉图样、熟悉安装施工工艺及质量验收标准。

（2）施工前必须编制施工方案。施工方案内容应包含工程概况、施工组织机构、构件运输、现场搬运、安装前的检查和处理、安装工艺流程、工程设计安装材料供应进度表、劳动力使用计划、施工机具、设备使用计划、资金使用、质量要求、安全措施、成品保护措施、交工资料的内容、设计变更解决方法和现场问题协商解决的途径等。

（3）施工方案编写的步骤是了解工程概况→编制机构图→确定构件的运输和搬运→明确施工前的准备内容→编制安装工艺流程图→设计施工进度计划→编写施工质量要求→编制施工安全措施→确定工程验收资料内容。

3. 对主体结构的复测及测量放线

根据幕墙分格大样图和土建单位给出的标高点、进出位线及轴线位置，采用重锤、钢丝线、墨线、测量器具等工具，在主体上定出幕墙平面、立柱、分格及转角等基准线，并用经纬仪进行调校、复测，再从基准线向外测出设计要求间距的幕墙平面位置。以此线为基准确定立柱的前后位置，从而决定整片幕墙的位置。

对于由纵横杆件组成的幕墙骨架，一般先弹出竖向杆件的安装位置，再确定其锚固点，最后再弹出横向杆件的安装位置。若玻璃直接与主体结构连接固定，应将玻璃的安装位置弹到地面上后，再由外缘尺寸确定锚固点。

幕墙分格轴线的测量应与主体结构测量相配合，其偏差应及时调整，不得累积。应定期对幕墙的安装定位基准进行校核。对高层建筑的测量应在风力不大于 4 级时进行。在测量放线的同时，应对预埋件的偏差进行检验，预埋件标高偏差不应大于 10mm，预埋件位置与设计位置的偏差不应大于 20mm。超过偏差的预埋件必须办理设计变更，与设计单位商洽后进行适当的处理，方可进行安装施工。质检人员应对测量放线与预埋件进行检查。

4. 幕墙立柱的安装

立柱先与连接件连接，连接件再与主体预埋件连接，并进行调整和及时固定。无预埋件时可采用后置钢锚板加膨胀螺栓的方法连接，但要经过试验决定其承载力。目前采用化学浆锚螺栓代替普通膨胀螺栓效果较好。图 7.9 为立柱与角钢连接构造图。

立柱安装误差不得积累，且开启窗处为正公差。立柱与连接件（支座）接触面之间必须加防腐隔离柔性垫片。上、下立柱之间应留有不小于 15mm 的缝隙，闭口型材可采用长度不小于 250mm 的芯柱连接，芯柱与立柱应紧密配合。立柱先进行预装，立柱按偏差要求初步定位后，应进行自检；对不合格的应进行调校修正。自检合格后，需报质检人员进行抽检，抽检合格后才能将连接（支座）正式焊接牢固，焊缝位置及要求按设计图样，焊缝高度不小于 7mm，焊接质量应符合现行国家标准《钢结构工程施工质量验收规范》。焊接完毕后应进行二次复核。相邻两根立

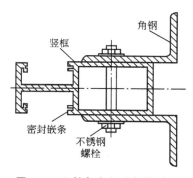

图 7.9　立柱与角钢连接构造图

柱安装标高偏差不应大于 3mm；同层立柱的最大标高偏差不应大于 5mm；相邻两根立柱固定点的距离偏差不应大于 2mm。立柱安装牢固后，必须取掉上、下两立柱之间用于定位伸缩缝的标准块，并在伸缩缝处打上密封胶，如图 7.10 所示。

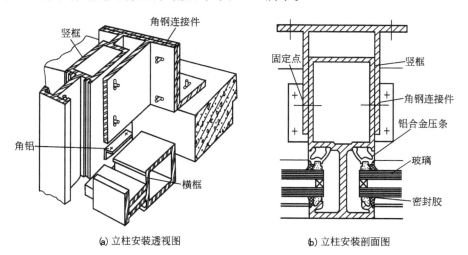

(a) 立柱安装透视图　　　(b) 立柱安装剖面图

图 7.10　立柱安装示意图

5. 幕墙防雷系统的安装

安装防雷系统的不锈钢连接片时，必须把连接处立柱的保护胶纸撕去，确保不锈钢连接片与立柱直接接触。水平避雷圆钢与钢支座相焊接时，要严格按图样要求保证搭接长度和焊缝的高度，避免形成虚焊而降低导电性能，如图 7.11 所示。

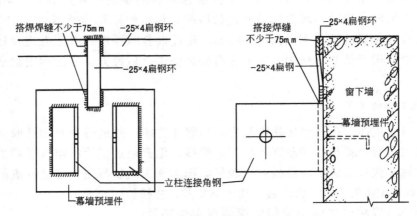

图 7.11　防雷系统连接示意图

6. 幕墙防火、保温的施工

由于幕墙挂在建筑外墙，各竖向龙骨之间的孔隙通向各楼层。因此，幕墙与每层楼板、隔墙处的缝隙要采用不燃材料填充。防火材料要用镀锌铁板固定，镀锌铁板的厚度应不低于 1.5mm；不得用铝板代替。有保温要求的幕墙，将矿棉保温层从内向外用胶粘剂粘在钢板上。并用已焊的钢钉及不锈钢片固定保温层。防火、保温材料先采用铝箔或塑料薄膜包扎，避免防火、保温材料受潮失效。防火、保温材料应铺设平整且可靠固定，拼接处不应留缝隙。图 7.12 为幕墙防火、保温施工示意图。

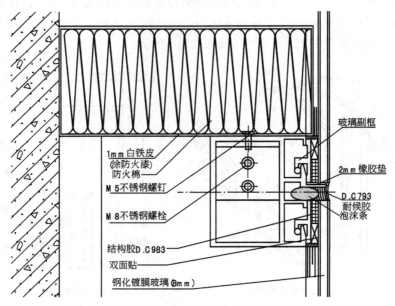

图 7.12　幕墙防火、保温施工示意图

7. 幕墙横梁的安装

横梁安装必须在土建作业完成及立柱安装后进行，自上而下进行安装；同层自下而上安装；当安装完一层高度时，应进行检查、调整、校正、固定，使其符合质量要求。同一根横梁两端或相邻两根横梁的水平标高偏差不应大于 1mm。同层标高偏差：当一幅幕墙宽度不大于 35m 时，不应大于 5mm；当一幅幕墙宽度大于 35m 时，不应大于 7mm。应按设计要求安装横梁，横梁与立柱接缝处应打上与立柱、横梁颜色相近的密封胶。横梁两端与立柱连接处应加弹性橡胶垫，弹性橡胶垫应有 20%～35% 的压缩性，以适应和消除横向温度变形的要求。图 7.13、图 7.14 分别为幕墙横梁及其与立柱连接构造示意图。

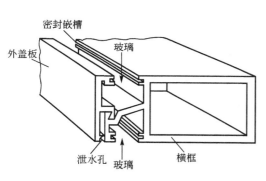

图 7.13　幕墙横梁示意图

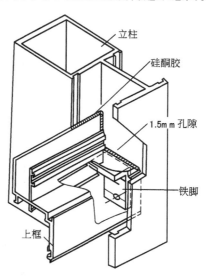

图 7.14　幕墙横梁与立柱连接示意图

8. 幕墙玻璃板块的加工制作和安装

钢化玻璃和夹丝玻璃都不允许在现场切割，而应按设计尺寸在工厂进行；玻璃切割、钻孔、磨边等加工工序应在钢化前进行。玻璃切割后，边缘不应有明显的缺陷，经切割后的玻璃，应进行边缘处理（倒棱、倒角、磨边），以防止应力集中而发生破裂。中空玻璃、圆弧玻璃等特殊玻璃应由专业的厂家进行加工。玻璃加工应在专用的工作台上进行，工作台表面平整，并有玻璃保护装置；加工后的玻璃要合理堆放，并做好标记，注明所用工程名称、尺寸、数量等。

结构硅酮胶注胶应严格按规定要求进行，确保胶缝的粘结强度。结构硅酮胶应在清洁干净的车间内、在温度 23±2℃、相对湿度 45%～55% 条件下打胶。打胶前必须对玻璃及支撑物表面进行清洁处理，为防止二次污染，每一次擦抹要求更换一块干净布。为控制双组分胶的混合情况，混胶过程中应留出蝴蝶试样和胶杯拉断试样，并做好当班记录，注胶后的板材应在温度为 18～28℃，相对湿度为 65%～75% 的静置场静置养护，以保证结构胶的固化效果，双组分结构胶静置 3 天，单组分结构胶静置 7 天后才能运输。这时切开试验样品切口胶体表面平整、颜色发暗，说明已完全固化。完全固化后，板材运至现场仓库内继续放置 14～21 天，用剥离试验检验其粘结力，确认达到粘结强度后方可安装施工。

单元式幕墙安装宜由下往上进行。元件式幕墙框料宜由上往下进行安装。玻璃安装前应将表面尘土和污染物擦拭干净；热反射玻璃安装应将镀膜面朝向室内，非镀膜面朝向室外。幕墙玻璃镶嵌时，对于插入槽口的配合尺寸应按《玻璃幕墙工程技术规范》（JGJ 102—2003）中的有关规定进行校核。玻璃与构件不得直接接触，玻璃四周与构件槽口应保持一定间隙，玻璃的下边缘必须按设计要求加装一定数量的硬橡胶垫块，垫块厚度不应小于 5mm，长度不小于 100mm，并用胶条或密封胶密封玻璃与槽口两侧之间的间隙。玻璃安装后应先自检，自检合格后报质检人员进行抽检，抽检量应为总数的 5% 以上，且不小于 5 件，如图 7.15、图 7.16 所示。

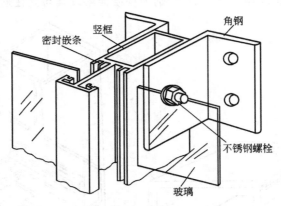

图 7.15　幕墙立柱玻璃安装示意图

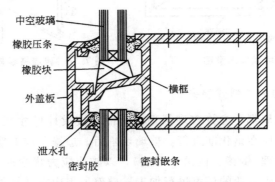

图 7.16　幕墙横梁玻璃安装示意图

9．缝隙处理

玻璃或玻璃组件安装完毕后，必须及时打注耐候密封胶，保证玻璃幕墙的气密性和水密性。单元式幕墙的间隙用 V 和 W 型或其他型胶条密封，嵌填密实，不得遗漏。

幕墙玻璃缝隙常用耐候硅酮密封胶嵌缝予以密封。耐候硅酮密封胶施工时应对每一管胶的规格、品种、批号及有效期进行检查，符合要求方可施工。严禁使用过期的耐候硅酮密封胶；硅酮结构密封胶不宜作为耐候硅酮密封胶使用。施工前应对施工区域进行清洁，保证缝内无水、油渍、铁锈、水泥砂浆、灰尘等杂物。为保护玻璃和铝框不被污染，在可能导致污染的部位贴纸基胶带，填完胶、刮平后即将基纸胶带除去。耐候硅酮密封胶的施

工厚度应大于 3.5mm，施工宽度不应小于施工厚度的 2 倍；注胶后应将胶缝表面刮平，去掉多余的密封胶。耐候硅酮密封胶在缝内应形成相对两面粘结，而不能三面粘结。较深的密封槽口部应采用聚乙烯发泡材料填塞。

10. 幕墙封口的安装

建筑物女儿墙上的幕墙上封口，其安装应符合设计要求。首先制作钢龙骨，以女儿墙厚度的最大值确定钢龙骨架的外轮廓。安装钢龙骨应从转角处或两端开始。钢龙骨制作完毕后应进行尺寸复核，无误后对其进行二次防腐处理。二次防腐处理后及时通知监理进行隐蔽工程验收，并做好隐蔽工程验收记录。安装压顶铝板的顺序与钢龙骨的安装顺序相同；铝板分格与幕墙分格相一致。封口铝板打胶前先把胶缝处的保护膜撕开，清洁胶缝后打胶；封口铝板其他位置的保护膜，待工程验收前方可撕去，如图 7.17 所示。

幕墙边缘部位的封口，采用金属板或成型板封盖。幕墙下端封口设置挡水板，防止雨水渗入室内，如图 7.18 所示。

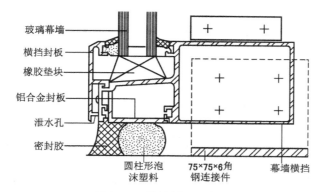

图 7.17　幕墙封口示意图

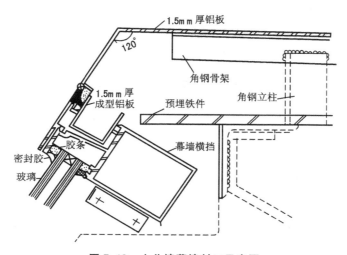

图 7.18　女儿墙幕墙封口示意图

 **特别提示**

（1）玻璃组件在安装前应对玻璃及四周的铝框进行清洁，保证耐候密封胶的打胶质量，安装前玻璃的镀膜面应粘贴保护膜，竣工验收前揭去。

（2）玻璃面板的品种、规格与色彩应与设计要求相符，整幅幕墙玻璃的色泽应均匀，玻璃的镀膜面应朝向室内；若发现玻璃的色泽有较大出入或镀膜脱落等现象，应及时更换。

（3）面板在安装时应注意保护，避免碰撞、损伤或跌落；当面板面积过大或较重时，可采用机械安装。

（4）隐框、半隐框玻璃幕墙组装允许偏差及检查方法应符合现行《玻璃幕墙工程技术规范》中的有关规定。

（5）用于固定面板的勾块、压块或其他连接件应严格按设计要求或有关规范执行，严禁少装或不装。

（6）面板分格拼缝应横平竖直、缝宽均匀，并符合设计及偏差要求。

（7）面板安装完毕后，应做好成品保护。

（8）面板清洁应采用中性清洁剂，对幕墙材料应无任何腐蚀作用。

7.1.4 无框全玻璃幕墙施工

全玻璃幕墙是一种采用玻璃肋或点式钢爪作为支撑体系的一种全透明、全视野的玻璃幕墙。高度不超过 4.5m 的全玻璃幕墙，可以用下部直接支撑的方式来进行安装；超过 4.5m 的全玻璃幕墙，宜用上部悬挂方式安装。采用下部支撑方式的玻璃幕墙，在立面上通常采用玻璃肋来做支撑结构。采用上部悬挂方式的玻璃幕墙，通常是以间隔一定距离设置的吊钩或以特殊的型材从上部将玻璃悬吊起来，吊钩或特殊型材固定在槽钢主框架上，再将槽钢悬吊于梁或板底下；同时，在上下部各加设支撑框架和支撑横挡，以增强玻璃墙的刚度，如图 7.19 所示。

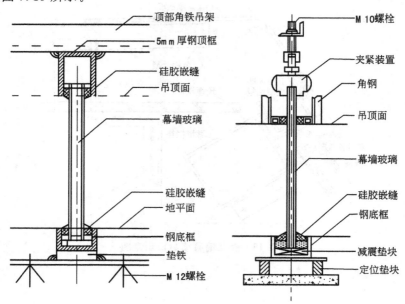

图 7.19 全玻璃幕墙构造图

本任务以吊挂式全玻璃幕墙为例介绍全玻璃幕墙的施工。

1. 全玻璃幕墙安装工艺流程

全玻璃幕墙安装工艺流程：测量放线→底框安装→顶框安装→玻璃就位→玻璃固定→肋玻璃粘结→幕墙玻璃之间的缝隙处理→肋玻璃端头处理→清洁→验收。

2. 安装施工技术要点

1）测量放线

施工前，采用重锤、钢丝线、墨线、测量器具等工具在主体上进行测量放线。幕墙定位轴线的测量放线必须与主体结构的测量配合，其误差应及时调整，不得积累，以免幕墙施工与室内外装饰施工发生矛盾，造成阴阳角不方正和装饰面不平行等缺陷。

2）底框和顶框安装

幕墙下部和侧边边框的安装要严格按照放线定位和设计标高施工，所有钢结构表面和焊接应进行防腐处理。上部承重钢结构安装时，锚栓位置不宜靠近钢筋混凝土构件的边缘，钻孔孔径和深度要符合锚栓厂家的技术规定。每个构件安装位置和高度都应严格按照放线定位和设计图样要求进行。承重钢横梁的中心线必须与幕墙中心线相一致，椭圆螺孔中心与幕墙的吊杆螺栓位置一致。内金属扣夹安装必须通顺平直，对焊接造成的偏位要进行调直，内外金属扣夹的间距应均匀一致，尺寸符合设计要求。所有钢结构焊接完毕后，应进行隐蔽工程质量验收，验收合格后应进行防腐处理。

3）玻璃安装

吊装玻璃前，每个工位的人员必须到位，各种机具和工具必须齐全、正常，安全措施必须可靠。安装前应检查玻璃的质量，玻璃不得有裂纹和崩边等缺陷。安装玻璃时应进行试起吊。定位后应先将玻璃试起吊 2～3cm，以检查各个吸盘是否牢固；同时，应在玻璃适当位置安装手动吸盘、绳索和侧边保护胶套。安装玻璃的上下边框内侧应粘贴低发泡间隔胶条，胶条的宽度与设计的胶缝宽度相同，粘贴胶条时要留出足够的注胶厚度。吊运安装玻璃时，应防止玻璃在升降移位时碰撞钢架和金属槽口。玻璃定位后应反复调整，使玻璃正确就位。第一块玻璃就位后，检查玻璃侧边的垂直度，确保以后就位的玻璃上下缝隙符合设计要求。如图 7.20 所示。

4）缝隙处理及肋玻璃安装

在玻璃两侧缝隙内填填充料（肋玻璃位置除外）至距缝口 10mm 位置后再往缝内用注射枪均匀、连续、严密地注入密封胶，上表面与玻璃或框表面应成 45°，并将多余的胶迹清理干净。对注胶部位的玻璃和金属表面应清洗干净，注胶部位表面必须干燥。注胶工作不能在风雨天进行，防止雨水和风沙侵入胶缝；注胶不宜在低于 5℃ 的低温条件下进行，温度太低胶液会发生流淌，延缓固化时间，甚至会影响强度。

按设计要求将肋玻璃粘结在幕墙玻璃上后，向肋玻璃两侧的缝隙内填填充料并连续、均匀地注入深度大于 8mm 的密封胶。

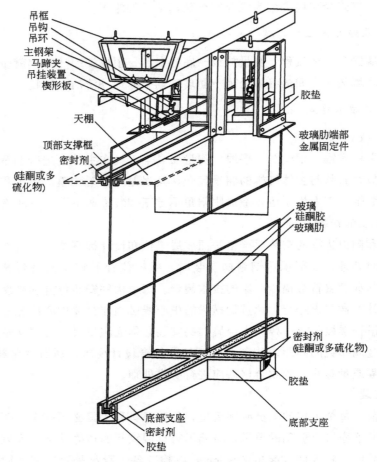

图 7.20 吊挂式全玻璃幕墙示意图

7.1.5 点支式玻璃幕墙施工

1. 点支式玻璃幕墙的材料及性能要求

点支式玻璃幕墙的全称为金属支撑结构点式玻璃幕墙，由玻璃面板、点支撑装置和支撑结构组成。根据支撑结构，点支式玻璃幕墙可分为工形截面钢架、格构式钢架、柱式钢桁架、鱼腹式钢架、空腹弓形钢架、单拉杆弓形钢架、双拉杆梭形钢架、拉杆（索）形式等。其骨架主要由无缝钢管、不锈钢拉杆（或拉索）和不锈钢爪件组成，在其幕墙玻璃角位打孔后，用金属接驳件连接到支撑结构的全玻璃幕墙上，如图 7.21 所示。

点支式玻璃幕墙的钢型材应符合国家现行标准要求。其主要金属构件，均需车钻、冲压机床的精密加工，成批工厂化生产，现场安装精度高而质量好。不锈钢拉杆、钢爪、扣件的材质应符合国家现行标准要求，耐候密封胶、结构硅酮胶应符合有关规范和标准。点支式玻璃幕墙所用的低辐射或白钢化中空玻璃应符合国家现行标准。

点支式玻璃幕墙是一门新兴技术，它体现的是建筑物内外的流通和融合，改变了过去用玻璃来表现窗户、幕墙、天顶的传统做法，强调的是玻璃的透明性。透过玻璃，人们可

图 7.21 点支式玻璃幕墙

以清晰地看到支撑玻璃幕墙的整个结构系统，将单纯的支撑结构系统转化为可视性、观赏性和表现性。

2. 钢架式点支玻璃幕墙施工

钢架式点支玻璃幕墙是最早的点支式玻璃幕墙结构，也是采用最多的结构类型，如图 7.22 所示。

1) 钢架式点支玻璃幕墙安装工艺流程

钢架式点支玻璃幕墙安装工艺流程：检验并分类堆放幕墙构件→现场测量放线→安装钢桁架→安装不锈钢拉杆→安装接驳件(钢爪)→玻璃就位→钢爪紧固螺钉、固定玻璃→玻璃纵、横缝打胶→清洁。

2) 施工前的生产准备

施工前，应根据土建结构的基础验收资料复核各项数据，并标注在检测资料上，预埋件、支座面和地脚螺栓的位置、标高的尺寸偏差应符合相关的技术规定及验收规范，钢柱脚下的支撑预埋件应符合设计要求。

安装前，应检验并分类堆放幕墙构件。钢结构在装卸、运输堆放的过程中，应防止损坏和变形。钢结构运送到安装地点的顺序，应满足安装程序的需要。

3) 测量放线

钢架式点支玻璃幕墙分格轴线的测量应与主体结构的测量配合，其误差应及时调整，不得积累。钢结构的复核定位应使用轴线控制点和测量标高的基准点，保证幕墙主要竖向构件及主要横向构件的尺寸允许偏差符合有关规范及行业标准。

4) 钢桁架安装

钢桁架安装应按现场实际情况及结构类型采用整体或综合拼装的方法施工。确定几何位置的主要构件，如柱、桁架等应吊装在设计位置上，在松开吊挂设备后应做初步校正，构件的连接接头必须经过检查合格后，方可紧固和焊接。对焊缝要进行打磨消除棱角和尖角，达到光滑过渡要求的钢结构表面应根据设计要求喷涂防锈、防火漆，如图 7.23 所示。

5) 接驳件(钢爪)安装

在安装横梁的同时，按顺序及时安装横向及竖向拉杆。对于拉杆驳接结构体系，应保证驳接件位置的准确，紧固拉杆或调整尺寸偏差时，宜采用先左后右、由上自下的顺序，逐步固定驳接件位置，以单元控制的方法调整校核结构体系安装精度。不锈钢爪的安装位置要准确。在固定孔、点和驳接爪间的连接应考虑可调整的余量。所有固定孔、点和玻璃连接的驳接螺栓都应用测力扳手拧紧，其力矩的大小应符合设计规定值，并且所有的驳接螺栓都应用自锁螺母固定。如图 7.24～图 7.26 所示。

图 7.22　钢架点支式玻璃幕墙

图 7.23　钢架式点支玻璃

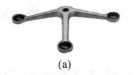

(a)

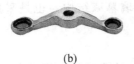

(b)

(c)

(d)

图 7.24　驳接爪实物图

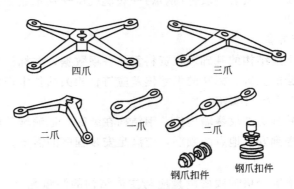

图 7.25　常见钢爪示意图

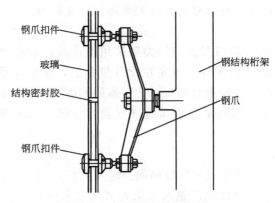

图 7.26　钢爪安装示意图

6）玻璃安装

玻璃安装前，首先应检查校对钢结构主支撑的垂直度、标高、横梁的高度和水平度等是否符合设计要求，特别要注意安装孔位的复查。然后清洁钢件表面杂物，驳接玻璃底部"U"型槽内应装入橡胶垫块，对应于玻璃支撑面的宽度边缘处应放置垫块。

玻璃安装前应清洁玻璃及吸盘上的灰尘，根据玻璃重量及吸盘规格确定吸盘个数。然后检查驳接爪的安装位置是否正确，确保无误后，方可安装玻璃。安装玻璃时，应先将驳接头与玻璃在安装平台上装配好，然后再与驳接爪进行安装。为确保驳接头处的气密性、水密性，必须使用扭矩扳手，根据驳接系统的具体规格尺寸来确定扭矩的大小，如图7.27所示。

玻璃现场初装后，应调整玻璃上下左右的位置，保证玻璃水平偏差在允许范围内。玻璃全部调整好后，应进行立面平整度的检查，确认无误后，才能打密封胶。

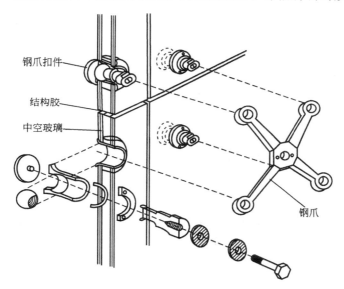

图 7.27　玻璃安装示意图

7）玻璃缝打胶

打胶前应进行清洁。打胶前在需打胶的部位粘贴保护胶纸，注意胶纸与胶缝要平直。打胶时要持续均匀，操作顺序一般为先打横向缝，后打竖向缝；竖向胶缝宜自上而下进行，胶注满后，应检查里面是否有气泡、空心、断缝、夹杂，若有应及时处理。

3. 拉杆（索）式点支玻璃幕墙施工

杆（索）式玻璃幕墙是以不锈钢拉杆或拉索为支撑结构，玻璃由金属紧固件和金属连接件与拉杆或拉索连接。因此，杆（索）式玻璃幕墙的结构，充分体现了机械加工的精度，每个构件都十分的细巧精致，所以支撑结构本身就构成了一种结构美，如图7.28所示。

1）杆（索）式玻璃幕墙安装工艺程序

杆（索）式玻璃幕墙安装工艺程序：检验并分类堆放幕墙构件→现场测量放线→钢桁架的安装、调整紧固→安装不锈钢拉杆或拉索→安装接驳件（钢爪）→玻璃就位→钢爪紧固螺钉、固定玻璃→玻璃纵、横缝打胶→清洁。

图 7.28　拉杆(索)式点支玻璃幕墙施工

2) 施工前的生产准备

施工前，应根据土建结构的基础验收资料复核各项数据，并标注在检测资料上，预埋件、支座面和地脚螺栓的位置、标高的尺寸偏差，应符合相关的技术规定及验收规范，钢柱脚下的支撑预埋件应符合设计要求。

安装前，应检验并分类堆放幕墙构件。钢结构在装卸、运输堆放的过程中，应防止损坏和变形。钢结构运送到安装地点的顺序，应满足安装程序的需要。

3) 测量放线

杆(索)式玻璃幕墙分格轴线的测量应与主体结构的测量配合，其误差应及时调整，不得积累。钢结构的复核定位应使用轴线控制点和测量标高的基准点，保证幕墙主要竖向构件及主要横向构件的尺寸允许偏差符合有关规范及行业标准。

4) 钢桁架安装

钢桁架安装应按现场实际情况及结构类型采用整体或综合拼装、安装的方法施工。确定几何位置的主要构件，如柱、桁架等应吊装在设计位置上，在松开吊挂设备后应做初步校正，构件的连接接头必须经过检查合格后，方可紧固和焊接。对焊缝要进行打磨消除棱角和尖角，达到光滑过渡要求的钢结构表面应根据设计要求喷涂防锈、防火漆。

5) 拉杆或拉索系统的安装

在安装横梁的同时按顺序及时安装横向及竖向拉杆或拉索，并按设计要求分阶段施加预应力。采用交叉索点支式玻璃幕墙，竖向平衡钢拉索承受面板自重及平衡水平索系，水平交叉拉索承受水平方向荷载，交叉索系标准跨间有竖向平面桁架作支撑。

拉杆或拉索安装时必须按设计要求施加预拉力，并设置拉力调节装置。

如图 7.29～图 7.31 所示。

6) 接驳件(钢爪)安装

对于拉杆驳接结构体系，应保证驳接件位置的准确，紧固拉杆或调整尺寸偏差时，宜采用先左后右、由上自下的顺序，逐步固定驳接件位置，以单元控制的方法调整校核结构体系安装精度。不锈钢爪的安装位置要准确。在固定孔、点和驳接爪间的连接应考虑可调整的余量。所有固定孔、点和玻璃连接的驳接螺栓都应用测力扳手拧紧，其力矩的大小应符合设计规定值，并且所有的驳接螺栓都应用自锁螺母固定。

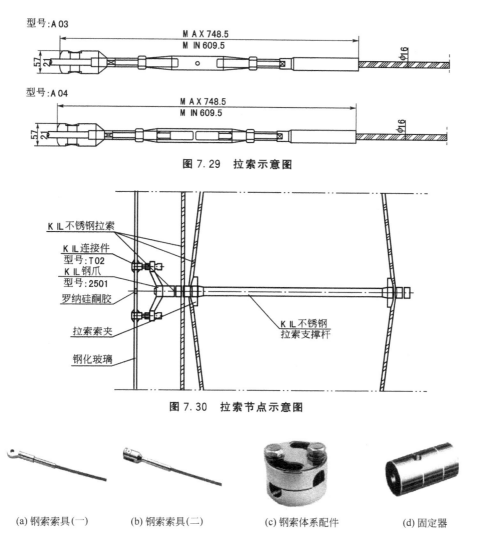

图 7.29 拉索示意图

图 7.30 拉索节点示意图

(a) 钢索索具(一)　　(b) 钢索索具(二)　　(c) 钢索体系配件　　(d) 固定器

图 7.31 拉杆配件示意图

7) 玻璃安装

玻璃安装前,首先应检查校对钢结构主支撑的垂直度、标高、横梁的高度和水平度等是否符合设计要求,特别要注意安装孔位的复查。然后清洁钢件表面杂物,驳接玻璃底部"U"型槽内应装入橡胶垫块,对应于玻璃支撑面的宽度边缘处应放置垫块。

玻璃安装前应清洁玻璃及吸盘上的灰尘,根据玻璃重量及吸盘规格确定吸盘个数。然后检查驳接爪的安装位置是否正确,确保无误后,方可安装玻璃。安装玻璃时,应先将驳接头与玻璃在安装平台上装配好,然后再与驳接爪进行安装。为确保驳接头处的气密性、水密性,必须使用扭矩扳手,根据驳接系统的具体规格尺寸来确定扭矩的大小。

玻璃现场初装后,应调整玻璃上下左右的位置,保证玻璃水平偏差在允许范围内。玻璃全部调整好后,应进行立面平整度的检查,确认无误后,才能打密封胶。

8）玻璃缝打胶

打胶前应进行清洁。打胶前在需打胶的部位粘贴保护胶纸，注意胶纸与胶缝要平直。打胶时要持续均匀，操作顺序一般为先打横向缝，后打竖向缝；竖向胶缝宜自上而下进行，胶注满后，应检查里面是否有气泡、空心、断缝、夹杂，若有应及时处理。

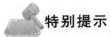 **特别提示**

玻璃幕墙施工的安全环保措施如下。

（1）在高层建筑幕墙安装与上部结构施工交叉作业时，结构施工层下方须架设挑出 3m 以上防护装置；距地面上 3m 左右，建筑物周围应搭设挑出 6m 水平安全网。

（2）防止因密封材料在工程使用中溶剂中毒，要保管好溶剂，以免发生火灾。

（3）玻璃幕墙施工应设专职安全人员进行监督和巡回检查。

（4）现场焊接时，应在焊件下方加设接火斗，以免发生火灾。

任务 7.2　石 材 幕 墙

典型的石材幕墙应当由面板、横梁和立柱组成。横梁连接在立柱上，立柱通过角码、螺栓连接在预埋件上，它具有三向调整的能力。

7.2.1　材料及机具

1. 石材幕墙材料

1）骨架及连接材料

石材幕墙的骨架形式目前广泛采用的是铝合金型材，其要求与玻璃幕墙类似。层高较大的楼层常常采用钢型材，钢型材应符合国家现行标准要求。钢龙骨、连接件（角码）等钢材必须做防腐处理（镀锌或防锈漆）；不锈钢螺栓采用奥氏体不锈钢。不锈钢材料应符合国家现行标准要求。膨胀螺栓、连接铁件等配套的铁垫板，垫圈，螺母，以及与骨架固定的各种设计和安装所需要的连接件的质量，必须符合要求。

2）石材

根据设计要求，确定石材的品种、颜色、花纹和尺寸规格，并严格控制、检查其抗折、抗拉及抗压强度，吸水率、耐冻融循环等性能。

3）辅助材料

（1）合成树脂胶粘剂。用于粘贴石材背面的柔性背衬材料，要求具有防水和耐老化性能。

（2）玻璃纤维网格布。用于石材的背衬材料。

（3）防水胶泥。用于密封连接件。

（4）防污胶条。用于石材边缘防止污染。

（5）嵌缝膏。用于嵌填石材接缝。

（6）罩面涂料。用于大理石表面防风化、防污染。

 **特别提示**

（1）材料的保管。焊条必须存放在仓库内且要通风良好、干燥，库温控制为 10～25℃，最低温度 5℃，10～20℃时的相对湿度为 60% 以下；20～30℃时相对湿度为 50%；30℃时的相对湿度 40% 以下，防止焊条受潮变质。结构胶的存放严格按照说明进行保存。其他五金配件应分类按要求堆放。防腐涂料的堆放和保存，严格按照产品的说明进行堆放保存。

（2）石材的堆放。按照板块的规格堆放在规定的场地；严禁和具有腐蚀性的材料混合一起；杜绝与酸、碱物质接触；标明产品加工顺序编号，注意不得碰撞、污染等；用其所长透水材料在板块底部垫高 100mm 放置其他材料堆放。

2. 主要机具

石材幕墙的主要机具有台钻、无齿切割锯、冲击钻、手枪钻、力矩扳手、开口扳手、嵌缝枪、尺、锤子、凿子、勾缝溜子等。

7.2.2 石材幕墙的类型

石材幕墙按连接形式可以分为 4 类，即直接式、骨架式、背挂式、单元体法。

1）直接式

直接式是指将被安装的石材通过金属挂件直接安装固定在主体结构上的方法。这种方法比较简单经济，但要求主体结构墙体强度高，最好是钢筋混凝土墙。主体结构墙体的垂直度和平整度都要比一般结构精度高。

2）骨架式

骨架式主要用于框架结构主体。金属骨架应进行防腐处理。该工艺是利用耐腐蚀的螺栓和耐腐蚀的柔性连接件，将大理石、花岗石等饰面石材干挂在建筑结构的外表面，石材与结构之间留出 40～50mm 的空腔。骨架式石材幕墙，在风力和地震力的作用下允许产生适量的变位，以吸收部分风力和地震力，而不致出现裂纹和脱落。

3）背挂式

背挂式是采用幕墙专用锚栓的干挂技术。锚固为背部，从正面看不见。利用背部锚栓可将板块固定在金属挂见上，安装方便。

4）单元体法

利用特殊强化的组合框架，将饰面块材、铝合金窗、保温层等全部在工厂中组装在框架上，然后将整片墙面运至工地安装，由于是在工厂内工作平台上拼装组合，劳动条件和环境得到良好的改善，可以不受自然条件的影响，所以工作效率和构件精度都能有很大提高。

7.2.3 石材幕墙的构造

按照石材与骨架的连接方式，可将石材幕墙构造分为钢销式、短槽式、通槽式、结构装配式、背栓式等。

（1）钢销式连接是最早采用的连接方式，如图 7.32 所示，它通常在石板上下边钻直

径 7～8mm 的圆孔，插入直径 5～6mm 的不锈钢销，钢销孔内注入大理石胶，钢销连接不锈钢板，不锈钢板用螺栓与横梁连接。

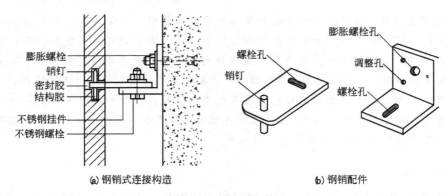

图 7.32　钢销式连接

（2）短槽式连接是将钢销式连接的圆孔改为有效长度为 100mm 的沟槽，将钢销改为 80mm 宽的挂钩板，挂钩板厚度不锈钢为 3mm，铝板为 4mm，挂钩板深入短槽 20mm。

（3）通槽式连接是在石板上下边开有通长的槽口，由通长的挂板拉结。挂板厚度不锈钢为 3mm，铝板为 4mm。槽口深 17～22mm，宽 6～7mm，挂板深入槽 15mm。

（4）结构装配式石板构造与隐框玻璃板构造类似，两边或四边用结构胶与带挂钩板的铝框结合，形成隐框小单元板材，再挂到横梁、立柱上。

（5）背栓式连接是在石板的背面钻出锥状扩大头的孔，然后插入背栓，背栓连接到骨架上。背栓直径常用 8mm，可以用配套的连接件固定到横梁上，也可以采用角钢焊接到横梁上，如图 7.33、图 7.34 所示。

 特别提示

用背栓点连接石材幕墙进行建筑外饰面石材施工是建筑外饰面施工技术的重大突破，它开辟了石材幕墙施工工艺的新纪元，使石材幕墙有了广阔的使用领域，任何建筑物、任何高度、任何部位、任何构造形式都可以采用背栓点连接石材幕墙。背栓点连接方法为石材幕墙和玻璃（金属）幕墙组合成组合幕墙创造了条件，即在同一立柱上可左面安装玻璃幕墙，右面安装石材幕墙，在同一横梁上，可上面安装玻璃幕墙，下面安装石材幕墙。设计时，石材饰面既要满足建筑立面造型要求；也要注意石材饰面的尺寸和厚度，保证石材饰面板在各种荷载（重力、风载、地震荷载和温度应力）作用下的强度要求；另外，也要满足模数化、标准化的要求，尽量减少规格数量，方便施工。

图 7.33　背栓及其与石板连接

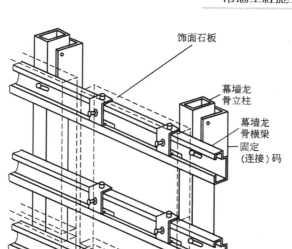

饰面石板

幕墙龙骨立柱

幕墙龙骨横梁

固定(连接)码

挂片及固定石板的柱锥式锚栓

图 7.34　背栓连接到骨架构造

7.2.4　石材幕墙的施工

1. 安装施工流程

石材幕墙安装施工流程为施工人员进场→放线→复检预埋件→偏差修正处理→安装钢支座→安装龙骨→支座校正、焊接紧固→避雷系统安装→安装石材单元→嵌缝、打胶→清洁→自检→验收。

2. 安装施工技术要点

1）测量放线

根据幕墙分格大样图和土建单位给出的标高点、进出位线及轴线位置，采用重锤、钢丝线、墨线、测量器具等工具在主体上定出幕墙的各个基准线，并用经纬仪进行调校、复测，再从基准线向外测出设计要求间距的幕墙平面位置。对于由纵横杆件组成的幕墙骨架，一般先弹出竖向杆件的安装位置，再确定其锚固点，最后再弹出横向杆件的安装位置。幕墙分格轴线的测量应与主体结构测量相配合，其偏差应及时调整，不得累积。超过偏差的预埋件必须办理设计变更，与设计单位商洽后进行适当的处理，方可进行安装施工。质检人员应对测量放线与预埋件进行检查。

2）骨架安装

一般立柱先进行预装，首先连接件与预埋件焊接（或不锈钢螺栓连接），然后立柱再与连接件焊接（或不锈钢螺栓连接）。焊接前应检查，并按偏差要求校正、调整，使其符合规范要求。焊缝位置及要求按设计图样。焊接质量应符合现行国家标准《钢结构工程施工质量验收规范》。底层立柱安装好后，再安装上一层立柱。

立柱安装好以后，检查分格情况，符合规范要求后进行横梁的安装。横梁的安装应由上往下装。横梁应依据水平横向线进行安装，用水准仪把楼层标高线引到立柱上，以此为基准，根据图样设计要求将横梁的上皮位置标于立柱上，每一层间横梁分隔误差在本层内消化，不得积累。横梁校正、调整就位后与立柱焊接牢固。幕墙骨架的安装应重点注意防腐。

3）避雷系统及防火材料安装

有避雷系统的，其不锈钢连接片必须与立柱直接接触。水平避雷圆钢与钢支座相焊接时，要严格按图样要求保证搭接长度和焊缝的高度，避免形成虚焊而降低导电性能。防火、保温材料应安装在每层楼板与石材幕墙之间，不能有空隙，应用镀锌钢板和防火材料形成防火带。在北方寒冷地区，窗框四周嵌缝处应用保温材料防护，防止形成冷桥。

4）石材面板安装

在搬运石材时要有安全防护措施，摆放时下面要垫木方。石材面板应严格按编号分类，并注意摆放可靠。将预先加工好的石材对照施工排版图，检查石材与图是否相符，检查石材的尺寸与外观质量，同时对照加工图检查加工精度，如果都符合相应的规范要求，进行石材安装。安装前，工人先对开孔机具进行孔位调试，然后将石材置于上面进行开孔。开孔完毕后安装调试连接件，再将其挂到横梁上，然后调试横梁连接件，使各挂件受力均匀，石材板面垂直水平。直接连接式石材幕墙应注意安放每层金属挂件的标高，金属挂件应紧托上层石材面板，而与下层石材面板之间留有间隙。安装时要在石材面板的销钉孔或切槽口内注入大理石胶，以保证石材面板与挂件的可靠连接。安装石材面板时宜先完成窗洞口四周的石材。安装到每一楼层标高时，要注意调整垂直误差，如图 7.35 所示。

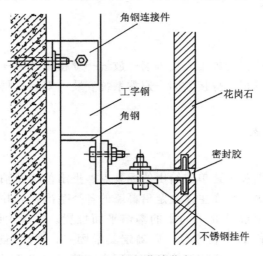

图 7.35　石材幕墙节点

5）嵌缝、打胶和清洁

要按设计要求选用合格和未过期的耐候密封胶注胶。应采用专用清洁剂擦洗缝隙处和石材表面。施工中要注意不能有漏胶污染墙面，如墙面上沾有胶液，应立即擦去，并清洁剂及时擦净。为保护玻璃和铝框不被污染，在可能导致污染的部位贴纸基胶带，施工完毕后，除去石材表面的胶带纸，用清水和清洁剂将石材表面擦洗干净，按要求进行打蜡或刷保护剂。

任务7.3 金属幕墙

金属幕墙是指幕墙面板材料为金属板材的建筑幕墙，简单地说，就是将玻璃幕墙中的玻璃更换为金属板材的一种幕墙形式，但由于面材的不同两者之间又有很大的区别。由于金属板材的优良的加工性能，色彩的多样及良好的安全性，能完全适应各种复杂造型的设计，可以任意增加凹进和凸出的线条，而且可以加工各种形式的曲线线条，给建筑师以巨大的发挥空间，备受建筑师的青睐，因而获得了突飞猛进的发展，如图7.36所示。

图7.36 金属幕墙

7.3.1 材料及机具

1. 材料

1) 板材

铝合金单板（简称单层铝板）、铝塑复合板、铝合金蜂窝板（简称蜂窝铝板）。铝合金板材应达到国家相关标准及设计的要求，并应有出厂合格证，如图7.37所示。

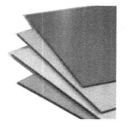

图7.37 各种铝板

（1）铝塑复合板是由内外两层均为0.5mm厚的铝板中间夹持2～5mm厚的聚乙烯或硬质聚乙烯发泡板构成，板面涂有氟碳树脂涂料，形成一种坚韧、稳定的膜层，附着力和耐久性非常强，色彩丰富，板的背面涂有聚酯漆以防止可能出现的腐蚀。铝复合板是金属幕墙早期出现时常用的面板材料。

（2）单层铝板采用2.5mm或3mm厚铝合金板，外幕墙用单层铝板，其表面与铝复合板正面涂膜材料一致，膜层坚韧、稳定，附着力和耐久性完全一致。单层铝板是继铝

复合板之后的又一种金属幕墙常用面板材料，而且应用的越来越多。

（3）蜂窝铝板是两块铝板中间加蜂窝芯材粘贴成的一种复合材料，根据幕墙的使用功能和耐久年限的要求可分别选用厚度为 10mm、12mm、15mm、20mm 和 25mm 的蜂窝铝板。幕墙用蜂窝铝板的应为铝蜂窝，蜂窝的形状有正六角形、扁六角形、长方形、正方形、十字形、扁方形等，蜂窝芯材要经特殊处理，否则其强度低，寿命短，如对铝箔进行化学氧，其强度及耐蚀性能会有所增加。蜂窝芯材除铝箔外还有玻璃钢蜂窝和纸蜂窝，但实际中使用得不多。由于蜂窝铝板的造价很高，所以用量不大。图 7.38 为蜂窝铝板构造图。

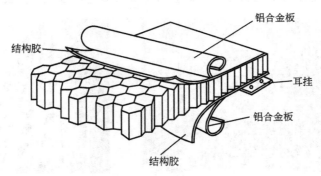

图 7.38　蜂窝铝板

铝合金板材（单层铝板、铝塑复合板、蜂窝铝板）表面进行氟碳树脂处理时，应符合下列规定：氟碳树脂含量不应低于 75%；海边及严重酸雨地区，可采用三道或四道氟碳树脂涂层，其厚度应大于 40μm；其他地区可采用两道氟碳树脂涂层，其厚度应大于 25μm。氟碳树脂涂层应无起泡、裂纹、剥落等现象。幕墙用单层铝板厚度不应小于 2.5mm。铝塑复合板的上下两层铝合金板的厚度均应为 0.5mm，铝合金板与夹心层的剥离强度标准值应大于 7N/mm。蜂窝铝板应符合设计要求。厚度为 10mm 的蜂窝铝板应由 1mm 厚的正面铝合金板、0.5～0.82mm 厚的背面铝合金板及铝蜂窝粘结而成；厚度在 10mm 以上的蜂窝铝板，其正背面铝合金板厚度均应为 1mm。

夹芯保温铝板与铝蜂窝板和铝复合板形式类似，只是中间的芯层材料不同，夹芯保温铝板芯层采用的是保温材料（岩棉等）。

不锈钢板有镜面不锈钢板、亚光不锈钢板、钛金板等。不锈钢板的耐久、耐磨性非常好，但过薄的钢板会鼓凸，过厚的自重和价格又非常高，所以不锈钢板幕墙使用得不多，只是在幕墙的局部装饰上发挥着较大的作用。

彩涂钢板是一种带有有机涂层的钢板，具有耐蚀性好，色彩鲜艳，外观美观，加工成型方便及具有钢板原有的强度等优点而且成本较低。彩涂钢板的基板为冷轧基板、热镀锌基板和电镀锌基板。涂层种类可分为聚酯、硅改性聚酯、偏聚二氟乙烯和塑料溶胶。彩涂钢板的表面状态可分为涂层板、压花板和印花板，彩涂钢板广泛用于建筑家电和交通运输等行业，对于建筑业主要用于钢结构厂房、机场、库房和冷冻等工业及商业建筑的屋顶墙面和门等，民用建筑采用彩钢板的较少。

珐琅钢板其基材是厚度为 1.6mm 的极低碳素钢板（含碳量为 0.004，一般钢板含碳量是 0.060），它与珐琅层釉料的膨胀系数接近，烧制后不会产生因胀应力造成的翘曲和鼓凸

现象，同时也提高了釉质与钢板的附着强度。珐琅钢板兼具钢板的强度与玻璃质的光滑和硬度，却没有玻璃质的脆性，玻璃质混合料可调制成各种色彩、花纹。

2）骨架材料

金属幕墙骨架是由横竖杆件拼成，主要材质为铝合金型材或型钢等。因型钢较便宜，强度高，安装方便，所以多数工程采用角钢或槽钢。但骨架应预先进行防腐处理。

幕墙采用的不锈钢宜采用奥氏体不锈钢材，其技术要求应符合设计要求和国家现行标准的规定。钢结构幕墙高度超过 40m 时，钢构件宜采用高耐候结构钢，并应在其表面涂刷防腐涂料。钢构件采用冷弯薄壁型钢时壁厚不得小于 3.5mm。

铝合金型材应符合设计要求和现行国家标准《铝合金建筑型材》（GB/T 5237.1）中有关高精级的规定；铝合金的表面处理层厚度和材质应符合现行国家标准《铝合金建筑型材》（GB/T 5237.2～5237.5）的有关规定。

固定骨架的连接件主要有膨胀螺栓、铁垫板、垫圈、螺母及与骨架固定的各种设计和安装所需要的连接件，应符合设计要求，并应有出厂合格证；同时应符合现行国家标准《紧固件机械性能　螺栓、螺钉和螺柱》（GB/T 3098.1—2010）和《紧固件机械性能　不锈钢螺母》（GB/T 3098.15—2000）的规定。

3）建筑密封材料

幕墙采用的橡胶制品宜采用三元乙丙橡胶、氯丁橡胶；密封胶条应为挤出成型，橡胶块应为压模成型。密封胶条的技术性能方法应符合设计要求和国家现行标准的规定。幕墙应采用中性硅酮耐候密封胶，同一幕墙工程应采用同一品牌的硅酮结构密封胶和硅酮耐候密封胶配套使用。其性能应符合有关规定。

4）硅酮结构密封胶

幕墙应采用中性硅酮结构密封胶；硅酮结构密封胶分单组分和双组分，其性能应符合现行国家标准《建筑用硅酮结构密封胶》（GB 16776—2005）的规定。同一幕墙工程应采用同一品牌的单组分或双组分的硅酮结构密封胶，并应有保质年限的质量证书和无污染的试验报告。同一幕墙工程应采用同一品牌的硅酮结构密封胶和硅酮耐候密封胶配套使用。

2. 主要机具

金属幕墙施工主要机具：切割机、成型机、弯边机具、砂轮机、连接金属板的手提电钻、混凝土墙打眼电钻等。

7.3.2　金属幕墙的类型及构造组成

从构造上可将金属幕墙分为金属单层板幕墙、铝合金蜂窝板幕墙、铝塑复合板幕墙和金属扣板幕墙等几种。

1. 金属单层板幕墙

金属单层板幕墙面板可以是彩涂钢板、珐琅钢板或铝合金单层板。其中铝合金单层板是最常用的金属幕墙面板之一。铝合金单层板多为长方形板块，有上百种颜色可供选择。根据需要它还可以制成圆形、弧形等各种形状。

（1）铝合金单层幕墙安装构造之一，如图 7.39 所示，由型钢或铝合金型材成骨架，并固定于建筑物的基体上，再将铝合金单层板与骨架连接。板块之间形成的结构缝填充

建筑装饰施工技术（第2版）

泡沫棒，并用密封胶密封。

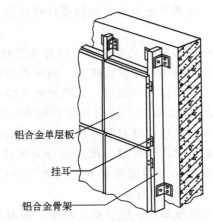

铝合金单层板

挂耳

铝合金骨架

图 7.39　铝合金单层幕墙构造示意图

（2）另外一种安装构造：铝合金单层板呈凹槽形状，为使板块适应较大规格的外墙装饰，常在板的背面加筋，如图 7.40 所示，加铝合金方框，以增加其强度，使每块板面的最大尺寸达到 1600mm×4500mm。在板的边缘拉铆固定 L 型角铝（称为挂耳），通过它可与骨架连接固定。

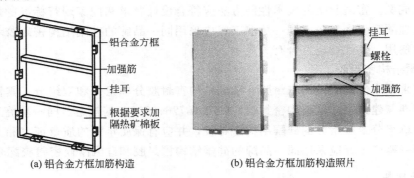

铝合金方框

加强筋

挂耳

根据要求加隔热矿棉板

挂耳

螺栓

加强筋

(a) 铝合金方框加筋构造　　　　　　　　(b) 铝合金方框加筋构造照片

图 7.40　铝合金方框加筋构造示意图

2. 铝合金蜂窝板幕墙

铝合金蜂窝板的外层为铝合金薄板，中间夹层为蜂窝状结构芯，由铝箔纤维复合材料制成。其安装构造，如图 7.41 所示，与铝合金单层板幕墙相同。

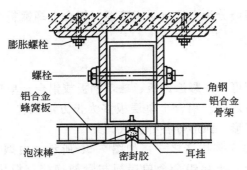

膨胀螺栓

螺栓

铝合金蜂窝板

角钢

铝合金骨架

泡沫棒　　　密封胶　　　耳挂

图 7.41　铝合金蜂窝板幕墙构造示意图

3. 铝塑复合板幕墙

铝塑复合板也称夹芯铝合金复合板，板的表层为铝合金薄板，中间夹层为聚乙烯芯材，有单面双面之分，板的厚度 4～6mm。铝塑复合板幕墙安装构造与隐框玻璃幕墙相同。

4. 金属扣板幕墙

金属扣板幕墙由金属扣板、龙骨和连接配件等组成。金属扣板也称金属企口板，因板的两边带有企口，故必须安装在特制的龙骨内。龙骨是由不锈钢钢片制成，呈凹槽梯形形状，一端带有卡口，另一端及两侧设有各种安装固定孔。连接配件在幕墙中起连接和固定的作用。

金属扣板幕墙大体有两种施工构造：一种是扣板龙骨构造，另一种是扣板锚固夹构造。扣板龙骨的安装构造，如图 7.42 所示，先将不锈钢角钢挂件的一端固定在建筑物的基体上，另一端固定在不锈钢角钢架，然后再把扣板龙骨与不锈钢角钢架固定连接，龙骨外安装扣板。扣板转角的处理，是将十字不锈钢连接件的两个边与扣板龙骨连接，另两个边固定木龙骨，龙骨外安装包角装饰条，如图 7.43 所示。扣板与扣板的竖向连接，采用的椅形连接件，把它插在两扣板之间并与不锈钢角钢固定，如图 7.44 所示。

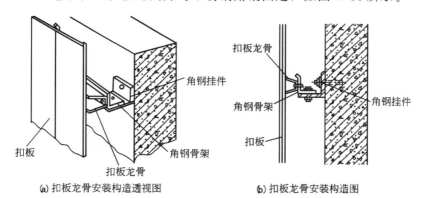

(a) 扣板龙骨安装构造透视图   (b) 扣板龙骨安装构造图

图 7.42　金属幕墙扣板龙骨安装构造

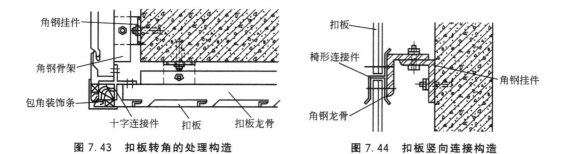

图 7.43　扣板转角的处理构造   **图 7.44　扣板竖向连接构造**

扣板锚固夹的安装构造，省去了扣板龙骨，而直接将固锚夹与不锈钢角钢架固定，再把扣板在锚固夹上，如图 7.45 所示。

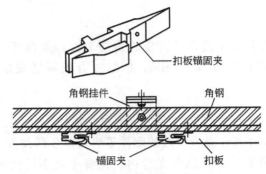

图 7.45　扣板锚固夹安装构造

7.3.3　金属幕墙的施工

1. 安装施工流程

金属幕墙安装施工流程为施工人员进场→放线→复检预埋件→偏差修正处理→安装钢支座→安装龙骨→支座校正、焊接紧固→避雷系统安装→安装金属板单元→嵌缝、打胶→清洁→自检→验收。

2. 安装施工技术要点

1）测量放线

首先根据设计图样的要求和几何尺寸，要对镶贴金属饰面板的墙面进行吊直、套方、找规矩并一次实测和弹线，确定饰面墙板的尺寸和数量。并在施工前检查放线是否正确，用经纬仪对立柱、横梁进行贯通测量，尤其是对建筑转角、变形缝、沉降缝等部位进行详细测量放线。

2）安装骨架的连接件

骨架的横竖杆件是通过连接件与结构固定的，而连接件与结构之间，可以与结构的预埋件焊牢，也可以在墙上打膨胀螺栓。因后一种方法比较灵活，尺寸误差较小，容易保证位置的准确性，因而实际施工中采用得比较多。

安装连接件必须按设计图加工，表面处理按现有国家标准的有关规定进行。连接件焊接时，应采用对称焊，以控制因焊接产生的变形。焊缝不得有夹渣和气孔。敲掉焊渣后，对焊缝应进行防腐处理。

3）固定骨架

骨架应预先进行防腐处理。安装骨架位置要准确，结合要牢固。安装后应全面检查中心线、表面标高等。对高层建筑外墙，为了保证饰面板的安装精度，宜用经纬仪对横竖杆件进行贯通。变形缝、沉降缝等应妥善处理。立柱与连接件的连接应采用不锈钢螺栓。在立柱与连接件的接触面应防止金属电解腐蚀。横梁与立柱连接后，用密封胶密封间隙。所有不同金属接触面上应防止金属电解腐蚀。

防锈处理不能在潮湿、多雾及阳光直接曝晒下进行，不能在尚未完全干燥或蒙尘的表面上进行。涂第二层防锈漆或以后涂防锈漆时，应确定之前的涂层已经固化，其表面经砂纸打磨光滑。涂漆应表面均匀，勿使角部及接口处涂漆过量。在涂漆未完全干透时，不应在涂漆处进行其他施工。

4）防火、防雷节点处理

防火材料抗火期要达到设计要求。用镀锌钢板固定防火材料。幕墙框架应具有良好的防雷连接，使幕墙框架应具有连续而有效的电传导性。同时，还要使幕墙防雷系统与建筑物防雷系统有效连接。幕墙防雷系统直接接地，不应与供电系统共用一地线。

5）金属板的安装

金属板表面应平整、光滑，无肉眼可见的变形、波纹和凹凸不平，金属板无严重表观缺陷和色差。金属面板安装前，应检查对角线及平整度，并用清洁剂将金属板靠室内面一侧及框表面清洁干净。墙板的安装顺序是从每面墙的上部竖向第一排下部第一块板开始，自下而上安装。安装完该面墙的第一排再安装第二排。每安装铺设 10 排墙板后，应吊线检查一次，以便及时消除误差。为了保证墙面外观质量，螺栓位置必须准确，并采用单面施工的钩形螺栓固定，使螺栓的位置横平竖直。

金属板与板之间的间隙应符合设计要求。注耐候密封胶时，需将注胶部位基材表面用清洁剂清洗干净。密封胶须注满，不能有空隙或气泡。

6）收口处理

（1）水平部位的压顶、端部的收口、伸缩缝的处理、两种不同材料的交接处理等，不仅关系到装饰效果，而且对使用功能也有较大的影响。因此，一般多用特制的两种材质性能相似的成型金属板进行妥善处理。

（2）构造比较简单和转角处理方法，大多是用一条厚度 1.5mm 的直角形金属板，与外墙板用螺栓连接固定牢。

（3）窗台、女儿墙的上部，均属于水平部位的压顶处理，即用铝合金板盖住，使之能阻挡风雨浸透。水平桥的固定，一般先在基层焊上钢骨架，然后用螺栓将盖板固定在骨架上。盖板之间的连接采取搭接的方法，高处压低处，搭接宽度符合设计要求，并用胶密封。

（4）墙面边缘部位的收口处理，是用颜色相似的铝合金成型板将墙板端部及龙骨部位封住。墙面下端的收口处，是用一条特制的披水板，将板的下端封住，同时将板与墙之间的缝隙盖住，防止雨水渗入室内。

（5）伸缩缝、沉降缝的处理，首先要适应建筑物伸缩、沉降的需要，同时也应考虑装饰效果。另外，此部位也是防水的薄弱环节，其构造节点应周密考虑。一般可用氯丁橡胶带起连接、密封作用。

（6）墙板的外、内包角及钢窗周围的泛水板等须在现场加工的异形件，应参考图样，对安装好的墙面进行实测套足尺，确定其形状尺寸，使其加工准确，便于安装。

 知识链接

其他形式幕墙介绍如下。

陶土板幕墙最初起源于德国著名的屋顶瓦制造商，他们的工程师于 1980 年设想将屋顶瓦应用到墙面，最终根据陶瓦的挂接方式，发明了用于外墙的干挂体系和幕墙陶土板，如图 7.46、图 7.47 所示。

陶土板的原材料为天然陶土，不添加任何其他成分，不会对空气造成任何污染。陶板的颜色完全是陶土的天然颜色，绿色环保，无辐射，色泽温和，不会带来光污染。陶板能够达到很

高的尺寸精确度，这一点保证了幕墙平面整体效果的完美表现。陶板的科学之处还表现在其条形中空式的设计，此设计不仅减轻了陶板的重量，还提高了陶板的透气、降噪和保温性能。

幕墙内部结构为干挂结构，分为无横龙骨和有横龙骨两种结构。幕墙基本结构由连接件、龙骨、接缝件、扣件和陶板组成。

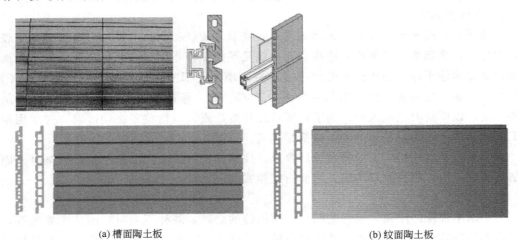

(a) 槽面陶土板   (b) 纹面陶土板

图 7.46　陶土板

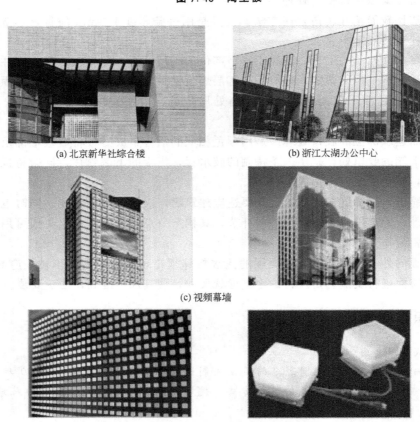

(a) 北京新华社综合楼   (b) 浙江太湖办公中心

(c) 视频幕墙

(d) 光电幕墙

图 7.47　陶土板幕墙实际应用

任务 7.4　幕墙工程质量验收标准

幕墙工程质量验收必须根据《玻璃幕墙工程技术规范》（JGJ 102—2003）和《金属与石材幕墙工程技术规范》（JGJ 133—2001）中关于材料、构件检验及安装施工验收的强制性条文进行。

7.4.1　一般规定

（1）本任务适用于玻璃幕墙、金属幕墙、石材幕墙等分项工程的质量验收。

（2）幕墙工程验收时应检查下列文件和记录。

① 幕墙工程的施工图、结构计算书、设计说明及其他设计文件。

② 建筑设计单位对幕墙工程设计的确认文件。

③ 幕墙工程所用各种材料、五金配件、构件及组件的产品合格证书、性能检测报告、进场验收记录和复验报告。

④ 幕墙工程所用硅酮结构胶的认定证书和抽查合格证明；进口硅酮结构胶的商检证；国家指定检测机构出具的硅酮结构胶相容性和剥离粘结性试验报告；石材用密封胶的耐污染性试验报告。

⑤ 后置埋件的现场拉拔强度检测报告。

⑥ 幕墙的抗风压性能、空气渗透性能、雨水渗漏性能及平面变形性能检测报告。

⑦ 打胶、养护环境的温度、湿度记录；双组分硅酮结构胶的混匀性试验记录及拉断试验记录。

⑧ 防雷装置测试记录。

⑨ 隐蔽工程验收记录。

⑩ 幕墙构件和组件的加工制作记录；幕墙安装施工记录。

（3）幕墙工程应对下列材料及其性能指标进行复验。

① 铝塑复合板的剥离强度。

② 石材的弯曲强度；寒冷地区石材的耐冻融性；室内用花岗石的放射性。

③ 玻璃幕墙用结构胶的邵氏硬度、标准条件拉伸粘结强度、相容性试验；石材用结构胶的粘结强度；石材用密封胶的污染性。

（4）幕墙工程应对下列隐蔽工程项目进行验收。

① 预埋件(或后置埋件)。

② 构件的连接节点。

③ 变形缝及墙面转角处的构造节点。

④ 幕墙防雷装置。

⑤ 幕墙防火构造。

（5）各分项工程的检验批应按下列规定划分。

① 相同设计、材料、工艺和施工条件的幕墙工程每 $500\sim1000\text{m}^2$ 应划分为一个检验批，不足 500m^2 也应划分为一个检验批。

② 同一单位工程的不连续的幕墙工程应单独划分检验批。

③ 对于异型或有特殊要求的幕墙，检验批的划分应根据幕墙的结构、工艺特点及

幕墙工程规模，由监理单位（或建设单位）和施工单位协商确定。

（6）检查数量应符合下列规定。

① 每个检验批每 100m²。应至少抽查一处，每处不得小于 10m²。

② 对于异型或有特殊要求的幕墙工程，应根据幕墙的结构和工艺特点，由监理单位（或建设单位）和施工单位协商确定。

（7）幕墙及其连接件应具有足够的承载力、刚度和相对于主体结构的位移能力。幕墙构架立柱的连接金属角码与其他连接件应采用螺栓连接，并应有防松动措施。

（8）隐框、半隐框幕墙所采用的结构粘结材料必须是中性硅酮结构密封胶，其性能必须符合《建筑用硅酮结构密封胶》（GB 16776—2005）的规定。硅酮结构密封胶必须在有效期内使用。

（9）立柱和横梁等主要受力构件，其截面受力部分的壁厚应经计算确定，且铝合金型材壁厚不应小于 3.0mm，钢型材壁厚不应小于 3.5mm。

（10）隐框、半隐框幕墙构件中板材与金属框之间硅酮结构密封胶的粘结宽度，应分别计算风荷载标准值和板材自重标准值作用下硅酮结构密封胶的粘结宽度，并取其较大值，且不得小于 7.0mm。

（11）硅酮结构密封胶应打注饱满，并应在温度 15～30℃、相对湿度 50% 以上、洁净的室内进行；不得在现场墙上打注。

（12）幕墙的防火除应符合现行国家标准《建筑设计防火规范》（GB 50016—2006）和《高层民用建筑设计防火规范》（GB 50045—1995）的有关规定外，还应符合下列规定。

① 应根据防火材料的耐火极限决定防火层的厚度和宽度，并应在楼板处形成防火带。

② 防火层应采取隔离措施。防火层的衬板应采用经防腐处理且厚度不小于 1.5mm 的钢板，不得采用铝板。

③ 防火层的密封材料应采用防火密封胶。

④ 防火层与玻璃不应直接接触，一块玻璃不应跨两个防火分区。

（13）主体结构与幕墙连接的各种预埋件，其数量、规格、位置和防腐处理必须符合设计要求。

（14）幕墙的金属框架与主体结构预埋件的连接、立柱与横梁的连接及幕墙面板的安装必须符合设计要求，安装必须牢固。

（15）单元幕墙连接处和吊挂处的铝合金型材的壁厚应通过计算确定，并不得小于 5.0mm。

（16）幕墙的金属框架与主体结构应通过预埋件连接，预埋件应在主体结构混凝土施工时埋入，预埋件的位置应准确。当没有条件采用预埋件连接时，应采用其他可靠的连接措施，并应通过试验确定其承载力。

（17）立柱应采用螺栓与角码连接，螺栓直径应经过计算，并不应小于 10mm。不同金属材料接触时应采用绝缘垫片分隔。

（18）幕墙的抗震缝、伸缩缝、沉降缝等部位的处理应保证缝的使用功能和饰面的完整性。

（19）幕墙工程的设计应满足维护和清洁的要求。

7.4.2 玻璃幕墙工程

本节适用于建筑高度不大于 150m、抗震设防烈度不大于 8 度的隐框玻璃幕墙、半隐

框玻璃幕墙、明框玻璃幕墙、全玻幕墙及点支撑玻璃幕墙工程的质量验收。质量要求及检验方法，见表 7-1。

表 7-1　玻璃幕墙工程验收质量要求和检验方法

项目	项次	质量要求	检验方法
主控项目	1	玻璃幕墙工程所使用的各种材料、构件和组件的质量，应符合设计要求及国家现行产品标准和工程技术规范的规定	检查材料、构件、组件的产品合格证书、进场验收记录、性能检测报告和材料的复验报告
	2	玻璃幕墙的造型和立面分格应符合设计要求	观察；尺量检查
	3	玻璃幕墙使用的玻璃应符合下列规定。 (1) 幕墙应使用安全玻璃，玻璃的品种、规格、颜色、光学性能及安装方向应符合设计要求。幕墙玻璃的厚度不应小于 6.0mm，全玻幕墙肋玻璃的厚度不应小于 12mm； (2) 幕墙的中空玻璃应采用双道密封。明框幕墙叠的中空玻璃应采用聚硫密封胶及丁基密封胶；隐框和半隐框幕墙的中空玻璃应采用硅酮结构密封胶及丁基密封胶；镀膜面应在中空玻璃的第二或第三面上； (3) 幕墙的夹层玻璃应采用聚乙烯醇缩丁醛(PVB)胶片干法加工合成的夹层玻璃。点支撑玻璃幕墙夹层玻璃的夹层胶片(PVB)厚度不应小于 0.76mm； (4) 钢化玻璃表面不得有损伤；8.0mm 以下的钢化玻璃应进行引爆处理； (5) 所有幕墙玻璃均应进行边缘处理	观察；尺量检查；检查施工记录
	4	玻璃幕墙与主体结构连接的各种预埋件、连接件、紧固件必须安装牢固，其数量、规格、位置、连接方法和防腐处理应符合设计要求	观察；检查隐蔽工程验收记录和施工记录
	5	各种连接件、紧固件的螺栓应有防松动措施；焊接连接应符合设计要求和焊接规范的规定	观察；检查隐蔽工程验收记录和施工记录
	6	隐框或半隐框玻璃幕墙，每块玻璃下端应设置两个铝合金或不锈钢托条，其长度不应小于 100mm，厚度不应小于 2mm，托条外端应低于玻璃外表面 2mm	观察；检查施工记录
	7	明框玻璃幕墙的玻璃安装应符合下列规定。 (1) 玻璃槽口与玻璃的配合尺寸应符合设计要求和技术标准的规定； (2) 玻璃与构件不得直接接触，玻璃四周与构件凹槽底部应保持一定的空隙，每块玻璃下部应至少放置两块宽度与槽口宽度相同、长度不小于 100mm 的弹性定位垫块；玻璃两边嵌入量及空隙应符合设计要求； (3) 玻璃四周橡胶条的材质、型号应符合设计要求，镶嵌应平整，橡胶条长度应比边框内槽长 1.5%～2.0%，橡胶条在转角处应斜面断开，并应用粘结剂粘结牢固后嵌入槽内	观察；检查施工记录

项目	项次	质量要求	检验方法
主控项目	8	高度超过 4m 的全玻幕墙应吊挂在主体结构上，吊夹具应符合设计要求，玻璃与玻璃、玻璃与玻璃肋之间的缝隙，应采用硅酮结构密封胶填嵌严密	观察；检查隐蔽工程验收记录和施工记录
	9	点支撑玻璃幕墙应采用带万向头的活动不锈钢爪，其钢爪间的中心距离应大于 250mm	观察；尺量检查
	10	玻璃幕墙四周、玻璃幕墙内表面与主体结构之间的连接节点、各种变形缝、墙角的连接节点应符合设计要求和技术标准的规定	观察；检查隐蔽工程验收记录和施工记录
	11	玻璃幕墙应无渗漏	在易渗漏部位进行淋水检查
	12	玻璃幕墙结构胶和密封胶的打注应饱满、密实、连续、均匀、无气泡，宽度和厚度应符合设计要求和技术标准的规定	观察；尺量检查；检查施工记录
	13	玻璃幕墙开启窗的配件应齐全，安装应牢固，安装位置和开启方向、角度应正确；开启应灵活，关闭应严密	观察；手扳检查；开启和关闭检查
	14	玻璃幕墙的防雷装置必须与主体结构的防雷装置可靠连接	观察；检查隐蔽工程验收记录和施工记录
一般项目	15	玻璃幕墙表面应平整、洁净；整幅玻璃的色泽应均匀一致；不得有污染和镀膜损坏	观察
	16	每平方米玻璃的表面质量和检验方法应符合表 7-2 的规定	
	17	一个分格铝合金型材的表面质量和检验方法应符合表 7-3 的规定	
	18	明框玻璃幕墙的外露框或压条应横平竖直，颜色、规格应符合设计要求，压条安装应牢固。单元玻璃幕墙的单元拼缝或隐框玻璃幕墙的分格玻璃拼缝应横平竖直、均匀一致	观察；手扳检查；检查进场验收记录
	19	玻璃幕墙的密封胶缝应横平竖直、深浅一致、宽窄均匀、光滑顺直	观察；手摸检查
	20	防火与保温材料填充应饱满、均匀，表面应密实、平整	检查隐蔽工程验收记录
	21	玻璃幕墙隐蔽节点的遮封装修应牢固、整齐、美观	观察；手扳检查
	22	明框玻璃幕墙安装的允许偏差和检验方法应符合表 7-4 的规定	
	23	隐框、半隐框玻璃幕墙安装的允许偏差和检验方法应符合表 7-5 的规定	

表7-2　每平方米玻璃的表面质量和检验方法

项次	检验项目	质量要求	检验方法
1	明显划伤和长度＞100mm 的轻微划伤	不允许	观察
2	长度≤100mm 的轻微划伤	≤8 条	用钢尺检查
3	擦伤总面积	≤500mm²	用钢尺检查

表7-3　一个分格铝合金型材的表面质量和检验方法

项次	检验项目	质量要求	检验方法
1	明显划伤和长度＞100mm 的轻微划伤	不允许	观察
2	长度≤100mm 的轻微划伤	≤2 条	用钢尺检查
3	擦伤总面积	≤500mm²	用钢尺检查

表7-4　明框玻璃幕墙安装的允许偏差和检验方法

项次	检验项目		允许偏差/mm	检验方法
1	幕墙垂直度	幕墙高度≤30m	10	用经纬仪检查
		30m＜幕墙高度≤60m	15	
		60m＜幕墙高度≤90m	20	
		幕墙高度＞90m	25	
2	幕墙水平度	幕墙幅宽≤35m	5	用水平仪检查
		幕墙幅宽＞35m	7	
3	构件直线度		2	用2m靠尺和塞尺检查
4	构件水平度	构件长度≤2m	2	用水平仪检查
		构件长度＞2m	3	
5	相邻构件错位		1	用钢直尺检查
6	分格框对角线长度差	对角线长度≤2m	3	用钢尺检查
		对角线长度＞2m	4	

表7-5　隐框、半隐框玻璃幕墙安装的允许偏差和检验方法

项次	检验项目		允许偏差/mm	检验方法
1	幕墙垂直度	幕墙高度≤30m	10	用经纬仪检查
		30m＜幕墙高度≤60m	15	
		60m＜幕墙高度≤90m	20	
		幕墙高度＞90m	25	

项次	检验项目		允许偏差 /mm	检验方法
2	幕墙水平度	层高≤3m	3	用水平仪检查
		层高＞3m	5	
3	幕墙表面平整度		2	用2m靠尺和塞尺检查
4	板材立面垂直度		2	用垂直检测尺检查
5	板材上沿水平度		2	用1m水平尺和钢直尺检查
6	相邻板材板角错位		1	用钢直尺检查
7	阳角方正		2	用直角检测尺检查
8	接缝直线度		3	拉5m线，不足5m拉通线。用钢直尺检查
9	接缝高低差		1	用钢直尺和塞尺检查
10	接缝宽度		1	用钢直尺检查

7.4.3　金属幕墙工程

本任务适用于建筑高度不大于150m的金属幕墙工程的质量验收，质量要求及检验方法，见表7-6。

表7-6　金属幕墙工程验收质量要求和检验方法

项目	项次	质量要求	检验方法
主控项目	1	金属幕墙工程所使用的各种材料和配件，应符合设计要求及国家现行产品标准和工程技术规范的规定	检查产品合格证书、性能检测报告、材料进场验收记录和复验报告
	2	金属幕墙的造型和立面分格应符合设计要求	观察；尺量检查
	3	金属面板的品种、规格、颜色、光泽及安装方向应符合设计要求	观察；检查进场验收记录
	4	金属幕墙主体结构上的预埋件、后置埋件的数量、位置及后置埋件的拉拔力必须符合设计要求	检查拉拔力检测报告和隐蔽工程验收记录
	5	金属幕墙的金属框架立柱与主体结构预埋件的连接、立柱与横梁的连接、金属面板的安装必须符合设计要求，安装必须牢固	手扳检查；检查隐蔽工程验收记录
	6	金属幕墙的防火、保温、防潮材料的设置应符合设计要求，并应密实、均匀、厚度一致	检查隐蔽工程验收记录
	7	金属框架及连接件的防腐处理应符合设计要求	检查隐蔽工程验收记录和施工记录
	8	金属幕墙的防雷装置必须与主体结构的防雷装置可靠连接	检查隐蔽工程验收记录

续表

项目	项次	质量要求	检验方法
主控项目	9	各种变形缝、墙角的连接节点应符合设计要求和技术标准的规定	观察；检查隐蔽工程验收记录
	10	金属幕墙的板缝注胶应饱满、密实、连续、均匀、无气泡，宽度和厚度应符合设计要求和技术标准的规定	观察；尺量检查；检查施工记录
	11	金属幕墙应无渗漏	在易渗漏部位进行淋水检查
一般项目	12	金属板表面应平整、洁净、色泽一致	观察
	13	金属幕墙的压条应平直、洁净、接口严密、安装牢固	观察；手扳检查
	14	金属幕墙的密封胶缝应横平竖直、深浅一致、宽窄均匀、光滑顺直	观察
	15	金属幕墙上的滴水线、流水坡向应正确、顺直	观察；用水平尺检查
	16	每平方米金属板的表面质量和检验方法应符合表7-7的规定	—
	17	金属幕墙安装的允许偏差和检验方法应符合表7-8的规定	—

表7-7　每平方米金属板的表面质量和检验方法

项次	检验项目	质量要求	检验方法
1	明显划伤和长度>100mm的轻微划伤	不允许	观察
2	长度≤100mm的轻微划伤	≤8条	用钢尺检查
3	擦伤总面积	≤500m²	用钢尺检查

表7-8　金属幕墙安装的允许偏差和检验方法

项次	检验项目		允许偏差/mm	检验方法
1	幕墙垂直度	幕墙高度≤30m	10	用经纬仪检查
		30m<幕墙高度≤60m	15	
		60m<幕墙高度≤90m	20	
		幕墙高度>90m	25	
2	幕墙水平度	层高≤3m	3	用水平仪检查
		层高>3m	5	
3	幕墙表面平整度		2	用2m靠尺和塞尺检查
4	板材立面垂直度		3	用垂直检测尺检查
5	板材上沿水平度		2	用1m水平尺和钢直尺检查
6	相邻板材板角错位		1	用钢直尺检查
7	阳角方正		2	用直角检测尺检查

续表

项次	检验项目	允许偏差/mm	检验方法
8	接缝直线度	3	拉5m线，不足5m拉通线，用钢直尺检查
9	接缝高低差	1	用钢直尺和塞尺检查
10	接缝宽度	1	用钢直尺检查

7.4.4 石材幕墙工程

本任务适用于建筑高度不大于100m、抗震设防烈度不大于8度的石材幕墙工程的质量验收。

质量要求及检验方法，见表7-9。

表7-9 石材幕墙工程验收质量要求和检验方法

项目	项次	质量要求	检验方法
主控项目	1	石材幕墙工程所用材料的品种、规格、性能和等级，应符合设计要求及国家现行产品标准和工程技术规范的规定。石材的弯曲强度不应小于8.0MPa；吸水率应小于0.8%。石材幕墙的铝合金挂件厚度不应小于4.0mm，不锈钢挂件厚度不应小于3.0mm	观察；尺量检查；检查产品合格证书、性能检测报告、材料进场验收记录和复验报告
	2	石材幕墙的造型、立面分格、颜色、光泽、花纹和图案应符合设计要求	观察
	3	石材孔、槽的数量、深度、位置、尺寸应符合设计要求	检查进场验收记录或施工记录
	4	石材幕墙主体结构上的预埋件和后置埋件的位置、数量及后置埋件的拉拔力必须符合设计要求	检查拉拔力检测报告和隐蔽工程验收记录
	5	石材幕墙的金属框架立柱与主体结构预埋件的连接、立柱与横梁的连接、连接件与金属框架的连接、连接件与石材面板的连接必须符合设计要求，安装必须牢固	手扳检查；检查隐蔽工程验收记录
	6	金属框架和连接件的防腐处理应符合设计要求	检查隐蔽工程验收记录
	7	石材幕墙的防雷装置必须与主体结构防雷装置可靠连接	观察；检查隐蔽工程验收记录和施工记录
	8	石材幕墙的防火、保温、防潮材料的设置应符合设计要求，填充应密实、均匀、厚度一致	检查隐蔽工程验收记录
	9	各种结构变形缝、墙角的连接节点应符合设计要求和技术标准的规定	检查隐蔽工程验收记录和施工记录
	10	石材表面和板缝的处理应符合设计要求	观察
	11	石材幕墙的板缝注胶应饱满、密实、连续、均匀、无气泡，板缝宽度和厚度应符合设计要求和技术标准的规定	观察；尺量检查；检查施工记录
	12	石材幕墙应无渗漏	在易渗漏部位进行淋水检查

续表

项目	项次	质量要求	检验方法
一般项目	13	石材幕墙表面应平整、洁净，无污染、缺损和裂痕。颜色和花纹应协调一致，无明显色差，无明显修痕	观察
	14	石材幕墙的压条应平直、洁净、接口严密、安装牢固	观察；手扳检查
	15	石材接缝应横平竖直、宽窄均匀；阴阳角石板压向应正确，板边合缝应顺直；凸凹线出墙厚度应一致，上下口应平直；石材面板上洞口、槽边应套割吻合，边缘应整齐	观察；尺量检查
	16	石材幕墙的密封胶缝应横平竖直、深浅一致、宽窄均匀、光滑顺直	观察
	17	石材幕墙上的滴水线、流水坡向应正确、顺直	观察；用水平尺检查
	18	每平方米石材的表面质量和检验方法应符合表7-10的规定	—
	19	石材幕墙安装的允许偏差和检验方法应符合表7-11的规定	—

表 7-10　每平方米石材的表面质量和检验方法

项次	检验项目	质量要求	检验方法
1	裂痕、明显划伤和长度＞100mm的轻微划伤	不允许	观察
2	长度≤100mm的轻微划伤	≤8条	用钢尺检查
3	擦伤总面积	≤500mm²	用钢尺检查

表 7-11　石材幕墙安装的允许偏差和检验方法

项次	检验项目		允许偏差/mm		检 验 方 法
			光面	麻面	
1	幕墙垂直度	幕墙高度≤30m	10		用经纬仪检查
		30m＜幕墙高度≤60m	15		
		60m＜幕墙高度≤90m	20		
		幕墙高度＞90m	25		
2	幕墙水平度		3		用水平仪检查
3	板材立面垂直度		3		用水平仪检查
4	板材上沿水平度		2		用1m水平尺和钢直尺检查
5	相邻板材板角错位		1		用钢直尺检查
6	幕墙表面平整度		2	3	用垂直检测尺检查
7	阳角方正		2	4	用直角检测尺检查
8	接缝直线度		3	4	拉5m线，不足5m拉通线。用钢直尺检查
9	接缝高低差		1	—	用钢直尺和塞尺检查
10	接缝宽度		1	2	用钢直尺检查

特别提示

《金属与石材幕墙工程技术规范》中关于石材和密封材料的强制性条文如下。

花岗石板材的弯曲强度应经法定检测机构检测确定，其弯曲强度不应小于 8.0MPa。同一幕墙工程应采用同一品牌的单组分或双组分的硅酮结构密封胶，并应有保质年限的质量证书。用于石材幕墙的硅酮结构密封胶还有应有证明无污染的试验报告。同一幕墙工程应用同一品牌的硅酮结构密封胶和硅酮耐候密封胶配套使用。用硅酮结构密封胶粘结固定构件时，注胶应在温度 15℃ 以上30℃ 以下，相对湿度 50% 以上，且洁净、通风的室内进行，胶的宽度、厚度应符合设计要求。

金属与石材幕墙构件应按同一种类构件的 5% 进行抽样检查，且每种构件不得少于 5 件。当有一个构件抽检不符合上述规定时，应加倍抽样复验，全部合格后方可出厂。构件出厂时，应附有构件合格证书。

知识链接

幕墙工程应用典型案例

1. 澳门新葡京酒店

澳门新葡京酒店以莲花为外形，金色玻璃幕墙将建筑主体装饰成一个硕大的金色莲花，盛开的莲花由尺寸各异的三角形镀膜半钢化夹层玻璃拼装而成。阳光下，这些玻璃产品分别呈现浅金、金、红、绿、银五种颜色，夜幕下的则更显华丽、尊贵，如图 7.48 所示。

图 7.48 澳门新葡京酒店

2. 瑞士再保险总部大楼

瑞士再保险总部大楼即英国高层建筑"伦敦巨蛋"。中央是巨大的圆柱形主力场，作为大楼的重力支撑。大楼表面由双层低反光玻璃作外场，减少过热的阳光。从结构方面来说，瑞士再保险公司的幕墙还有一个不同寻常之处。其幕墙直接支撑在作为承重结构的建筑外围的斜向钢架之上。所以，从某种程度上这是一种自承重的幕墙体系，如图 7.49 所示。

3. 上海环球金融中心

上海环球金融中心是一幢钢结构的超高层建筑，外层为玻璃幕墙。它是以办公为主，集商贸、宾馆、观光、会议等设施于一体的综合型建筑，毗邻上海金茂大厦，如图 7.50 所示。

图 7.49　瑞士再保险总部大楼

图 7.50　上海环球金融中心

4. 中央电视台新址

中央电视台新址为全钢结构，其外表貌似"鱼鳞"，共 10 万平方米的玻璃幕墙上，分布了27400 余块强烈的不规则几何图案。这些由槽钢构成的斜交叉网格打破了单调重复的玻璃墙面结构，使之成为一个看起来独立且浮动的菱形玻璃结构体，并且幕墙外皮本身也形成很高的结构。这种不规则的交叉网格反映了从日常的荷载到强地震的不同情况下结构受力的分布模式。在受力较大的区域网格的密度较大，而在承载富余的地方则稀疏一些，如图 7.51 所示。

图 7.51　中央电视台新址

5. 纽约新当代艺术博物馆

纽约新当代艺术博物馆是曼哈顿市中心第一座大型的艺术博物馆，总共 7 层楼，形如不同偏向的盒子叠加而成，裹着一层亮白的铝质金属网格外衣，如图 7.52 所示。

图 7.52　纽约新当代艺术博物馆

本项目小结

　　本项目对建筑幕墙工程的施工技术作了全面的讲述，包括玻璃幕墙、石材幕墙和金属幕墙施工技术以及幕墙工程质量验收。

　　幕墙工程的施工大致可以分为三个施工过程，即施工前的准备、施工操作和工程质量验收过程。因此，其主要内容是幕墙施工所需各种机具及材料要求；幕墙工程的工艺流程和施工技术；施工过程的检查项目及幕墙工程质量验收标准和质量检验方法等。

　　本项目的教学目标是掌握幕墙工程的施工技能，解决幕墙工程施工过程中的实际问题，即选用幕墙施工机具的能力；幕墙工程的施工操作技能；幕墙工程质量验收技能。

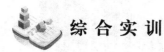 **综 合 实 训**

实训项目一　有框玻璃幕墙施工实训

【实训目标】

　　练习玻璃幕墙施工机具的使用方法；训练玻璃幕墙的施工操作技能；练习玻璃幕墙的质量检验方法。

【实训要求】

　　根据设计图样进行读识、翻样，编制施工工艺及施工操作要点，并进行现场施工

操作，对玻璃幕墙的质量进行检验评定。

【场景要求】

(1) 1～2层(≤6.000m，安全因素)的墙面，墙长应当满足工作面的需要。

(2) 已搭设双排架子，并做隐检。

(3) 在主体结构的每层现浇混凝土楼板或梁内预埋铁件，角钢连接件与预埋件已经焊接。

(4) 水电设备及其他预留件已安装完。

【材料准备】

(1) 符合设计要求的幕墙玻璃类型，拆箱后立式放在室内特制的靠架上。有制作厂家对玻璃幕墙应进行风压计算，并提供出厂质量合格证明及必要的试验数据。

(2) 竖向龙骨、横向龙骨及各种配件已预先清点，并分类码放到楼层指定的地点存放。玻璃幕墙骨架材料、膨胀螺栓，连接铁件，连接不锈钢针等配套的铁垫板、垫圈、螺母及与骨架固定的各种设计和安装所需的连接件必须符合设计要求和有关规定。

(3) 符合设计要求和有关规定的建筑密封材料、发泡双面胶带、填充材料、隔热保温材料、防水防潮材料、硬质有机材料垫片、橡胶片等。

(4) 主要机具：垂直运输的外用电梯、焊钉枪、电动改锥、手枪钻、梅花扳手、活动扳手、经纬仪(或激光经纬仪)、水准仪、钢卷尺、铁水平、钢板尺、钢角尺、嵌缝枪、工具袋、手套、红铅笔等。

【操作过程】

(1) 设计图样读识。

(2) 隐蔽工程验收；角钢连接件与预埋件焊接质量检验。

(3) 玻璃幕墙骨架安装及调校修正。

(4) 玻璃面板安装。

(5) 嵌缝、打胶和清洁。

(6) 幕墙板块安装检验。

【操作指导】

(1) 设计图样读识。

(2) 根据主体结构各层往上已弹的竖向轴线，对照原结构设计图轴距尺寸，用经纬仪核实后，在各层楼板边缘弹出竖向龙骨的中心线，同时核对各层预埋件中心线与竖向龙骨中心线是否一致相符。观感检测预埋件及附件形状尺寸是否符合设计要求和有关规定。

角钢连接件的安装是玻璃幕墙安装过程中的主要环节，直接影响到幕墙与结构主体连接牢固和安全程度。检测角钢连接件在纵横两方向中心线是否符合设计要求和有关规定；焊缝质量、焊缝隙性能长度是否符合要求；是否已经进行防腐处理。

(3) 竖龙骨装配。首先，竖向主龙骨之间接头用的镀锌钢板内套筒连接件。竖向主龙骨与紧固件之间的连接件，横向次龙骨的连接件，各节点的连接件的连接方法要符合设计图样要求，连接必须牢固，横平竖直。

① 竖向主龙骨一般由下往上安装，每两层为一整根，每楼层通过连接紧固铁件与楼板连接。先将主龙骨竖起，上、下两端的连接件对准紧固铁件的螺栓孔，初打螺栓。主龙骨可通过紧固铁件和连接件的长螺栓孔上、下、左、右进行调整，左、右水平方向应与弹在楼板上的位置线相吻合，上、下对准楼层标高，前、后（即 Z 轴方向）不得超出控制线，确保上下垂直，间距符合设计要求。

② 主龙骨通过内套管竖向接长，为防止铝材受温度影响而变形，接头处应留适当宽度的伸缩孔隙，具体尺寸根据设计要求，接头处上下龙骨中心线要对上。

③ 安装到最顶层之后，再用经纬仪进行垂直度校正、检查无误后，把所有竖向龙骨与结构连接的螺栓、螺母、垫圈拧紧、焊牢。所有焊缝重新加焊至设计要求，并将焊药皮砸掉，清理检查符合要求后，刷两道防锈漆。

（4）横向水平龙骨安装。安好竖向龙骨后，进行垂直度、水平度、间距等项检查，符合要求后，便可进行水平龙骨的安装。

安装前，将水平龙骨两端头套上防水橡胶垫。用木支撑暂时将主龙骨撑开，接着装入横向水平龙骨，然后取掉木支撑后，两端橡胶垫被压缩，起到较好的防水效果。大致水平后初拧连接件螺栓，然后用水准仪抄平，将横向龙骨调平后，拧紧螺栓。安装过程中，要严格控制各横向水平龙骨之间的中心距离及上下垂直度，同时要核对玻璃尺寸能否镶嵌合适。

（5）安装楼层之间封闭镀锌钢板。由于幕墙挂在建筑外墙，各竖向龙骨之间的孔隙通向各楼层，为隔声、防火，应把矿棉防火保温层镶铺在镀锌钢板上，将各楼层之间封闭。为使钢板与龙骨之间接缝严密，先将橡胶密封条套在钢板四周后，将钢板插入吊顶龙骨内（或用胀管螺栓钉在混凝土底板上）。在钢板与龙骨的接缝处再粘贴沥青密封带，并应敷贴平整。最后在钢板上焊钢钉，要焊牢固，钉距及规格符合设计要求。安装保温防火矿棉：镀锌钢板安完之后，安装保温、防火矿棉。将矿棉保温层用胶粘剂粘在钢板上。用已焊的钢钉及不锈钢片固定保温层，矿棉应铺放平整，拼缝处不留缝隙。

（6）安装玻璃。幕墙玻璃由上向下，并从一个方向起连续安装，预先将玻璃由外用电梯运至各楼层的指定地点，立式存放。将框内污物清理干净，在下框内塞垫橡胶定位块，垫块是支持玻璃的全部重量，要求一定的硬度与耐久性。将内侧橡胶条嵌入框格槽内（注意型号），嵌胶条方法是先间隔分点嵌塞，然后再分边嵌塞。抬运玻璃（大玻璃应用机械真空吸盘抬运），先将玻璃表面灰尘、污物擦拭干净。往框内安装时，注意正确判断内、外面，将玻璃安嵌在框槽内，嵌入深度四周要一致。将两侧橡胶垫块塞于竖向框两侧，然后固定玻璃，嵌入外密封橡胶条（也可用密封角进行封缝处理），镶嵌要平整、密实。

（7）安盖口条和装饰压条。玻璃外侧橡胶条（或密封膏）安装完之后，在玻璃与横框、水平框交接处均要进行盖口处理，室外一侧安装外扣板，室内一侧安装压条（均为铝合金材），其规格型式要根据幕墙设计要求。

幕墙与屋面女儿墙顶交接处，应有铝合金压顶板，并有防水构造措施，防止雨水沿幕墙与女儿墙之间的空隙流入。操作时依据幕墙设计图。

（8）擦洗玻璃。幕墙玻璃各组装件安装完之后，在竣工验收前，利用擦窗机（或其他吊具）将玻璃擦洗一遍，达到表面洁净、明亮。

【评分标准】（表 7－12）

表 7－12　有框玻璃幕墙施工实训成绩评定标准

序号	测定项目	分值	评分标准	检测点					得分
				1	2	3	4	5	
1	隐蔽工程验收	20	是否按要求检测预埋件及附件形状尺寸、焊缝质量、焊缝隙性、幕墙骨架的安装要求						
2	平面度	15	幕墙平面度偏差限值：3mm						
3	竖缝直线度	15	竖缝直线度偏差限值：3mm						
4	横缝直线度	15	横缝直线度偏差限值：3mm						
5	拼缝宽与设计值偏差	10	拼缝宽与设计值偏差限值：±2mm						
6	相邻板面之间接缝高低	10	相邻板面之间接缝高低限值：1mm						
7	耐候胶	10	耐候胶缝内的填充材料填塞良好，耐候胶密实、平整						
8	成品保护	5	用清水和清洁剂将石材表面擦洗干净，按要求进行打蜡或刷保护剂						

实训项目二　石材幕墙施工实训

【实训目标】

练习石材幕墙施工机具的使用方法；训练石材幕墙的施工操作技能；练习石材幕墙的质量检验方法。

【实训要求】

根据设计图样进行读识、翻样，编制施工工艺及施工操作要点，并进行现场施工操作，对石材幕墙的质量进行检验评定。

【场景要求】

(1) 1～2 层(≤6.000m，安全因素)的墙面，墙长应当满足工作面的需要。

(2) 已搭设双排架子，并做隐检。

(3) 预埋件及骨架已经安装。

(4) 水电设备及其他预留件已安装完。

【材料准备】

(1) 石材根据设计要求，确定石材的品种颜色、花纹和尺寸规格，并严格控制，检查

其强度，吸水率等性能。

（2）膨胀螺栓，连接铁件，连接不锈钢针等配套的铁垫板、垫圈、螺母，以及与骨架固定的各种设计和安装所需的连接件必须符合设计要求与有关规定。

（3）符合设计要求和有关规定的合成树脂胶粘剂、玻璃纤维网格布、防水胶泥、防污胶条、嵌缝膏等。

（4）主要机具包括台钻、无齿切割锯、手动石材切割机、冲击钻、手枪钻、卷尺、靠尺、力矩扳手、开口扳手、嵌缝枪、工具袋、手套、红铅笔等。

【操作过程】

（1）设计图样读识。

（2）隐蔽工程验收；幕墙构件安装质量检验。

（3）测量放线与翻样。

（4）石材面板安装。

（5）嵌缝、打胶和清洁。

（6）幕墙板块安装检验。

【操作指导】

（1）设计图样读识。

（2）观感检测预埋件及附件形状尺寸是否符合设计要求和有关规定；焊缝质量、焊缝隙性能长度是否符合要求；用 3m 靠尺与塞规测量幕墙骨架的安装是否符合规范要求。幕墙骨架的安装是否已经进行防腐处理。

（3）石材准备。首先用比色法对石材的颜色进行挑选分类；安装在同一面的石材颜色应一致，并根据设计尺寸和图样要求，将专用模具固定在台钻上，进行石材打孔。为保证位置准确垂直，要钉一个定型石板托架，使石板放在托架上，要打孔的小面与钻头垂直，使孔成型后准确无误，孔深为 20mm，孔径为 5mm，钻头为 4.5mm。随后在石材背面刷不饱和树脂胶，主要采用一布二胶的作法，布为无碱、无捻 24 目的玻璃丝布，石板在刷头遍胶前，先把编号写在石板上，并将石板上的浮灰及杂污清除干净，如锯锈、铁沫子，用钢丝刷、粗砂纸将其除掉再刷头遍胶，胶要随用随配，防止固化后造成浪费。要注意边角地方一定要刷好，特别是打孔的部位是个薄弱区域，必须刷到，布要铺满，刷完头遍胶，在铺贴玻璃纤维网格布时要从一边一遍一遍用刷子赶平，铺平后再刷二遍胶，刷子沾胶不要过多，防止流到石材小面，给嵌缝带来困难，出现质量问题。

（4）支底层饰面板托架。把预先加工好的支托按上干线支在将要安装的底层石板上面。支托要支撑牢固，相互之间要连接好，也可和架子接在一起，支架安好后，顺支托方向钉铺通长的 50mm 厚木板，木板上口要在同一个水平面上，以保证石材上下面处在同一水平面上。

（5）上连接铁件。用设计规定的不锈钢螺栓固定角钢和平钢板。调整平钢板的位置，使平钢板的小孔正好与石板的插入孔对正，固定平钢板，用力矩扳子拧紧。

（6）底层石板安装。把侧面的连接铁件安好，便可把底层面板靠角上的一块就位。方法是用夹具暂时固定，先将石板侧孔抹胶，调整铁件，插固定钢针，调整面板固定。依次按顺序安装底层面板，待底层面板全部就位后，检查一下各板水平是否在一条线上，如有高低不平的要进行调整；低的可用木楔垫平；高的可轻轻适当退出点木楔，退到面板上口

在一条水平线上为止；先调整好面板的水平与垂直度，再检查板缝，板缝宽应按设计要求，板缝均匀。

(7) 石板上孔抹胶及插连接钢针。把 1∶1.5 的白水泥环氧树脂倒入固化剂、促进剂，用小棒搅匀，用小棒将配好的胶抹入孔中，再把长 40mm 的 $\phi 4$ 连接钢针通过平板上的小孔插入直至面板孔，上钢针前检查其有无伤痕，长度是否满足要求，钢针安装要保证垂直。

(8) 调整固定。面板暂时固定后，调整水平度，如板面上口不平，可在板底的一端下口的连接平钢板上垫一个相应的双股铜丝垫，若铜丝粗，可用小锤砸扁，若高，可把另一端下口用以上方法垫一下。调整垂直度，并调整面板上口的不锈钢连接件的距墙空隙，直至面板垂直。

(9) 顶部面板安装。顶部最后一层面板除了按一般石板安装要求外，安装调整后，在结构与石板的缝隙里吊一通长的 20mm 厚木条，木条上平为石板上口下去 250mm，吊点可设在连接铁件上，可采用铅丝吊木条，木条吊好后，即在石板与墙面之间的空隙里塞放聚苯板，聚苯板条要略宽于空隙，以便填塞严实，防止灌浆时漏浆，造成蜂窝、孔洞等，灌浆至石板口下 20mm 作为压顶盖板之用。

(10) 贴防污条、嵌缝。沿面板边缘贴防污条，应选用 4cm 左右的纸带型不干胶带，边沿要贴齐、贴严，在大理石板间缝隙处嵌弹性背衬条，背衬条也可用 8mm 厚的高连发泡片剪成 10mm 宽的条，背衬条嵌好后离装修面 5mm，最后在背衬条外用嵌缝枪把中性硅胶打入缝内，打胶时用力要均，走枪要稳而慢。如胶面不太平顺，可用不锈钢小勺刮平，小勺要随用随擦干净，嵌底层石板缝时，要注意不要堵塞流水管。根据石板颜色可在胶中加适量矿物质颜料。

(11) 清理大理石、花岗石表面，刷罩面剂。把大理石、花岗石表面的防污条掀掉，用棉丝将石板擦净，若有胶或其他粘接牢固的杂物，可用开刀轻轻铲除，用棉丝沾丙酮擦至干净。在刷罩面剂的施工前，应掌握和了解天气趋势，阴雨天和 4 级以上风天不得施工，防止污染漆膜；冬、雨季可在避风条件好的室内操作，刷在板块面上。罩面剂按配合比在刷前半小时对好，注意区别底漆和面漆，最好分阶段操作。配制罩面剂要搅匀，防止成膜时不均。涂刷要用 3in 羊毛刷，沾漆不宜过多，防止流技，尽量少回刷，以免有刷痕，要求无气泡、不漏刷，刷的平整要有光泽。

(12) 幕墙板块安装检验：用 2m 靠尺和塞尺测量检验幕墙平面度、竖缝直线度、横缝直线度；用卡尺检测拼缝宽与设计值偏差值；用深度尺检测相邻板面之间接缝高低限值。

【评分标准】（表 7 - 13）

表 7 - 13　石材幕墙施工实训成绩评定标准

序号	测定项目	分值	评分标准	检测点					得分
				1	2	3	4	5	
1	隐蔽工程验收	20	是否按要求检测预埋件及附件形状尺寸、焊缝质量、焊缝隙性、幕墙骨架的安装要求						
2	平面度	15	幕墙平面度偏差限值：3mm						

续表

序号	测定项目	分值	评分标准	检测点					得分
				1	2	3	4	5	
3	竖缝直线度	15	竖缝直线度偏差限值：3mm						
4	横缝直线度	15	横缝直线度偏差限值：3mm						
5	拼缝宽与设计值偏差	10	拼缝宽与设计值偏差限值：±2mm						
6	相邻板面之间接缝高低	10	相邻板面之间接缝高低限值：1mm						
7	耐候胶	10	耐候胶缝内的填充材料填塞良好，耐候胶密实、平整						
8	成品保护	5	用清水和清洁剂将石材表面擦洗干净，按要求进行打蜡或刷保护剂						

复习思考题

1. 什么是建筑幕墙？建筑幕墙和传统的外装饰相比有哪些特点？

2. 常见的幕墙玻璃有哪些？有哪些特性？

3. 玻璃幕墙按其结构型式及立面外观情况分为哪些类型？各有什么特点？

4. 有框玻璃幕墙施工前有哪些准备工作？其施工工艺有哪些？

5. 简述无框全玻璃幕墙施工工艺及安装要点。

6. 什么是点支式玻璃幕墙？点支式玻璃幕墙的材料及性能要求有哪些？

7. 杆（索）式玻璃幕墙安装工艺流程有哪些？

8. 玻璃幕墙施工的安全环保措施有哪些？

9. 石材幕墙按连接型式可以分为哪些类型？各有什么特点？

10. 石材幕墙的施工工艺及具体质量要求有哪些？

11. 金属幕墙从构造上可分为哪些类型？

12. 金属幕墙的施工操作要点有哪些？验收质量要求有哪些？

附录 机具介绍

名　称	图　例	使用方法
抹子	(a) (b) (c)	（a）铁抹子：有方头和圆头两种。方头的用于抹灰，圆头的用于压光罩面灰； （b）木抹子：用于搓平底灰和搓毛砂浆表面； （c）角抹子：分为阴角抹子、圆弧阴角抹子和阳角抹子等。阴角抹子用于压光阴角；圆弧阴角抹子用于有圆弧阴角部位的抹灰面压光；阳角抹子用于压光阳角
卷尺		用于测量较长尺寸
直尺		用于测量一般距离尺寸
线坠		用于吊垂直线，用于立面垂直平整度测量
水平尺		是安有水平气泡的直尺。较长的水平尺一般安有两个方向的水平气泡。一是与直尺轴线平行的方向，用于确定水平线；二是与直尺轴线垂直的方向，用于确定铅垂线

续表

名　称	图　例	使用方法
木杠		又称刮杠，分长、中、短 3 种。长杠长 250～300cm，一般用于冲筋；中杠长 200～250cm，短杠长 150cm 左右，用于刮平地面或墙面的抹灰层。木杠的断面一般为矩形
靠尺板		分厚薄两种，断面为矩形，厚板多用于抹灰线，长 3～3.5m，薄板多用于做棱角。目前市场常用铝合金扁管做靠尺板
八字靠尺		一般做棱角用，其长度按要求截取
方尺		测量和检验阴、阳角方正
墨线、墨斗		用于弹线及找规矩

名　称	图　　例	使用方法
喷壶		容器，用于盛放漆等液态材料
刨子		用于木材表面平整度的加工，刨平
木锯		装饰工程中主要针对于木材施工使用
注胶枪		用于固定密封胶筒，进行窗体、幕墙、板材等接缝处理
螺钉旋具		用于固定自攻螺钉

续表

名　称	图　例	使用方法
钢锯		用于裁割金属构件
橡皮锤		用于铺贴地面及墙面的粘贴找平
涂料辊子		用于空间各界面涂饰材料的滚刷
锉刀		用于各种构件边部磨光处理
裁刀		用于地毯、壁纸、各种板材的裁割

续表

名　称	图　例	使用方法
胶粘剂刮板		用于粘贴防火板、铝塑板等，以及又可刮腻子的多功能胶粘剂刮板
托灰板		用木板或硬质塑料制作，用于操作时承托砂浆
各规格油漆刷		分为棕刷和毛刷，用于涂刷各种聚酯油漆、硝基漆及各种乳胶漆
各种钳子		用于金属构件的紧固及电器线材的端头处理
锤子		用于加强紧固构件
射钉枪		利用射钉弹内火药燃烧释放出能量，将射钉直接钉入钢铁、混凝土或砖结构的基体中

名　　称	图　　例	使用方法
打砂纸机		打砂纸机用于对高级木装饰表面进行磨光作业，使工作表面平整光滑，便于油漆
冲击钻（电锤）		可调节式旋转带冲击的特种电钻。它既可像普通电钻一样对金属或类似材料进行钻孔，也可对混凝土、砖墙进行钻孔
气钉枪		用于在木龙骨上钉木夹板、纤维板、刨花板、石膏板等板材和各种装饰木线条
钢排钉枪		广泛应用于装修工程中（如包门套、包墙裙、吊顶……），可以直接固定木板、木条于混凝土和砖墙上面。免用冲击钻、木塞，从而大大提高工作效率（每分钟可打60～70个钉子）
电动自攻螺钉钻		上自攻螺钉的专用机具，用于在轻钢龙骨或铝合金龙骨安装饰面板，以及各种龙骨本身的安装

续表

名　称	图　例	使用方法
软胶枪		用于将密封玻璃胶挤入缝隙的工具
玻璃吸盘		安装玻璃时，起承托作用的，有手动和机械两种，玻璃规格不大时可采用手动的
手提式电动石材切割机		用于装饰天然石材墙面时切割花岗石、大理石等板材。移动方便，可在施工场地进行少量切割（除此外还有台式石材切割机，可将石材放在操作台上，工人切割时较省力，但机架较笨重，移动不便）
手提电刨		电刨是一种手提刨木材、板料的机械工具。刨削板材质量好、效益高
电动修边机		用于对工件的侧边或接口处进行修边、整形
电动线锯（直锯机）		可按设计要求在金属、木材、塑料、橡胶和皮革上切割直线或曲线，可在木板中开孔、开槽，其导板可做一定角度的倾斜，便于在工件上锯出斜面

名　　称	图　　例	使用方法
电动圆锯		用于切割木夹板、木方条、装饰板
电动木工雕刻机		电动木工雕刻机可加工条形工件，对工件边缘加工。也可在工件的平面上开槽、雕刻，还能镂空工件
轻型手电钻		用来对金属、塑料或其他类似材料或工件进行钻孔的电动工具
小型钢材切割机		根据砂轮磨削原理，利用高速旋转砂轮片切割金属，用于切割角铁、钢筋、水管、轻钢龙骨等
手提电动磨光机		用于打磨金属工件的边角

续表

名　称	图　例	使用方法
电焊机		用于焊接金属构件
电动铝合金切割机		主要用于切割型铝或硬质塑料。它是根据砂轮磨损原理，利用高速旋转的薄片砂轮来进行切割
空气压缩机（气泵）		与气枪等结合使用，为气枪进行加压，利用压力射出射钉
多功能木工机床		用于裁割各种木材、木板及板材的打榫孔
电动砂轮抛光机	470mm 83mm	用于磨光花岗石、大理石和人造石材表面或侧边

建筑装饰施工技术（第2版）

续表

名　称	图　例	使用方法
拉铆枪		用于抽芯铝铆钉的固定
电动台钻		用于铝合金、塑钢门窗等各种型材的打孔
发泡枪		通过喷射聚氨酯泡沫嵌缝剂，用于填充构件空隙，起到支撑密封作用
电锤		一般具有旋转和冲击两种功能。当使用合金钻头，能在砖、石、混凝土墙体上钻孔；装上专用钻头，还能在钢铁、有色金属、塑料、木材上钻孔
瓷砖切割机		工作原理是利用烧制陶瓷结晶晶体排列的物理特性，用超硬合金刀轮在瓷砖表面上均匀地割出切割线。然后用力学杠杆原理使机械力沿着切割线传导而断开

280

参 考 文 献

[1] 中华人民共和国建设部 . 建筑装饰装修工程质量验收规范(GB 50210—2001)[S] . 北京：中国建筑工业出版社，2002.

[2] 李继业，刘福臣，盖文梯 . 现代建筑装饰工程手册[M] . 北京：化学工业出版社，2006.

[3] 武佩牛 . 建筑装饰施工[M] . 北京：中国建筑工业出版社，2005.

[4] 焦涛 . 门窗装饰工艺及施工技术[M] . 北京：高等教育出版社，2007.

[5] 王朝熙 . 建筑装饰装修施工工艺标准手册[M] . 北京：中国建筑工业出版社，2005.

[6] 李继业，邱秀梅 . 建筑装饰施工技术[M] . 2 版 . 北京：化学工业出版社，2011.

[7] 付成喜，等 . 建筑装饰施工技术与组织[M] . 2 版 . 北京：电子工业出版社，2011.

[8] 王军 . 建筑装饰工程质量缺陷分析及处理[M] . 北京：机械工业出版社，2005.

[9] 李爱新 . 建筑装饰装修工程施工质量问答[M] . 北京：中国建筑工业出版社，2004.

[10] 中国建筑装饰协会培训中心 . 建筑装饰装修工程施工[M] . 2 版 . 北京：中国建筑工业出版社，2011.

[11] 吴之昕 . 建筑装饰工长手册[M] . 2 版 . 北京：中国建筑工业出版社，2005.

[12] 中华人民共和国建设部 . 住宅装饰装修施工规范(GB 50327—2001)[S] . 北京：中国建筑工业出版社，2001.

[13] 中华人民共和国住房和城乡建设部 . 民用建筑工程室内环境污染控制规范(GB 50325—2010)[S] . 北京：中国建筑工业出版社，2011.

[14] 蔡红 . 建筑装饰装修构造[M] . 北京：机械工业出版社，2007.

[15] 马有占 . 建筑装饰施工技术[M] . 北京：机械工业出版社，2013.

[16] 吴贤国，等 . 建筑装饰工程施工技术[M] . 北京：机械工业出版社，2003.

北京大学出版社高职高专土建系列教材书目

序号	书名	书号	编著者	定价	出版时间	配套情况
		"互联网+"创新规划教材				
1	建筑工程概论	978-7-301-25934-4	申淑荣等	40.00	2015.8	PPT/二维码
2	建筑构造(第二版)	978-7-301-26480-5	肖 芳	42.00	2016.1	APP/PPT/二维码
3	建筑三维平法结构图集(第二版)	978-7-301-29049-1	傅华夏	68.00	2018.1	APP
4	建筑三维平法结构识图教程(第二版)	978-7-301-29121-4	傅华夏	69.00	2018.1	APP/PPT
5	建筑构造与识图	978-7-301-27838-3	孙 伟	40.00	2017.1	APP/二维码
6	建筑识图与构造	978-7-301-28876-4	林秋怡等	46.00	2017.11	PPT/二维码
7	建筑结构基础与识图	978-7-301-27215-2	周 晖	58.00	2016.9	APP/二维码
8	建筑工程制图与识图(第2版)	978-7-301-24408-1	白丽红等	34.00	2016.8	APP/二维码
9	建筑制图习题集(第二版)	978-7-301-30425-9	白丽红等	28.00	2019.5	APP/答案
10	建筑制图(第三版)	978-7-301-28411-7	高丽荣	39.00	2017.7	APP/PPT/二维码
11	建筑制图习题集(第三版)	978-7-301-27897-0	高丽荣	36.00	2017.7	APP
12	AutoCAD建筑制图教程(第三版)	978-7-301-29036-1	郭 慧	49.00	2018.4	PPT/素材/二维码
13	建筑装饰构造(第二版)	978-7-301-26572-7	赵志文等	42.00	2016.1	PPT/二维码
14	建筑工程施工技术(第三版)	978-7-301-27675-4	钟汉华等	66.00	2016.11	APP/二维码
15	建筑施工技术(第三版)	978-7-301-28575-6	陈雄辉	54.00	2018.1	PPT/二维码
16	建筑施工技术	978-7-301-28756-9	陆艳侠	58.00	2018.1	PPT/二维码
17	建筑施工技术	978-7-301-29854-1	徐 淳	59.50	2018.9	APP/PPT/二维码
18	高层建筑施工	978-7-301-28232-8	吴俊臣	65.00	2017.4	PPT/答案
19	建筑力学(第三版)	978-7-301-28600-5	刘明晖	55.00	2017.8	PPT/二维码
20	建筑力学与结构(少学时版)(第二版)	978-7-301-29022-4	吴承霞等	46.00	2017.12	PPT/答案
21	建筑力学与结构(第三版)	978-7-301-29209-9	吴承霞等	59.50	2018.5	APP/PPT/二维码
22	工程地质与土力学(第三版)	978-7-301-30230-9	杨仲元	50.00	2019.3	PPT/二维码
23	建筑施工机械(第二版)	978-7-301-28247-2	吴志强等	35.00	2017.5	PPT/答案
24	建筑设备基础知识与识图(第二版)	978-7-301-24586-6	靳慧征等	47.00	2016.8	二维码
25	建筑供配电与照明工程	978-7-301-29227-3	羊 梅	38.00	2018.2	PPT/答案/二维码
26	建筑工程测量(第二版)	978-7-301-28296-0	石 东等	51.00	2017.5	PPT/二维码
27	建筑工程测量(第三版)	978-7-301-29113-9	张敬伟等	49.00	2018.1	PPT/答案/二维码
28	建筑工程测量实验与实训指导(第三版)	978-7-301-29112-2	张敬伟等	29.00	2018.1	答案/二维码
29	建筑工程资料管理(第二版)	978-7-301-29210-5	孙 刚等	47.00	2018.3	PPT/二维码
30	建筑工程质量与安全管理(第二版)	978-7-301-27219-0	郑 伟	55.00	2016.8	PPT/二维码
31	建筑工程质量事故分析(第三版)	978-7-301-29305-8	郑文新等	39.00	2018.8	PPT/二维码
32	建设工程监理概论(第三版)	978-7-301-28832-0	徐锡权等	45.00	2018.2	PPT/答案/二维码
33	工程建设监理案例分析教程(第二版)	978-7-301-27864-2	刘志麟等	50.00	2017.1	PPT/二维码
34	工程项目招投标与合同管理(第三版)	978-7-301-28439-1	周艳冬	44.00	2017.7	PPT/二维码
35	建设工程招投标与合同管理(第四版)	978-7-301-29827-5	宋春岩	44.00	2018.9	PPT/答案/试题/教案
36	工程项目招投标与合同管理(第三版)	978-7-301-29692-9	李洪军等	47.00	2018.8	PPT/二维码
37	建设工程项目管理(第三版)	978-7-301-30314-6	王 辉	40.00	2019.6	PPT/二维码
38	建设工程法规(第三版)	978-7-301-29221-1	皇甫婧琪	45.00	2018.4	PPT/二维码
39	建筑工程经济(第三版)	978-7-301-28723-1	张宁宁等	38.00	2017.9	PPT/答案/二维码
40	建筑施工企业会计(第三版)	978-7-301-30273-6	辛艳红	44.00	2019.3	PPT/二维码
41	建筑工程施工组织设计(第二版)	978-7-301-29103-0	鄢维峰等	37.00	2018.1	PPT/答案/二维码
42	建筑工程施工组织实训(第二版)	978-7-301-30176-0	鄢维峰等	41.00	2019.1	PPT/二维码
43	建筑施工组织设计	978-7-301-30236-1	徐运明等	43.00	2019.1	PPT/二维码
44	建筑工程计量与计价——透过案例学造价(第二版)	978-7-301-23852-3	张 强	59.00	2017.1	PPT/二维码
45	建筑工程计量与计价	978-7-301-27866-6	吴育萍等	49.00	2017.1	PPT/二维码
46	建筑工程计量与计价(第三版)	978-7-301-25344-1	肖明和等	65.00	2017.1	APP/二维码
47	安装工程计量与计价(第四版)	978-7-301-16737-3	冯 钢	59.00	2018.1	PPT/答案/二维码
48	建筑工程材料	978-7-301-28982-2	向积波等	42.00	2018.1	PPT/二维码
49	建筑材料与检测(第二版)	978-7-301-25347-2	梅 杨等	35.00	2015.2	PPT/答案/二维码
50	建筑材料与检测	978-7-301-28809-2	陈玉萍	44.00	2017.11	PPT/二维码
51	建筑材料与检测实验指导(第二版)	978-7-301-30269-9	王美芬等	24.00	2019.3	二维码
52	市政工程概论	978-7-301-28260-1	郭 福等	46.00	2017.5	PPT/二维码
53	市政工程计量与计价(第三版)	978-7-301-27983-0	郭良娟等	59.00	2017.2	PPT/二维码

序号	书　名	书　号	编著者	定价	出版时间	配套情况
54	市政管道工程施工	978-7-301-26629-8	雷彩虹	46.00	2016.5	PPT/二维码
55	市政道路工程施工	978-7-301-26632-8	张雪丽	49.00	2016.5	PPT/二维码
56	市政工程材料检测	978-7-301-29572-2	李继伟等	44.00	2018.9	PPT/二维码
57	中外建筑史(第三版)	978-7-301-28689-0	袁新华等	42.00	2017.9	PPT/二维码
58	房地产投资分析	978-7-301-27529-0	刘永胜	47.00	2016.9	PPT/二维码
59	城乡规划原理与设计(原城市规划原理与设计)	978-7-301-27771-3	谭婧婧等	43.00	2017.1	PPT/素材/二维码
60	BIM 应用：Revit 建筑案例教程	978-7-301-29693-6	林标锋等	58.00	2018.9	APP/PPT/二维码/试题/教案
61	居住区规划设计（第二版）	978-7-301-30133-3	张　燕	59.00	2019.5	PPT/二维码
62	建筑水电安装工程计量与计价(第二版)(修订版)	978-7-301-26329-7	陈连姝	62.00	2019.7	PPT/二维码
"十二五"职业教育国家规划教材						
1	★建筑装饰施工技术(第二版)	978-7-301-24482-1	王　军	39.00	2014.7	PPT
2	★建筑工程应用文写作(第二版)	978-7-301-24480-7	赵　立等	50.00	2014.8	PPT
3	★建筑工程经济(第二版)	978-7-301-24492-0	胡六星等	41.00	2014.9	PPT/答案
4	★工程造价概论	978-7-301-24696-2	周艳冬	35.00	2015.1	PPT/答案
5	★建设工程监理(第二版)	978-7-301-24490-6	斯　庆	35.00	2015.1	PPT/答案
6	★建筑节能工程与施工	978-7-301-24274-2	吴明军等	35.00	2015.5	PPT
7	★土木工程实用力学(第二版)	978-7-301-24681-8	马景善	47.00	2015.7	PPT
8	★建筑工程计量与计价(第三版)	978-7-301-25344-1	肖明和等	65.00	2017.1	APP/二维码
9	★建筑工程计量与计价实训(第三版)	978-7-301-25345-8	肖明和等	29.00	2015.7	
基础课程						
1	建设法规及相关知识	978-7-301-22748-0	唐茂华等	34.00	2013.9	PPT
2	建筑工程法规实务(第二版)	978-7-301-26188-0	杨陈慧等	49.50	2017.6	PPT
3	建筑法规	978-7301-19371-6	董　伟等	39.00	2011.9	PPT
4	建设工程法规	978-7-301-20912-7	王先恕	32.00	2012.7	PPT
5	AutoCAD 建筑绘图教程(第二版)	978-7-301-24540-8	唐英敏等	44.00	2014.7	PPT
6	建筑 CAD 项目教程(2010 版)	978-7-301-20979-0	郭　慧	38.00	2012.9	素材
7	建筑工程专业英语(第二版)	978-7-301-26597-0	吴承霞	24.00	2016.2	PPT
8	建筑工程专业英语	978-7-301-20003-2	韩　薇等	24.00	2012.2	PPT
9	建筑识图与构造(第二版)	978-7-301-23774-8	郑贵超	40.00	2014.2	PPT/答案
10	房屋建筑构造	978-7-301-19883-4	李少红	26.00	2012.1	PPT
11	建筑识图	978-7-301-21893-8	邓志勇等	35.00	2013.1	PPT
12	建筑识图与房屋构造	978-7-301-22860-9	贠　禄等	54.00	2013.9	PPT/答案
13	建筑构造与设计	978-7-301-23506-5	陈玉萍	38.00	2014.1	PPT/答案
14	房屋建筑构造	978-7-301-23588-1	李元玲等	45.00	2014.1	PPT
15	房屋建筑构造习题集	978-7-301-26005-0	李元玲	26.00	2015.8	PPT/答案
16	建筑构造与施工图识读	978-7-301-24470-8	南学平	52.00	2014.8	PPT
17	建筑工程识图实训教程	978-7-301-26057-9	孙　伟	32.00	2015.12	PPT
18	◎建筑工程制图(第二版)(附习题册)	978-7-301-21120-5	肖明和	48.00	2012.8	PPT
19	建筑制图与识图(第二版)	978-7-301-24386-2	曹雪梅	38.00	2015.8	PPT
20	建筑制图与识图习题册	978-7-301-18652-7	曹雪梅等	30.00	2011.4	
21	建筑制图与识图(第二版)	978-7-301-25834-7	李元玲	32.00	2016.9	PPT
22	建筑制图与识图习题集	978-7-301-20425-2	李元玲	24.00	2012.3	PPT
23	新编建筑工程制图	978-7-301-21140-3	方筱松	30.00	2012.8	PPT
24	新编建筑工程制图习题集	978-7-301-16834-9	方筱松	22.00	2012.8	
建筑施工类						
1	建筑工程测量	978-7-301-16727-4	赵景利	30.00	2010.2	PPT/答案
2	建筑工程测量实训(第二版)	978-7-301-24833-1	杨凤华	34.00	2015.3	答案
3	建筑工程测量	978-7-301-19992-3	潘益民	38.00	2012.2	PPT
4	建筑工程测量	978-7-301-28757-6	赵　昕	50.00	2018.1	PPT/二维码
5	建筑工程测量	978-7-301-22485-4	景　铎等	34.00	2013.6	PPT
6	建筑施工技术	978-7-301-16726-7	叶　雯等	44.00	2010.8	PPT/素材
7	建筑施工技术	978-7-301-19997-8	苏小梅	38.00	2012.1	PPT
8	基础工程施工	978-7-301-20917-2	董　伟等	35.00	2012.7	PPT
9	建筑施工技术实训(第二版)	978-7-301-24368-8	周晓龙	30.00	2014.7	
10	PKPM 软件的应用(第二版)	978-7-301-22625-4	王　娜等	34.00	2013.6	
11	◎建筑结构(第二版)(上册)	978-7-301-21106-9	徐锡权	41.00	2013.4	PPT/答案

序号	书　　名	书　号	编著者	定价	出版时间	配套情况
12	◎建筑结构(第二版)(下册)	978-7-301-22584-4	徐锡权	42.00	2013.6	PPT/答案
13	建筑结构学习指导与技能训练(上册)	978-7-301-25929-0	徐锡权	28.00	2015.8	PPT
14	建筑结构学习指导与技能训练(下册)	978-7-301-25933-7	徐锡权	28.00	2015.8	PPT
15	建筑结构(第二版)	978-7-301-25832-3	唐春平等	48.00	2018.6	PPT
16	建筑结构基础	978-7-301-21125-0	王中发	36.00	2012.8	PPT
17	建筑结构原理及应用	978-7-301-18732-6	史美东	45.00	2012.8	PPT
18	建筑结构与识图	978-7-301-26935-0	相秉志	37.00	2016.2	
19	建筑力学与结构	978-7-301-20988-2	陈水广	32.00	2012.8	PPT
20	建筑力学与结构	978-7-301-23348-1	杨丽君等	44.00	2014.1	PPT
21	建筑结构与施工图	978-7-301-22188-4	朱希文等	35.00	2013.3	PPT
22	建筑材料(第二版)	978-7-301-24633-7	林祖宏	35.00	2014.8	PPT
23	建筑材料与检测(第二版)	978-7-301-26550-5	王　辉	40.00	2016.1	PPT
24	建筑材料与检测试验指导(第二版)	978-7-301-28471-1	王　辉	23.00	2017.7	PPT
25	建筑材料选择与应用	978-7-301-21948-5	申淑荣等	39.00	2013.3	PPT
26	建筑材料检测实训	978-7-301-22317-8	申淑荣等	24.00	2013.4	
27	建筑材料	978-7-301-24208-7	任晓菲	40.00	2014.7	PPT/答案
28	建筑材料检测试验指导	978-7-301-24782-2	陈东佐等	20.00	2014.9	PPT
29	◎地基与基础(第二版)	978-7-301-23304-7	肖明和等	42.00	2013.11	PPT/答案
30	地基与基础实训	978-7-301-23174-6	肖明和等	25.00	2013.10	PPT
31	土力学与地基基础	978-7-301-23675-8	叶火炎等	35.00	2014.1	PPT
32	土力学与基础工程	978-7-301-23590-4	宁培淋等	32.00	2014.1	PPT
33	土力学与地基基础	978-7-301-25525-4	陈东佐	45.00	2015.2	PPT/答案
34	建筑施工组织与进度控制	978-7-301-21223-3	张廷瑞	36.00	2012.9	PPT
35	建筑施工组织项目式教程	978-7-301-19901-5	杨红玉	44.00	2012.1	PPT/答案
36	钢筋混凝土工程施工与组织	978-7-301-19587-1	高 雁	32.00	2012.5	PPT
37	建筑施工工艺	978-7-301-24687-0	李源清等	49.50	2015.1	PPT/答案
	工 程 管 理 类					
1	建筑工程经济	978-7-301-24346-6	刘晓丽等	38.00	2014.7	PPT/答案
2	建筑工程项目管理(第二版)	978-7-301-26944-2	范红岩等	42.00	2016.3	PPT
3	建设工程项目管理(第二版)	978-7-301-28235-9	冯松山等	45.00	2017.6	PPT
4	建筑施工组织与管理(第二版)	978-7-301-22149-5	翟丽旻等	43.00	2013.4	PPT/答案
5	建设工程合同管理	978-7-301-22612-4	刘庭江	46.00	2013.6	PPT/答案
6	建筑工程招投标与合同管理	978-7-301-16802-8	程超胜	30.00	2012.9	PPT
7	工程招投标与合同管理实务	978-7-301-19035-7	杨甲奇等	48.00	2011.8	ppt
8	工程招投标与合同管理实务	978-7-301-19290-0	郑文新等	43.00	2011.8	ppt
9	建设工程招投标与合同管理实务	978-7-301-20404-7	杨云会等	42.00	2012.4	PPT/答案/习题
10	工程招投标与合同管理	978-7-301-17455-5	文新平	37.00	2012.9	PPT
11	建筑工程安全管理(第2版)	978-7-301-25480-6	宋 健等	43.00	2015.8	PPT/答案
12	施工项目质量与安全管理	978-7-301-21275-2	钟汉华	45.00	2012.10	PPT/答案
13	工程造价控制(第2版)	978-7-301-24594-1	斯 庆	32.00	2014.8	PPT/答案
14	工程造价管理(第二版)	978-7-301-27050-9	徐锡权等	44.00	2016.5	PPT
15	建筑工程造价管理	978-7-301-20360-6	柴 琦等	27.00	2012.3	PPT
16	工程造价管理(第2版)	978-7-301-28269-4	曾 浩等	38.00	2017.5	PPT/答案
17	工程造价案例分析	978-7-301-22985-9	甄 凤	30.00	2013.8	PPT
18	建设工程造价控制与管理	978-7-301-24273-5	胡芳珍等	38.00	2014.6	PPT/答案
19	◎建筑工程造价	978-7-301-21892-1	孙咏梅	40.00	2013.2	PPT
20	建筑工程计量与计价	978-7-301-26570-3	杨建林	46.00	2016.1	PPT
21	建筑工程计量与计价综合实训	978-7-301-23568-3	龚小兰	28.00	2014.1	
22	建筑工程估价	978-7-301-22802-9	张 英	43.00	2013.8	PPT
23	安装工程计量与计价综合实训	978-7-301-23294-1	成春燕	49.00	2013.10	素材
24	建筑安装工程计量与计价	978-7-301-26004-3	景巧玲等	56.00	2016.1	PPT
25	建筑安装工程计量与计价实训(第二版)	978-7-301-25683-1	景巧玲等	36.00	2015.7	
26	建筑与装饰装修工程工程量清单(第二版)	978-7-301-25753-1	翟丽旻等	36.00	2015.5	PPT
27	建筑工程清单编制	978-7-301-19387-7	叶晓容	24.00	2011.8	PPT
28	建设项目评估(第二版)	978-7-301-28708-8	高志云等	38.00	2017.9	PPT
29	钢筋工程清单编制	978-7-301-20114-5	贾莲英	36.00	2012.2	PPT
30	建筑装饰工程预算(第二版)	978-7-301-25801-9	范菊雨	44.00	2015.7	PPT
31	建筑装饰工程计量与计价	978-7-301-20055-1	李茂英	42.00	2012.2	PPT

序号	书 名	书 号	编著者	定价	出版时间	配套情况
32	建筑工程安全技术与管理实务	978-7-301-21187-8	沈万岳	48.00	2012.9	PPT
	建 筑 设 计 类					
1	建筑装饰CAD项目教程	978-7-301-20950-9	郭 慧	35.00	2013.1	PPT/素材
2	建筑设计基础	978-7-301-25961-0	周圆圆	42.00	2015.7	
3	室内设计基础	978-7-301-15613-1	李书青	32.00	2009.8	
4	建筑装饰材料(第二版)	978-7-301-22356-7	焦 涛等	34.00	2013.5	PPT
5	设计构成	978-7-301-15504-2	戴碧锋	30.00	2009.8	PPT
6	设计色彩	978-7-301-21211-0	龙黎黎	46.00	2012.9	PPT
7	设计素描	978-7-301-22391-8	司马金桃	29.00	2013.4	PPT
8	建筑素描表现与创意	978-7-301-15541-7	于修国	25.00	2009.8	
9	3ds Max 效果图制作	978-7-301-22870-8	刘 晗等	45.00	2013.7	PPT
10	Photoshop 效果图后期制作	978-7-301-16073-2	脱忠伟等	52.00	2011.1	素材
11	3ds Max & V-Ray 建筑设计表现案例教程	978-7-301-25093-8	郑恩峰	40.00	2014.12	
12	建筑表现技法	978-7-301-19216-0	张 峰	32.00	2011.8	PPT
13	装饰施工读图与识图	978-7-301-19991-6	杨丽君	33.00	2012.5	PPT
14	构成设计	978-7-301-24130-1	耿雪莉	49.00	2014.6	PPT
15	装饰材料与施工(第2版)	978-7-301-25049-5	宋志春	41.00	2015.6	PPT
	规 划 园 林 类					
1	居住区景观设计	978-7-301-20587-7	张群成	47.00	2012.5	PPT
2	园林植物识别与应用	978-7-301-17485-2	潘 利等	34.00	2012.9	PPT
3	园林工程施工组织管理	978-7-301-22364-2	潘 利等	35.00	2013.4	PPT
4	园林景观计算机辅助设计	978-7-301-24500-2	于化强等	48.00	2014.8	PPT
5	建筑·园林·装饰设计初步	978-7-301-24575-0	王金贵	38.00	2014.10	PPT
	房 地 产 类					
1	房地产开发与经营(第2版)	978-7-301-23084-8	张建中等	33.00	2013.9	PPT/答案
2	房地产估价(第2版)	978-7-301-22945-3	张 勇等	35.00	2013.9	PPT/答案
3	房地产估价理论与实务	978-7-301-19327-3	褚菁晶	35.00	2011.8	PPT/答案
4	物业管理理论与实务	978-7-301-19354-9	裴艳慧	52.00	2011.9	PPT
5	房地产营销与策划	978-7-301-18731-9	应佐萍	42.00	2012.8	PPT
6	房地产投资分析与实务	978-7-301-24832-4	高志云	35.00	2014.9	PPT
7	物业管理实务	978-7-301-27163-6	胡大见	44.00	2016.6	
	市 政 与 路 桥					
1	市政工程施工图案例图集	978-7-301-24824-9	陈亿琳	43.00	2015.3	PDF
2	市政工程计价	978-7-301-22117-4	彭以舟等	39.00	2013.3	PPT
3	市政桥梁工程	978-7-301-16688-8	刘 江等	42.00	2010.8	PPT/素材
4	市政工程材料	978-7-301-22452-6	郑晓国	37.00	2013.5	PPT
5	路基路面工程	978-7-301-19299-3	偶昌宝等	34.00	2011.8	PPT/素材
6	道路工程技术	978-7-301-19363-1	刘 雨等	33.00	2011.12	PPT
7	城市道路设计与施工	978-7-301-21947-8	吴颖峰	39.00	2013.1	PPT
8	建筑给排水工程技术	978-7-301-25224-6	刘 芳等	46.00	2014.12	PPT
9	建筑给水排水工程	978-7-301-20047-6	叶巧云	38.00	2012.2	PPT
10	数字测图技术	978-7-301-22656-8	赵 红	36.00	2013.6	PPT
11	数字测图技术实训指导	978-7-301-22679-7	赵 红	27.00	2013.6	PPT
12	道路工程测量(含技能训练手册)	978-7-301-21967-6	田树涛等	45.00	2013.2	PPT
13	道路工程识图与AutoCAD	978-7-301-26210-8	王容玲等	35.00	2016.1	PPT
	交 通 运 输 类					
1	桥梁施工与维护	978-7-301-23834-9	梁 斌	50.00	2014.2	PPT
2	铁路轨道施工与维护	978-7-301-23524-9	梁 斌	36.00	2014.1	PPT
3	铁路轨道构造	978-7-301-23153-1	梁 斌	32.00	2013.10	PPT
4	城市公共交通运营管理	978-7-301-24108-0	张洪满	40.00	2014.5	PPT
5	城市轨道交通车站行车工作	978-7-301-24210-0	操 杰	31.00	2014.7	PPT
6	公路运输计划与调度实训教程	978-7-301-24503-3	高福军	31.00	2014.7	PPT/答案
	建 筑 设 备 类					
1	建筑设备识图与施工工艺(第2版)	978-7-301-25254-3	周业梅	46.00	2015.12	PPT
2	水泵与水泵站技术	978-7-301-22510-3	刘振华	40.00	2013.5	PPT
3	智能建筑环境设备自动化	978-7-301-21090-1	余志强	40.00	2012.8	PPT
4	流体力学及泵与风机	978-7-301-25279-6	王 宁等	35.00	2015.1	PPT/答案

注:▮为"互联网+"创新规划教材;★为"十二五"职业教育国家规划教材;◎为国家级、省级精品课程配套教材,省重点教材。如需相关教学资源如电子课件、习题答案、样书等可联系我们获取。联系方式:010-62756290,010-62750667,pup_6@163.com,欢迎来电咨询。